Helga Kromp-Kolb

Für Pessimismus ist es zu spät

MOLDEN

Helga Kromp-Kolb

Für Pessimismus ist es zu spät

Wir sind Teil der Lösung

Vorwort

Der vorliegende Text ist keine wissenschaftliche Abhandlung – er ist ein Experiment, das zur Diskussion anregen soll. Ob er einem definierten Genre entspricht, bezweifle ich. Er stellt persönliche Sichtweisen auf unsere Welt und ihre Entwicklung während etwa der letzten 70 Jahre vor.

Sichtweisen, die gespeist wurden von wissenschaftlichen Erkenntnissen und Lehren, die ich aus Publikationen, aber auch von Gesprächen und Vorträgen vieler Personen mitgenommen habe; Personen, die mich begleitet haben oder die ich begleiten durfte oder die meinen Weg gekreuzt haben: Menschen aus meinem privaten Umfeld, Lehrer:innen, Berufskolleg:innen, Aktivist:innen, Besucher:innen meiner Vorträge oder Personen, die auf meine Zeitungskolumne reagiert haben. Ihnen allen, den interessanten Menschen, denen ich begegnen durfte und die ihre Gedanken mit mir teilten, bin ich zutiefst dankbar. Sie sind nicht verantwortlich für das, was ich für mich daraus gemacht habe.

Ich setze mich mit diesem Text dem Vorwurf des Dilettierens aus – aber außerhalb des eigenen Fachbereichs dilettieren wir doch alle. Wenn wir uns aber nicht trauen, über unser enges Fachgebiet hinaus zu denken, werden wir für die komplexen Herausforderungen der Gegenwart keine Lösungen finden. Ich hoffe, dass meine Überlegungen Anregung zum Nachdenken, zum Widerspruch oder zur Bestätigung eigener Überlegungen sind, selbst wenn sie manchmal banal erscheinen. Mein Fachbereich ist der Klimawandel, und auch in gewissen Aspekten der Nachhaltigkeit fühle ich mich zu Hause.

Im Bereich der Gesellschafts- oder Wirtschaftswissenschaften habe ich mir mein Bild auf Basis von Beobachtungen und Informationen anderer gemacht. Natürlich sind auch die angegebenen Quellen selektiv. Sie sollen jenen helfen, die meinen Überlegungen nachgehen wollen. Wer sich ein vollständigeres Bild der aktuellen wissenschaftlichen Diskussion zu einem der angesprochenen Themen machen möchte, muss noch weit darüber hinaus gehen.

Dilettieren mag hingehen, aber muss das publiziert werden? Nein, natürlich nicht. Aber die Diskussionen nach meinen Klimavorträgen drehen sich so oft um die breiteren Zusammenhänge, und ich werde so oft nach den Vorträgen gefragt, ob man, was ich sagte, irgendwo nachlesen könne, ob das verschriftlicht sei; ich spüre solch starkes Interesse und auch Zustimmung, dass ich der Aufforderung des Verlages, eine sehr persönliche Sicht der Entwicklung der letzten Jahrzehnte und einen Ausblick auf Kommendes zu schreiben, gerne nachgekommen bin.

Der Ausblick ist mir wichtig. Wir stehen meines Erachtens an einem Scheideweg: Der eine, bequeme Pfad des Augenverschließens führt nach heutigen Erkenntnissen unvermeidlich Schritt für Schritt in eine zwar in Eckpunkten beschreibbare, aber nicht wirklich vorstellbare Katastrophe. Der andere, sehr herausfordernde, aber auch spannende Weg kann eine bessere Welt herbeiführen. Sie kann ich mir leichter vorstellen. Man muss beide Optionen kennen, um eine gute Entscheidung treffen zu können. Ich bekenne aber freimütig, dass es keine Wahl gibt. Die Katastrophe kann niemand wünschen, daher gibt es nur ein energisches Nach-vorne-Schreiten. Für Pessimismus ist es zu spät. Pessimismus lähmt – das können wir uns nicht mehr leisten. Dieser Ausspruch geht auf den Film „Home" von Yann Arthus-Bertrand zurück. Er scheint mir die derzeitige Situation am besten zu beschreiben.

Für die Anregung zu diesem Buch, für die einfühlsame Begleitung des nicht ganz leichten und von Zweifeln begleiteten Entstehungsprozesses und für das Verständnis für die unerwarteten Verzögerungen sei dem Verlag, insbesondere Ulli Steinwender und Matthias Opis herzlich gedankt. Sie fanden stets den richtigen Ton zwischen Ermutigung und Drängen, das richtige Maß zwischen Druckmachen und Nachlassen. Arnold Klaffenböck als Lektor passte sich in dankenswerter Weise flexibel meinem Schreib- und Korrekturtempo an. Das Leiden der Grafikerin ob der knappen Fristen kann ich nachvollziehen. Danke, dass Sie trotzdem dranblieben!

Den Kolleg:innen, die mit mir 2019 an einer Vision für Österreich gebastelt haben, sei Dank – auf unserer gemeinsamen Arbeit baut das letzte Kapitel auf. Für zahlreiche Anregungen danke ich Laura Morawetz, der seit Jahren treuen Begleiterin, konstruktiven Kritikerin und stets hilfsbereiten Stütze meiner Tätigkeiten. Nicht zuletzt gilt mein Dank meinem Mann und meiner Schwester, die immer wieder bereit waren, zurückzustehen oder Zusatzaufgaben zu übernehmen, um mir Zeit zum Schreiben zu lassen.

Einige der Formulierungen sind früheren, eigenen Publikationen entnommen, ohne dass dies speziell ausgewiesen ist. In Beschreibungen der frühen Jahre, als praktisch alle Professoren, Wirtschaftspartner etc. männlich waren, habe ich bewusst nicht gegendert.

Die geneigten Leser:innen bitte ich um Nachsicht für eventuelle Fehler und andere Unzulänglichkeiten – sie sind ausnahmslos mir anzulasten. Ob meine Ausführungen Ihre Zustimmung finden oder Sie zu Widerspruch anregen – mein Wunsch ist, dass sie zur Belebung der dringend benötigten politischen Diskussion beitragen mögen. Wenn sie das tun, haben sie ihren Zweck erfüllt.

Wien, Sommer 2023

Persönlicher Einstieg

Was treibt sie?

Vor 50 Jahren, berichtete Dennis Meadows kürzlich, sei er als junger Wissenschaftler bei der ersten Präsentation der Ergebnisse der Studie „Grenzen des Wachstums" vor illustrem Publikum sehr besorgt gewesen, dass die Aussage, es könne auf einem begrenzten Planeten kein unbegrenztes Wachstum geben, so selbstverständlich sei, dass seine Ausführungen kein Interesse finden würden. Aber – so stellte er fest – jetzt, ein halbes Jahrhundert später, trotz über zwölf Millionen verkaufter Bücher und Übersetzungen in mehr als 30 Sprachen, haben die Menschen die Botschaft noch immer nicht verstanden.

1972 lag der Ressourcenverbrauch noch unter der Kapazitätsgrenze des Planeten, und systematisch abnehmendes Wachstum hätte eine asymptotische Annäherung an und Einhaltung dieser Grenze ermöglicht. Aber aus Unverständnis und Egoismus wurde und wird zugunsten kurzsichtiger, wirtschaftlicher Ziele das seit den 1950er-Jahren dominante exponentielle Wachstum kaum eingedämmt. Seit mehreren Jahrzehnten liegt der Ressourcenverbrauch nun bereits deutlich jenseits der Kapazitätsgrenze des Planeten, deutlich im „overshoot". Wie in den „Grenzen des Wachstums" dargelegt, führt exponentielles Wachstum in einem begrenzten System zunächst zum Überschießen und dann zum Kollaps des Systems. Um dies zu verhindern, genügt jetzt nicht mehr vermindertes Wachstum; reales „Zurückfahren" ist notwendig – eine wesentlich größere Herausforderung.

Aber warum sollte jetzt plötzlich, nach 50 Jahren, Umdenken einsetzen? Warum weiterkämpfen? Darauf angesprochen, pflegt Dennis Meadows, mit dem mich seit vielen Jahren Freundschaft verbindet, zu antworten, dass er nicht mehr danach trachtet, die Welt zu retten, sondern nur versucht, seiner Heimatgemeinde zu helfen, für den unvermeidlichen „Kollaps" möglichst gut gerüstet zu sein. Mit dieser Haltung ist er nicht allein – längst gibt es ein internationales „Deep adaptation"-Netzwerk, das Menschen zusammenführt, die davon ausgehen, dass unsere derzeitigen wirtschaftlichen, sozialen und politischen Systeme angesichts des raschen Wandels des Klimas in absehbarer Zeit funktionsuntüchtig werden. Sie denken daher über Bewältigungsstrategien für den Kollaps nach und darüber, wie man trotz der Überzeugung, dass es bald sehr viel schlechter werden wird, ein einigermaßen befriedigendes Leben führen kann.

Doch warum bereist Meadows, der 80-Jährige, immer noch die ganze Welt, um die Botschaft der Grenzen des Wachstums zu verbreiten? Donquichotterie? Vielleicht. Die Frage stellt sich aber für viele Klima-, Umwelt- und auch Menschenrechts-Engagierte – auch für mich. Sie stellt sich, wenn man Einladungen von Freunden zu einer Wanderung zugunsten einer Arbeitssitzung ausschlägt, wenn man nach Mitternacht müde von einem Vortrag heimkehrt und trotzdem noch versucht, mit dem längst überfälligen Testimonial für den Nachhaltigkeitsbericht einer bemühten, aber doch konventionell denkenden Firma oder Institution einen kleinen Stachel als Anreiz zu höherer Ambition zu setzen.

Wahrscheinlich treibt ein manchmal uneingestandener, aber jedenfalls unauslöschlicher Funke von Hoffnung, dass Wunder doch möglich sind, Meadows und uns alle voran. Eine Hoffnung, genährt von anderen überraschenden Wendungen in der Weltgeschichte. Wer hätte gedacht, dass ein barfüßiger Inder, auch wenn er in England studiert hat, eine Weltmacht aus Indien vertreiben kann? Wer hätte gedacht, dass ein einzelnes Mädchen dadurch, dass es unbeirrbar jeden Freitag seinen Protest still vor dem Stockholmer Parlament sitzend zum Ausdruck bringt, eine weltweite Jugendbewegung für den Klimaschutz auslösen würde?

Wir wollen und dürfen die Hoffnung aus Verantwortung für die kommenden Generationen nicht sterben lassen. Wie kann man sich in einen Hörsaal voller junger Menschen stellen und sie mit dem Planck'schen Strahlungsgesetz oder den Navier-Stokes-Gleichungen vertraut zu machen suchen, wenn man innerlich davon ausgeht, dass die Zukunft dieser jungen Menschen die Klimakatastrophe ist und man die Hoffnung, diese abzuwenden, aufgegeben hat? Antonio Gramsci nennt dies Pessimismus des Verstandes, gepaart mit Optimismus des Willens.

Der Bericht eines Überlebenden einer Flugzeugkatastrophe hat mich sehr beeindruckt.[1] Gemeinsam mit einer Handvoll anderer gelang es ihm, sich an ein aus dem vereisten Fluss herausragendes Flugzeugteil anzuklammern. Unweit der Absturzstelle, aber doch zu weit – eine Brücke voller Menschen, die hilflos zu den Verunfallten hinunterschauten. Hubschrauber konnten wegen der Wetterbedingungen nicht fliegen. Aber ein einzelner Mann, an einer aus Abschleppseilen improvisierten, viel zu kurzen Leine, mühte sich vom Ufer durch das eiskalte Wasser, über Eisschollen kletternd, zu den Verunglückten. Ein völlig unsinniges Unterfangen – selbst wenn er sie erreicht hätte, wie hätte er sie zurückgebracht? Und doch sagte einer der Überlebenden nachher, dass jener Mann ihr Leben gerettet habe, denn er hat ihnen Mut gegeben. Ohne ihn hätten sie sich selbst aufgegeben, hätten nicht in Kälte und Schmerz ausgeharrt, bis ein Hubschrauber sie doch noch herausholen konnte. Der einzige dieser kleinen Gruppe von Überlebenden, der nicht mehr gerettet werden konnte, war ein Mann, der die ganze Zeit über die Hoffnungslosigkeit ihrer Lage beklagt hatte.

Aber wie sind wir, wie bin ich überhaupt in diese Lage gekommen? Warum muss die Welt gerettet werden, und wovor? Warum glauben wir, warum glaube ich, für eine bessere Welt kämpfen zu müssen? Ist es vielleicht doch mehr als Donquichotterie? Was haben wir falsch gemacht und – noch wichtiger – wie können wir es jetzt besser machen? Diesen Fragen soll im Weiteren nachgegangen werden.

Eine Frage des Blicks

Wenn man auf einen Berg steigt und ständig den in weiter Ferne liegenden Gipfel vor Augen hat, übersieht man leicht, welchen Weg man bereits zurückgelegt hat. Nicht umsonst hat nach den Erzählungen meiner Eltern der Bergführer eine Gruppe von Amerikaner:innen beim Anstieg auf den Mont Blanc immer wieder gemahnt: „Don't you look at that bloody top!²" Man darf zwar das Ziel nicht aus den Augen verlieren, sich aber dennoch an Etappensiegen und Teilerfolgen freuen. Deswegen lohnt es sich, ab und zu zurückzuschauen, das gibt Mut und Hoffnung.

Ähnlich, wenn man mitten in einer Betonwüste eine zarte Blüte entdeckt, eine Pflanze, die, entgegen der Absicht der Betonierer und trotz beträchtlicher Widerstände von minimalem Boden ernährt, sich ihren Weg an die Sonne gebahnt hat, und die dankbar von einer Biene besucht wird. Wenn man nicht nur, wie Dennis Meadows in den Grenzen des Wachstums, auf das Ganze schaut, sondern gleichsam mit einem Vergrößerungsglas auf einzelne Teilbereiche oder Regionen, dann sieht man, dass erstaunliche Verbesserungen zu verzeichnen sind. Auch das gibt Mut und Hoffnung.

Josef Riegler, ehemaliger österreichischer Vizekanzler und Proponent der Ökosozialen Marktwirtschaft, hat seine Sicht in einem Gespräch mit mir einmal so beschrieben: Unter der Wasseroberfläche bilden sich zahlreiche Bläschen der Veränderung – kleine, mittlere, größere, die der Oberfläche zustreben. Irgendwann wird eine große platzen und zuerst einige, dann alle anderen mit sich reißen. Es kommt dadurch zur völligen Durchmischung und Transformation des Wasserkörpers. Das ist ein ermutigendes Bild, denn es bedeutet, dass jede einzelne Blase, das heißt jedes einzelne Experiment, jede Verbesserung als Teil der Veränderung wichtig ist, und dass es jederzeit zum Umbruch und damit zur Transformation kommen kann.

Eine theoretische Stütze findet diese Vorstellung in dem Verständnis komplexer oder, nach Harald Katzmair von FAS Research, „vertrackter" Systeme: Sie sind in ihren Zusammenhängen so sehr nicht-linear, dass ganz kleine Änderungen sehr große Wirkungen haben können, sodass ihr Verhalten letzten Endes nicht vorhersehbar ist – der berühmte Flügelschlag eines Schmetterlings in Brasilien, der einen Tornado in Texas auslösen könne[3]. In der Klimadiskussion spielen Kipppunkte eine wichtige Rolle: Grenzen, nach deren Überschreiten sich Wesentliches ändert, manchmal sehr rasch, meist irreversibel. Es gibt Kipppunkte in der Natur und in der Gesellschaft – wünschenswerte und solche, deren Überschreitung vermieden werden muss. Wir wissen nicht genau, wann sie erreicht sind, aber wir können versuchen, unerwünschte zu vermeiden und erwünschte zu beschleunigen.

Schließlich: Pessimismus lähmt, das können wir uns nicht mehr leisten. Für Pessimismus ist es schlicht zu spät. Außerdem ist das Leben mit optimistischer Sicht betrachtet viel schöner – man sieht das Positive, auch wenn es unter Müll verborgen ist. Wenn ich mit meinem Mann spazieren gehe, sieht er hauptsächlich die zahlreichen Zigarettenstummel und ich die wenigen Blumen: Wir machen denselben Spaziergang, aber wer genießt ihn wohl mehr?

Zurück auf die Bäume?

Ich bin privilegiert: Ich habe mein ganzes Leben ein „gutes Leben" gehabt. Die Umstände meines Lebens waren nie so, dass ich existenzielle Ängste erlebt hätte oder ungewöhnliche, große Verluste. Natürlich gab und gibt es unerfüllte Wünsche und Träume, selbstverständlich habe auch ich manchmal mit dem Schicksal gehadert. Aber ich habe schon als Kind in Frankreich und Luxemburg, verstärkt als Jugendliche in Indien und Pakistan und als Erwachsene gesehen, dass es bei Weitem nicht allen Menschen so gut geht wie mir, dass viele nicht das Glück einer behüteten, aber doch sehr freien, glücklichen Kindheit, einer unbeschwerten Jugend, einer gesicherten Existenz, einer unterstützenden Familie sowie eines befriedigenden Berufs haben. Manche bringen sich selbst um das „gute Leben" durch übertriebenen Ehrgeiz, durch leichtsinniges Aufsuchen von Gefahren, durch unvernünftige Lebensweise oder ungeschicktes bzw. rücksichtsloses Verhalten der Familie, den Freund:innen oder Arbeitskolleg:innen gegenüber, aber der größte Teil findet sich nicht aus eigener Schuld in schwierigen Verhältnissen. Im Grunde ist mein Leben eines, wie ich es allen wünschen würde. Dazu beizutragen, dies auch zu ermöglichen, halte ich für meine Pflicht – ganz im Sinne der nachhaltigen Entwicklungsziele: Ein gutes Leben für alle unter Einhaltung der ökologischen Grenzen des Planeten.

Diese Betrachtung zeigt aber auch etwas anderes: Man braucht nicht die Fülle der Dinge, die ich jetzt besitze oder nutze, um glücklich zu sein. Bei völligem Umstieg auf erneuerbare Energien, wie dies zur Einhaltung des 1,5°C-Zieles notwendig ist, wird uns global nur etwa halb so viel Energie pro Kopf zur Verfügung stehen wie derzeit – so näherungsweise Berechnungen. Das bedeutet, dass weniger Güter, weniger Mobilität, andere Ernährung verfügbar sein werden, wie heute. Ein Blick zurück kann uns eine Ahnung davon geben, was das bedeutet. Global betrachtet wurde 1978 halb so viel Energie pro Person genutzt wie 2019, der Spitzenwert vor der Corona-Krise. 1978 war ich berufstätig, bin gereist, war voll Optimismus – mir ist nicht bewusst, dass mir Wesentliches abgegangen wäre. Es gab noch keinen Laptop und kein Mobiltelephon, dafür war Urlaub noch wirklich Urlaub, Akten und Rechenanlagen konnte man nicht auf Bergurlaube mitnehmen. Erst einige Jahre später erstand ich einen übertragenen *Compaq Portable*, aus heutiger Sicht ein Monster, größer und viel schwerer als eine Nähmaschine. Er stand vornehmlich zu Hause. Mit ihm konnte ich Listen von Büchern und Publikationen führen, Statistiken auswerten und Ähnliches. Wie die Daten in den Computer kamen und die Ergebnisse zu einem Drucker, weiß ich nicht mehr – vermutlich über Floppy Disks, die auch der „große" Computer an der Zentralanstalt für Meteorologie beschreiben und lesen konnte. Zurück zu 1978 hält für mich keinen Schrecken bereit. Natürlich wird man nicht auf alles verzichten müssen, was seither entwickelt wurde – die Waschmaschine etwa, die das Leben der Frauen merklich erleichtert hat. Und natürlich werden wir auch nicht die Telefone und Laptops verbrennen. Wir werden aber nicht mehr jedes Gericht, das uns im Urlaub vorgesetzt wird, gleich bildlich mit 20 Freund:innen in aller Welt teilen noch stundenlang am Handy oder Computer Live-Übertragungen oder Netflix-Filme verfolgen. Die vertrauten und lieb gewonnenen Geräte werden uns mehr als zwei Jahre treue Dienste leisten, wir werden uns nicht ständig mit neuem Design und neuen Funktionen herumschlagen müssen, die zur Unzeit auftauchen und wir ohnehin nicht nutzen.

Richtiger ist es aber wahrscheinlich, nicht auf jenes Jahr zurückzuschauen, in dem die Welt pro Kopf halb so viel Energie verbraucht hat, sondern die österreichischen Zahlen heranzuziehen. Dann komme ich auf das Jahr 1965, ein Jahr vor meiner Matura. Die Jugend erkundete mit Autostopp ganz Europa, ab 1972 vorwiegend mit Interrail. Man übernachtete in Jugendherbergen – Schlafsäle und Gemeinschaftsduschen – man lernte viele Menschen aus aller Herren Länder kennen. Mich zog es eher in die Berge, mit Rucksack, eventuell Kletterseil, und im Winter auch mit Skiern und Fellen. Wir reisten mit dem Zug an, schliefen in Hütten auf dem Matratzenlager und aßen Mitgebrachtes oder „Bergsteigeressen"; es schmeckte und sättigte. Es gab Theater, Kino und Konzerte, man musizierte selbst, betrieb Sport – mit oder ohne Verein. Ich entdeckte kurze Zeit später den Orientierungslauf – eine Sportart, bei der man mit Karte und Kompass auf der Karte markierte „Posten" (Rinnenenden, Fuchsbauten, Felsblöcke etc.) in unbekanntem Gelände finden muss – und hatte große Freude an der Herausforderung, die kognitive Leistung des Interpretierens von Karte und Gelände mit der physischen Leistung des Laufens in unwegsamem Gelände in Einklang zu bringen. Bei Wettkämpfen kam die emotionale Komponente hinzu: Zeitverlust durch Suchaktionen verkraften zu müssen oder das Gleichgewicht zu bewahren, wenn eine später gestartete Läuferin offenbar schneller war. Als Orientierungsläufer:innen bereisten wir ganz Europa und freundeten uns auch mit Läufer:innen hinter dem Eisernen Vorhang[4] an, da der Sport in der Tschechoslowakei und Ungarn sehr beliebt war. Es ist schon richtig, der Sport kann uns fürs Leben erziehen.

→ Manchmal kommt mir unser ganzes Leben wie ein Orientierungslauf vor: Manche Zwischenziele erreicht man mühelos und schnell, bei anderen will man schier verzweifeln, bis man innehält, sich neu orientiert und dann mit neuem Mut weiterläuft, denn ins Ziel muss man – aufzugeben ist keine Option.

Die 1960er-Jahre waren eine gute Zeit, nicht nur für uns Jugendliche. Die Zerstörungen des Zweiten Weltkriegs waren weitgehend beseitigt und das deutsche Wirtschaftswunder und ähnliche Entwicklungen in anderen Staaten hatten unter der Führung konservativer Volksparteien in Deutschland und Österreich bescheidenen Wohlstand für viele gebracht. In den darauffolgenden, von den Sozialdemokraten Willi Brandt, Bruno Kreisky und Olof Palme geprägten Jahren wurde die soziale Absicherung der Arbeitenden und der Frauen verbessert, vor allem aber Bildung für alle zugänglich gemacht. Flugreisen machten in den 1960ern nur Wenige – geschäftliche Beziehungen konnten auch per Post angebahnt und aufrechterhalten werden und die Urlaube waren trotzdem schön. Auch ein Zurück zu 1965 erscheint mir nicht bedrohlich. Es ist wichtig, dies festzuhalten, denn ein wesentliches Hindernis im Klimaschutz dürfte die Angst vor Verlust sein – vor allem vor undefiniertem Verlust.

Ein persönlicher Rückblick

Wandern, Bergsteigen, leichte Kletterein, Skifahren im Winter, später Orientierungslauf haben die Liebe zur Natur in mir geweckt. Gleichzeitig haben sie mir vor Augen geführt, welchen Schaden sorgloser Umgang mit der Natur anrichtet: Zubetonierte Wiesen, von Straßen angeschnittene Hügel, in Betonwannen verbannte Bäche, riesige Staudämme, die ganze Täler und Dörfer unter Wasser setzen, Monokulturen in Wäldern und auf Feldern, so weit das Auge reicht, und so weiter.

Im Zuge meines Meteorologiestudiums und meiner frühen beruflichen Tätigkeit wurde mir klar, dass mindestens so problematisch wie die unmittelbaren Eingriffe in die Natur, die jedem, der sehen will, offenkundig sind, die Schäden durch Luftschadstoffe sind. Unsichtbar, teils aus weiter Ferne angeweht, setzten sie Natur und Mensch zu: Eine unsichtbare Gefahr, nur in extremen Ausnahmefällen mit unseren Sinnen wahrnehmbar, vernichten sie Wälder, lassen Seen versauern, machen Menschen das Atmen schwer und richten in vielfacher Weise, oft gar nicht als Ursache erkannt, Schaden an. Luftschadstoffe, ozonzerstörende und radioaktive Substanzen sowie Treibhausgase, sie alle sollten mich später beschäftigen. Sie können – wenn ihre Erzeugung nicht eingeschränkt oder verhindert wird – tödlich enden für Mensch und Natur. Sie sind aber integraler Teil eben jenes Wirtschaftswunders, das den Wohlstand brachte, eben jener billigen Energie, die das Leben so viel leichter und bequemer macht. Kein Wunder, dass der Ruf nach ihrer Beseitigung als Forderung nach Verzicht verstanden wird.

Wissen verbreiten

Da ich selbst diese Zusammenhänge erst langsam begriff – ohne damit zu behaupten, dass ich sie jetzt vollständig verstehe –, dachte ich lange Zeit, dass nicht gehandelt wird, weil es an Wissen fehlt; dass Forschung, Publikationen, Vorträge, Interviews dazu beitragen würden, dass immer mehr Menschen die Probleme erkennen und sich daher für strengere gesetzliche Bestimmungen einsetzen oder diese wenigstens gutheißen würden; dass Politiker die Wichtigkeit von Umweltschutzmaßnahmen wahrnehmen und – getragen von der öffentlichen Unterstützung – sie auch durchsetzen würden. Dass Wissen wichtig ist, davon bin ich zwar nach wie vor überzeugt – erschreckend viele Menschen und auch Politiker haben die ungeheure Bedeutung, die das Ökosystem für unser Überleben hat, noch nicht erfasst –, aber ich sehe, dass vom Erkennen zum Handeln ein weiter Weg ist. Es geht also nicht nur um Wissen! Außerdem ist der Handlungsspielraum auch gut informierter und wohlmeinender Politiker:innen begrenzt.

Natur und Mensch – beides sollte in meinem Beruf eine wichtige Rolle spielen, das wusste ich, als die Matura näher rückte und sich die Frage nach dem künftigen Beruf stellte; auch dass ich keine Lehrerin werden wollte. Dass ich Meteorologin wurde, hatte weniger mit einem konkreten Interesse an der Lufthülle der Erde zu tun als damit, dass es kein Massenstudium war, sondern nur ein knappes Dutzend Komiliton:innen im Hörsaal saß. Aber die Wissenschaft von der Lufthülle der Erde zog mich bald in ihren Bann: Das System selbst, die Geschichte ihrer Erforschung, die traditionellen und die aufkeimenden Forschungsmethoden, einschließlich der ungeheuren Möglichkeiten, die die elektronische Datenverarbeitung eröffnete. Die Atmosphäre ist ein faszinierendes System, das mit allen anderen globalen Systemen interagiert – der Hydrosphäre, Kryosphäre, Biosphäre, Lithosphäre und nicht zuletzt der Anthroposphäre, also den Menschen. Wie mein Mann, ein Risikoforscher, zu sagen pflegt: Ähnlich wie Risikoforscher:innen haben Meteorolog:innen Anknüpfungspunkte für Gespräche mit jedem Menschen in jedem Beruf; wenn alle Stricke reißen, spricht man über das Wetter und ist doch wieder in seinem Metier.

Es war Zufall, dass mir von einem meiner Lehrer, Universitätsprofessor Dr. Heinz Reuter, eine Assistent:innenstelle angeboten wurde, gerade als ich mein Studium abschloss. Wäre sein bisheriger Assistent ein Jahr früher oder ein Jahr später weggegangen, hätte jemand anderer die Stelle bekommen. Als Assistentin beschäftigte ich mich mit dem Transport von Schadstoffen in der Atmosphäre, mit sogenannten Ausbreitungsmodellen: Wohin werden die von einem Fabriksschlot abgegebenen Schadstoffe (Emissionen) vertragen und wie sehr werden sie dabei verdünnt, bevor sie von Menschen oder Tieren eingeatmet oder von Pflanzen durch die Stomata aufgenommen werden? Oder umgekehrt: Woher kommen die an einer Luftgütemessstelle erfassten Schadstoffe? Anders als bei Flüssen, wo es klar ist, dass man Schadstoffquellen stromaufwärts suchen muss, kommt in der Atmosphäre jede Richtung infrage. Die theoretischen Grundlagen dieser Modelle waren weitgehend bekannt, aber die neu entwickelten Computer ermöglichten nun Berechnungen, die vorher nur in sehr vereinfachter Form möglich waren. Zugleich machte die Messtechnik durch die digitale Erfassung von Daten ungeheure Fortschritte, sodass auch sehr kurzlebige Turbulenz – ein wesentlicher Faktor bei der Schadstoffverdünnung – systematisch untersucht werden konnte.

Das neue Wissen, von Steuergeldern bezahlt, musste auch der Allgemeinheit zugutekommen – daran bestand für mich kein Zweifel. Daher beteiligte ich mich an den Gesprächen, Diskussionen und Verhandlungen zum Umweltschutz, zu denen Univ.-Prof. Reuter eingeladen wurde, obwohl ich nur eine kleine Assistentin war. Dass die universitären Kollegen des Chefs sich mit ihrer Antwort auf meine Einwände meist nur an ihn wandten, belustigte mich eher, als dass es mich gekränkt hätte; half mir doch auch mein Chef erst nach meiner Habilitation als Kavalier in den Mantel – bis dahin durfte ich allein und unbehindert in Mantel oder Jacke schlüpfen. Aber die Frage nach meiner Verantwortung als Wissenschaftlerin beschäftigte mich schon damals, und jetzt im Lichte der akuten Versäumnisse der Politik mehr denn je.

In vielen Bereichen zeitigten unsere Aktivitäten sichtbare Erfolge – es war eine Zeit zunehmenden Umweltbewusstseins. Doch dann kam der Rückschlag. Zunächst nicht als allgemeine Entwicklung erkannt, wurde der Gegenwind stärker; eingeläutet durch das andere Gesellschafts- und Wirtschaftsverständnis von Margaret Thatcher und Ronald Reagan. Der Schwung erfolgreicher Jahre trug uns noch eine Weile weiter, danach wurde es immer härtere Arbeit. Die schlimmsten Auswüchse waren abgeschafft, für die Lösung der verbliebenen Probleme wollte niemand mehr kämpfen. So ähnlich wie ich beim Orientierungslauf auf der Strecke um jede Minute kämpfte, mich aber im Zieleinlauf nie so recht zu besonderer Anstrengung motivieren konnte, schienen frühere Unterstützer:innen – Bürgerbewegungen, Umweltorganisationen, umweltbewusste Beamte – den Biss verloren zu haben. Zuletzt ging es nicht mehr um Fortschritte im Umweltschutz, es ging um das Sichern des Erreichten.

Neu orientieren

Wie die Pflanzen im Winter die Säfte einziehen und Energie sparen, um im Frühling wieder voll aufzublühen, so begann auch ich abzuwägen: Welcher Einsatz lohnt sich? Was kommt jetzt zur Unzeit? Wo öffnet sich ein Fenster? Was kann erreicht werden? Fragen, die sich Wissenschaftler:innen immer wieder stellen, aber eher in Bezug auf Forschungsvorhaben – wer könnte wann willig sein, bestimmte Forschungsthemen zu finanzieren? Das politische Parkett in Hinblick auf Durchsetzbarkeit von Umweltthemen beobachteten wenige Kolleg:innen und hatten auch wenig Verständnis für derartige Überlegungen. Die universitäre Ausbildung und eventuelle Vorbilder drängen auf immer tieferes Eindringen in immer engere Fachbereiche, da bleibt für systemische, gesamthafte Betrachtungen kaum Platz. Aber bei meinem Vater hatte ich diese systemische Betrachtungsweise gesehen – sein Handeln hatte er, wo immer möglich, in Hinblick auf den größeren Kontext ausgerichtet. Das hatte ihn durch die schwere Zwischenkriegszeit mit Arbeitslosigkeit und Faschismus getragen[5] und durch die Katastrophe des Zweiten Weltkriegs und die Internierungslager in Indien[6]. Auch in der Zeit des Wiederaufbaus und des wachsenden Wohlstands begnügte er sich nie mit dem persönlichen Wohlergehen. Er wollte und hat, in dem ihm jeweils möglichen Rahmen, Entwicklungen mitgesteuert. Ich konnte auch nicht anders.

In dieser für Luftqualitätsthemen wenig empfänglichen Zeit wurde plötzlich die Problematik der Kernenergie akut: Grenznahe Kernkraftwerke traten aus verschiedenen Gründen in Österreich in den politischen Vordergrund. Mit der Ausbreitung radioaktiver Gase im Falle eines Kernkraftwerksunfalles hatte ich mich schon flüchtig befasst, daher wurde auch ich in die Diskussionen einbezogen. Sie sollten mich über Jahre intensiv beschäftigen und letztlich auch mein Privatleben verändern. Ich heiratete meinen Physikerkollegen und Mitstreiter in Sachen Kernenergie, Wolfgang Kromp, und wurde zugleich Ersatzmutter für drei Jugendliche, Kinder seiner verstorbenen ersten Frau. Von meinem Mann lernte ich Beharrlichkeit. Im Kampf gegen die riskanten Kernkraftwerke suchte er unermüdlich nach anderen Ansätzen, wenn einer sich als nicht gangbar erwies. Als Materialwissenschaftler wusste er, dass das Versagen technischer Geräte letztlich immer auf Materialversagen zurück ging, und den Materialien wurde in der Kernenergie viel zu wenig Augenmerk gewidmet.

Auch in der universitären Selbstverwaltung arbeiteten wir Seite an Seite: So manchen begabten, aber nicht hinreichend submissiven Kolleg:innen haben wir als Vertreter:innen des Mittelbaus in der Personalkommission gegen den Wunsch des jeweils Vorgesetzten die Fortsetzung der wissenschaftlichen Karriere ermöglicht und so nicht nur persönliche Schicksale beeinflusst, sondern vor allem die Gedanken- und Meinungsvielfalt an der Universität gefördert.

Strukturen schaffen

Zeitlich parallel wurde in wissenschaftlichen Kreisen dem Klimawandel immer mehr Beachtung geschenkt. Medien blendeten gelegentlich Berichte dazu ein und zu meinen Vorträgen über die nukleare Gefahr traten immer häufiger solche über den Klimawandel. Die Kolleg:innenschaft betrachtete meine Aktivitäten mit Skepsis: Seriöse Wissenschaftler:innen forschen und publizieren ihre Ergebnisse in Fachzeitschriften; der seriöse Wissenschaftler, und gar die Wissenschaftlerin, hält keine öffentlichen Vorträge für Gemeinden oder Vereine und gibt Interviews; schon gar nicht, wenn es nicht nur um eigene Forschungsergebnisse geht, sondern um ein breites Thema, bei dem auch die Ergebnisse von Kolleg:innen einfließen müssen. Aber da ich Klimabildung für notwendig hielt und halte, ließ ich mich nicht beirren. Außerdem macht Vortragen mir Freude, ich erkläre gerne. Auch das ein Erbe meines Vaters, der seinerzeit regelmäßig den Saal in der Wiener Urania füllte, wenn er über seine Bergfahrten berichtete?

Getrieben von der allmählich gewonnenen Erkenntnis, dass meteo-rologisches Wissen nicht genügt, um das Klimaproblem sinnvoll be-handeln zu können, wurde es mir immer wichtiger, Strukturen zu schaffen, die Wissenschafter:innen verschiedener Disziplinen zusam-menbrachten, um gemeinsam zu forschen, zu publizieren und auch das Wissen nach außen zu tragen. Ein intuitives Bemühen, nicht ent-standen aus dem Wissen um die theoretischen Erkenntnisse eines Niklas Lumann zur Überwindung einer fraktionierten Gesellschaft. Meine Bemühungen lockten Kolleg:innen an, die ähnlich dachten wie ich, Rektoren konnten überzeugt werden, und gemeinsam wurde das Climate Change Center Austria und, etwas später, die Allianz Nach-haltiger Universitäten in Österreich gegründet.

Jetzt ging es darum, gemeinsam Möglichkeiten aufzuspüren, Ideen aufzugreifen, das größere Potenzial der Gemeinschaft und der Struk-turen zu nützen. Obwohl alle wegen des Aufwands und des Zeitdrucks stöhnten, führte kurz darauf der erste Sachstandsbericht zum Klima-wandel in Österreich die Wissenschaftler:innen noch näher zusam-men. Den 2014 erschienenen, sechs Zentimeter dicken Endbericht findet man heute noch in vielen Büros – allerdings meistens als Unter-lage, zur Anhebung des Bildschirms. Das von der Allianz entwickel-te Programm zur Erstellung einer CO_2-Bilanz von Universitäten wird mittlerweile auch in Bayern angewandt und hat seinen Weg in die ös-terreichischen Schulen gefunden. Die Zusammenarbeit mit dem Wis-senschaftsministerium trug Früchte: Die Vorlagen für die Entwick-lungspläne und Leistungsvereinbarungen der Universitäten forderten Nachhaltigkeit ein. Vieles wurde erreicht, aber dennoch – es ging zu langsam. An den einzelnen Universitäten gab es kleine Gruppen von Nachhaltigkeitsbewegten, der Großteil der Kolleg:innenschaft blieb in Forschung und Lehre von unseren Bemühungen unberührt.

Und dann kamen „Fridays for Future", die sich auf die Wissenschaft beriefen – daher musste die Wissenschaft auch, was sie sonst in Fach-zeitschriften publizierte, öffentlich vertreten. Und plötzlich waren alle froh, dass es die Strukturen gab, dass Vorarbeit geleistet worden war, dass man sagen konnte: Wir tun eh! Eine neue Struktur, die „Scien-tists for Future", entstand, die Individuen, nicht Organisationen, offenstand. Angst vor Konkurrenz hatte ich nie: Es gibt so viel zu tun! Aber abstimmen muss man sich, denn gemeinsam erreicht man mehr.

Als „Extinction Rebellion" und „Letzte Generation", getragen auch von Studierenden der eigenen Lehrveranstaltungen, auf den Plan traten und von Politiker:innen und Medien unzulässig kriminalisiert wurden, erfolgte für viele Kolleg:innen der nächste Schritt, sich von tradiertem Wissenschaftsverständnis zu lösen.

→ Die eigene Komfortzone verlassen, immer etwas mehr sagen, als anderen angenehm ist, etwas mehr tun als unbedingt notwendig – ein spannender Prozess, der noch im Gang ist.

Und jetzt?

Ich bin längst emeritiert; sollte ich den Kampf Jüngeren überlassen? Deutlich sind mir noch die Ausführungen von Klaus Wiegandt in Erinnerung, der sich mit 60 als Vorstandssprecher des Großkonzerns Metro AG zurückgezogen hat, um sich der nachhaltigen Entwicklung zu widmen: Die Pensionisten und Rentner stellten ein ungeheures, weitgehend ungenutztes Potenzial im Kampf um eine bessere Zukunft dar. Keine andere Gesellschaftsgruppe genieße so viel Freiheit wie diese: Sie muss keine Rücksichten auf Vorgesetzte und Arbeitgeber mehr nehmen, hat Zeit und die meisten sind finanziell abgesichert.

Ich sehe meine Rolle jetzt darin, Verbindungen herzustellen und Türen zu öffnen, zu ermutigen, einen Schritt weiter zu gehen als beabsichtigt und den Blick immer wieder auf das eigentliche Ziel zu lenken, wenn die Gefahr besteht, dass man sich mit Standardaktivitäten zufrieden gibt – wie Institutionen das so an sich haben. Ich weiß, dass das manchen lästig ist, aber solange das Ziel eines guten Lebens für alle innerhalb der ökologischen Grenzen des Planeten nicht erreicht ist und solange es meine physische und geistige Gesundheit zulässt, werde ich weiterkämpfen. Für die Zuschauertribüne bin ich offenbar nicht gemacht.

Geschichte(n) und ihre Lehren

In diesem Kapitel geht es um Zeitgeschichte, um die Entwicklung des Umwelt- und Klimaschutzes, allerdings aus meiner sehr subjektiven und naturgemäß begrenzten Sicht. Ich spreche auch nur ausgewählte Ereignisse und Themen an, solche, aus denen ich gelernt habe und die mich auch geprägt haben.

1945 – neues Leben blüht aus Ruinen

Die politischen Auseinandersetzungen Europas hatten die ganze Welt in Mitleidenschaft gezogen. Die zuletzt eingesetzten Atomwaffen ließen erkennen, dass es beim nächsten großen Krieg nur Verlierer geben konnte. Später sollten wissenschaftliche Modellrechnungen zeigen, dass Atomwaffen nicht nur aufgrund der Druckwelle, Hitze und Radioaktivität im Umkreis mehrerer zehn Kilometer tödlich sind, sondern dass sie darüber hinaus durch die freigesetzten, die Sonnenstrahlung reflektierenden Teilchen den ganzen Globus über längere Zeit vielleicht in einen Winter, jedenfalls aber in einen klimatischen Herbst versetzen und so Hungersnöte globalen Ausmaßes auslösen können.

Kaum schwiegen die Waffen, begann eine Phase ungeheuren Aufschwunges. „Nie wieder Krieg!" – dieses Bekenntnis war ernst gemeint und schien umsetzbar. In Wien stehen die Trümmerfrauen als Sinnbild für diese Kraft der Menschen, immer wieder Hoffnung zu schöpfen, die Trümmer beiseitezuräumen und neu anzufangen.

Die Wissenschaft wird später diese Zeit als „Die große Beschleunigung" bezeichnen[1]. Praktisch alle Größen, die man betrachtet, nehmen nach dem Zweiten Weltkrieg rasant zu: Die Zahl der Menschen, der Brücken, der Telefone und auch die Emissionen – Schwefeldioxid (SO_2), Stickstoff, Schwermetalle und auch Kohlendioxid (CO_2). In Deutschland spricht man von einem Wirtschaftswunder. Die Menschen erfreuen sich wachsenden materiellen Wohlstandes: Waschmaschinen erleichtern Frauen das Leben, Fernsehen, Auto, eigenes Häuschen, Urlaub in Übersee – alles folgt Schlag auf Schlag. Auch die Arbeitswelt verändert sich: Körperlich schwere Arbeit wird durch Maschinen erleichtert, in der Landwirtschaft ersetzen Traktoren die Pferde und Chemie die Handarbeit. Alles erscheint technologisch möglich. Ich erinnere mich noch an den Aufwand, mit dem „Waschtage" in meiner Kindheit verbunden waren: Wäsche in großen Töpfen einseifen und kochen, auf einer Waschrumpel schrubben, wieder und wieder in kaltem Wasser spülen, bevor sie zum Trocknen aufgehängt wurde. Staunend stand ich als etwa Zwölfjährige beim Besuch einer begüterten Familie in Wien vor einer weißglänzenden Waschmaschine, auf einem Betonsockel platziert, die diese Plage überflüssig machte.

Auch in meiner Familie spiegelt sich der Aufschwung wider: Die Großeltern hatten noch schwer gearbeitet, die Großväter als Briefträger und als Fabriksmechaniker, die eine Großmutter als Weißnäherin zu Hause, um die Kinderschar gleichzeitig beaufsichtigen zu können, und die andere als Zigarettendreherin in einer Tabakfabrik. In beiden Familien wurde auf eine gute Schulbildung der Kinder Wert gelegt, denn „die Kinder sollen es einmal besser haben". Die Zeit der großen Arbeitslosigkeit war eine Durststrecke, in der mein Vater nach seinem Schulabschluss die Zeit zwischen Gelegenheitsjobs zur Weiterbildung nutzte. Nach schwierigen Kriegsjahren, in denen meine Eltern sieben Jahre getrennt waren, konnten beide dank ihrer Ausbildung, ihres Einsatzes und ihrer Genügsamkeit Fuß fassen und ihre Situation systematisch verbessern. Von der Zwei-Zimmer-Mietwohnung für die sechsköpfige Familie des Vaters, führte der Weg über eine Ein-Zimmer-Mietwohnung zu zweit in eine 2,5-Zimmer-Mietwohnung zu viert und schließlich zu einem eigenen kleinen Haus mit Garten. Meine Schwester und ich, als Nachkriegskinder, haben keine Erinnerung an die Entbehrungen der Nachkriegszeit, nur der sparsame Umgang mit allem – Lebensmittel, Kleidung, Geräte, Energie – war uns eine Selbstverständlichkeit.

In dieser Phase des „Miteinanders" konnten in Österreich Ideen wie Sozialpartnerschaft Fuß fassen und dazu beitragen, dass praktisch alle am zunehmenden Wohlstand teilhatten. Aus einem Land, von dem die Alliierten glaubten, es werde nicht lebensfähig sein, entwickelte sich ein Musterland, das bald nicht mehr auf fremde Hilfe angewiesen war.

In der Alpenrepublik wurde das Speicherkraftwerk Kaprun, ein in gebirgigem Gelände gebauter Staudamm mit Kraftwerk, zum Sinnbild für österreichische Ingenieursleistung und Fortschritt. Es ging 1952 ans Netz und war das erste einer Vielzahl nach dem Zweiten Weltkrieg gebauter Wasserkraftwerke, die Österreich mit Strom versorgen. Einer meiner Onkel war in Kaprun als Ingenieur tätig, und dass ich gerade das, sonst aber wenig von ihm weiß, liegt wohl daran, dass das Projekt auch unsere Familie mit Stolz erfüllte.

Umweltfragen spielten in dieser Phase keine Rolle. Die Wiener waren froh, dass der Wienerwald nicht im harten, kalten Winter der Jahre 1946/47 verheizt worden war, und ganz Österreich warb mit sozialem Frieden, dem Reichtum an Kultur sowie einer unvergleichlich schönen und vielfältigen Natur um internationale Touristen. Sogar die Nationalhymne beginnt damit: „Land der Berge, Land am Strome ..."

Wille zum Neustart, Zukunftsoptimismus, Offenheit für Neues kennzeichnen diese Periode. Eine Gesellschaft kann, wenn sie will und zusammenarbeitet, Unglaubliches leisten. Es war zugleich eine Periode, in der Technikgläubigkeit entstand, und das Gefühl, alle Probleme durch Technik meistern zu können. Eine sehr dynamische, von Optimismus getragene Periode, in der aber auch der Keim für unsere heutigen Schwierigkeiten gelegt wurde.

Vom Wiederaufbau zur Ausbeutung – erwachendes Umweltbewusstsein

Die Phase des Wiederaufbaus in dem vom Krieg zerstörten Europa ging nahtlos und fast unbemerkt über in eine der Ausbeutung von Natur und Mensch. Das so erfolgreiche Miteinander wandelte sich allmählich in ein Gegeneinander, vor allem aber in ein „Gegen die Natur".

Weltweit verteilte Arbeitsschritte – wo's am billigsten ist, wird es hergestellt – und daraus folgend weltweiter Handel sollen nicht nur Gewinne maximieren, sondern auch künftige Kriege unmöglich machen, weil jeder Weltteil von jedem anderen abhängig wird und man voneinander profitiert. Aber die rasante Produktionssteigerung und das bequeme Leben in den Industriestaaten gehen einher mit enormem Ressourcenverbrauch – Wasser, Metalle, Baustoffe, Fläche usw. –, mit Vergiftung der Umwelt durch Abgase, Abwasser, Pestizide und Müll sowie mit einem Umbau der Gesellschaft, vor allem im globalen Süden, zum Wohle weniger und Verelendung vieler. Wenn die Umweltschäden oder die Produktionsbedingungen daheim nicht mehr akzeptiert werden, weicht man auf Entwicklungsländer aus, sodass auch die Probleme globalisiert werden.

Physik und Technologie sind Trumpf. Leider neigen sie zu Vereinfachungen. Der Physiker etwa berechnet, dass sich eine Tonne Gift im Ozean so verdünnt, dass sie keinem Lebewesen schaden kann. Tatsächlich wird das Gift aber einerseits nicht gleichmäßig über die Wassermassen verteilt andererseits reichert es sich zusätzlich in der Nahrungskette an, wenn es sich um biologisch nicht oder schwer abbaubare Substanzen wie DDT, Strontium oder Nanopartikeln aus Plastik handelt. Vereinzelt werden Warnungen laut: In den USA sticht 1962 die Biologin Rachel Carson mit ihrem Buch „Stummer Frühling"[2] in ein Wespennest und wird wütend von der chemischen Industrie bekämpft. Trotzdem, oder vielleicht gerade deshalb, erfährt das Buch ungeheure Verbreitung und wird heute zu den einflussreichsten Wissenschaftsbüchern gezählt. Es war der Beginn des langsamen Umdenkens im Pestizideinsatz und mittelfristig der Anlass für die Einrichtung von Umweltbehörden in den USA.

Nebenbei sei erwähnt, dass die US-Botschaft in Wien noch in den 1970er-Jahren alljährlich vor den Feiern zum Unabhängigkeitstag am 4. Juli Pestizide zur Vernichtung von Gelsen sprühen ließ, damit die Besucher:innen nicht belästigt würden. Die Folge war, dass die Singvögel in der Nachbarschaft über längere Zeit ausblieben. Das Ersuchen der Nachbarn, die Besprühung zu unterlassen, fruchtete nichts. Erst als es gelang, den ORF zu interessieren, und dieser ankündigte, die Aktion filmen zu wollen, sagte man die Vergiftungsaktion hastig ab.

In Deutschland entlarvt in liebenswürdiger Weise Günther Schwab 1956 im „Tanz mit dem Teufel"[3] eine diabolische Verschwörung gegen die Menschheit: Der Teufel ist darauf aus, den Menschen das Leben schwer und sie so Gott abtrünnig zu machen und bedient sich dazu menschlicher Helfershelfer. Diese machen den Menschen zur Lösung ihrer Probleme typischerweise Vorschläge, die sie nur weiter in Schwierigkeiten bringen. Bodennahe Kinderwagen, damit die Kinder sich möglichst in Höhe der Abgase befinden, immer mehr Chemikalien gegen Qualitätsverlust der Böden, Studien zur Gefährlichkeit von Pestiziden, finanziert von der Agro-chemischen Industrie, oder Speisung eines unmäßigen Wasserbedarfs aus nur sehr langsam regenerierendem Grundwasser.

Es scheint, dass die Menschen bis heute noch den teuflischen Helfershelfern auf den Leim gehen – nur geht es jetzt nicht mehr um Kinderwagen, sondern gleich um Eingriffe globalen Ausmaßes: Heute sind es „teuflische" Lösungen wie etwa Sulfatpartikel ins Weltall sprühen, damit die auf der Erde eintreffende Sonnenstrahlung gemindert und so die Temperaturen niedrig gehalten werden. „Umweltfreundliches" Fracking, das doch wieder klimazerstörendes, fossiles Erdgas liefert, aber eben heimisches und etwas umweltfreundlicher gewonnen. Oder Kernkraftwerke der Generation IV bzw. Small Modular Reactors (SMR) – billig, sicher, ohne Atommüll; aber leider alles nur auf dem Papier, ungetestet – ähnliche Versprechen gab's schon zu Beginn der Kernenergie.

Die Umweltprobleme werden lokal spürbar, lokal beginnen sich Menschen zu wehren. Diese sind noch vereinzelt und gelten als fortschrittsfeindlich; im heutigen Sprachgebrauch würde man sie vermutlich als Verschwörungstheoretiker verschreien, weil doch niemand bewusst Gesundheit oder Umwelt schädigen würde? Das Systemische des Problems wird nur von wenigen erkannt - noch sind wirtschaftlicher Erfolg, Effizienz und kurzfristiges Denken Trumpf.

Warnende Stimmen, die wirtschaftlichen Interessen in die Quere kommen, haben es immer schwer, unabhängig davon, wie solide die Evidenz und die wissenschaftliche Basis ist. Hätte man damals die Mahnrufe etwa von Meadows ernst genommen oder wenigstens ein Beobachtungssystem entwickelt, das frühzeitig erkennen lässt, ob an den Warnungen etwas dran ist, wäre es nie so weit gekommen, dass wir innerhalb eines Jahrzehnts alles auf den Kopf stellen müssen.

Verständnis für Grenzen des Wachstums entsteht

1972 publiziert eine Gruppe junger Wissenschaftler:innen unter der Leitung von Dennis und Donella Meadows den eingangs zitierten Bericht: „Grenzen des Wachstums". Mit einem sehr einfachen, empirischen Modell, das sich auf fünf Größen konzentriert – Bevölkerung, Nahrungsmittelproduktion, industrielle Produktion, Ressourcenverfügbarkeit und Schadstoffbelastung – werden Szenarien durchgespielt, wie sich die Zukunft der Menschen auf unserem begrenzten Planeten entwickeln könnte. Das Ergebnis ist niederschmetternd: Mit wenigen Ausnahmen führen alle Szenarien zur Übernutzung der verfügbaren Ressourcen und damit zum Kollaps des Systems.

Das Referenzszenario beschreibt die Entwicklung etwa so: Wachsende Bevölkerung und Nachfrage nach materiellem Wohlstand führen zu mehr Industrieproduktion und Umweltverschmutzung. Die Qualität der Ressourcen nimmt ab, weil immer mehr abgebaut wird. Es bedarf immer größerer Investitionen (sowohl physisch als auch finanziell), um aus Rohstoffen nutzbare, hochwertige Produkte zu erzeugen. Finanzielle und geistige Ressourcen werden von der produktiven Industrie und der Landwirtschaft abgezogen, sodass die Industrieproduktion pro Kopf zu sinken beginnt – im Referenzszenario ab etwa 2015. Da die Umweltverschmutzung zunimmt und der industrielle und finanzielle Input in die

Landwirtschaft zurückgeht, sinkt die Nahrungsmittelproduktion pro Kopf. Gesundheits- und Bildungsdienste werden aus Budgetgründen gekürzt, sodass ab etwa 2020 die Sterblichkeitsrate steigt. Die Weltbevölkerung beginnt ab etwa 2030 zu sinken, und zwar um etwa eine halbe Milliarde Menschen pro Jahrzehnt. Die Lebensbedingungen sinken auf ein Niveau wie zu Beginn des 20. Jahrhunderts. Letztlich führt die Ressourcenknappheit – die Begrenztheit unseres Planeten – zum globalen Kollaps. Dazu müssen die physischen Ressourcen, die die Menschheit versorgen, nicht vollständig verschwinden.

Die Schlussfolgerung lautet: *Wenn die derzeitigen Wachstumstrends bei der Weltbevölkerung, der Industrialisierung, der Umweltverschmutzung, der Nahrungsmittelproduktion und der Erschöpfung der Ressourcen unverändert anhalten, werden die Grenzen des Wachstums auf diesem Planeten irgendwann innerhalb der nächsten 100 Jahre erreicht. Das wahrscheinlichste Ergebnis wird ein ziemlich plötzlicher und unkontrollierbarer Rückgang sowohl der Bevölkerung als auch der industriellen Kapazität sein.*

Die Szenarien, die nicht zum Kollaps führten, wurden in den nachfolgenden öffentlichen und fachlichen Diskussionen kaum beachtet, obwohl gerade sie Hinweise auf Lösungen enthielten. Das Bevölkerungswachstum eindämmen, um die Bevölkerung zu stabilisieren, wäre ein wichtiger Beitrag gewesen. Davon sind wir auch derzeit noch weit entfernt.

Das große Verdienst von Donella und Dennis Meadows und Co-Autor:innen besteht darin, aufgezeigt zu haben, dass es sich bei den Grenzen des Wachstums um ein systemisches Problem handelt, nicht um zufällig ungünstiges Zusammentreffen bestimmter Größen. Der Kollaps lässt sich z. B. durch etwas geringeres Bevölkerungswachstum oder verbesserten Umweltschutz nicht verhindern, nur verzögern. Dass sich manche Schlussfolgerungen der Autor:innen für einzelne Ereignisse, wie die Verknappung von Kupfer, nicht oder nur zeitverzögert bewahrheitet haben, mindert dieses Verdienst nicht.

Eine Entwicklung, die in den „Grenzen des Wachstums" offensichtlich unterschätzt wurde, ist der Klimawandel. Er wurde summarisch als Teil der Verunreinigung behandelt, die im Modell primär gesundheitliche Folgen und Ertragseinbußen mit sich brachte. Seine überragende Dimension wurde nicht erfasst. Das ist insofern verständlich, als sich der globale Temperaturanstieg erst in den 1970er-Jahren in den Messungen zeigte und selbst von Fachleuten zunächst eher als Episode, denn als Trend verstanden wurde. Ähnliches gilt für den Biodiversitätsverlust.

„Grenzen des Wachstums" wurde in über 30 Sprachen übersetzt und zählt zu den meist gekauften Büchern der Welt. Dass es auch gelesenen wurde, muss – angesichts der fehlenden Maßnahmen in Reaktion darauf – bezweifelt werden. Jedenfalls wurde es heftig bekämpft: Neoliberale Ökonomen argumentierten, dass eine Ressource, wenn sie zur Neige geht, durch eine andere ersetzt werden kann. Der infolge der Verknappung steigende Preis mache aufwändigere Extraktion, Forschung und Alternativprodukte wirtschaftlich attraktiv und leistbar. Allerdings gibt es für einige Schlüsselelemente, etwa Wasser oder Phosphor, keine bekannten Ersatzstoffe. Analysen der Entwicklung der Welt seit dem damaligen „Weckruf" zeigen, dass die Modelle, so simpel sie auch waren, mit ihrem Referenzszenarium „business as usual" die reale Entwicklung seither ziemlich genau getroffen haben[4].

Eine All-Parteien-Kommission, die 2016 vom britischen Parlament eingesetzt wurde, hat die These, dass es Grenzen des Wachstums gäbe, überprüft[5] und kam zu dem Schluss: *„Es gibt beunruhigende Hinweise darauf, dass die Gesellschaft immer noch dem ‚Referenzszenario' der ursprünglichen Studie folgt – bei der eine Überschreitung zu einem Zusammenbruch der Produktion und des Lebensstandards führt. Wenn der Club of Rome Recht hat, sind die nächsten Jahrzehnte entscheidend. Eine der wichtigsten Lehren aus der Studie ist, dass frühzeitige Reaktionen absolut entscheidend sind, wenn man sich den Grenzen nähert."* Zugleich wies sie darauf hin, dass zu dem Zeitpunkt, da der Rückgang der Produktion als erstes Zeichen der Grenzerreichung bemerkbar wird, der Handlungsspielraum viel stärker eingeschränkt ist als in der Wachstumsphase, und dass Kollaps immer ein unkontrollierbarer Prozess ist. Vernunft gebiete frühzeitig zu handeln und technologische Systeme, ökonomische Einrichtungen und Lebensstile zu transformieren. Das setze längerfristiges Denken bei Politik und Wirtschaft voraus.

Umorientierung und Veränderung erfordern Ressourcen, auch finanzielle. Wenn etwa ein Tourismusbetrieb, der einen wesentlichen Teil seines Geschäftes mit Kurzstreckenflügen (z. B. Städtereisen in Europa) macht, erst beginnt, ein anderes Standbein aufzubauen, wenn seine zunehmend klimabewusste Klientel Kurzstreckenflüge meidet, oder wenn diese sehr hoch besteuert oder gar verboten werden, dann fehlen ihm infolge des Einnahmeneinbruches die Möglichkeiten, die Entwicklung alternativer Angebote zu finanzieren und beispielsweise Reisebusse anzuschaffen. Ähnliches gilt etwa auch für Staaten, deren primäre Einnahmequelle Öl ist. Sollte die Umstellung der Eigenversorgung und der Wirtschaft auf Erneuerbare nicht passieren, solange die Einnahmen aus Öl noch sprudeln, wird die unausweichliche Transformation hart werden.

Dennis Meadows hat seine persönliche Erfahrung mit den „Grenzen des Wachstums" so beschrieben: Zuerst leugnen alle, dass es Grenzen gibt; dann meinen sie, dass diese weit weg seien; dann akzeptieren sie deren Absehbarkeit, aber der Markt werde das schon regeln; da das nicht gelingt, erwarten sie technologische Lösungen; wenn sie endlich einsehen, dass weder der Markt noch Technologie das Problem lösen werden, ist es zu spät, den Kollaps zu verhindern.

Als er 2011 gefragt wurde, warum denn wohl die Menschheit in den 40 Jahren trotz aller Bestätigungen und Vorboten auf die Warnung nicht reagiert habe, antwortete er, dass er diese Frage sein ganzes Leben studiert habe, und er wisse es nicht. Am Verständnis liegt es nicht, denn eine Umfrage des Weltwirtschaftsforums (WEF) unter Hunderten von Expert:innen im Jahr 2014 ergab, dass Ressourcenknappheit nach finanzieller Ungleichheit als das am meisten unterschätzte globale Problem wahrgenommen wurde.

Warnungen, auch wenn sie nicht angenehm sind, sollten Anlass sein, die jeweiligen Handlungen, Entwicklungen etc. zu überdenken. Absichtliches Missverstehen, nicht verstehen wollen und lächerlich machen sind nicht hilfreich. Außerdem ist es essenziell, Umstellungen einzuleiten, bevor die Grenzen erreicht sind; wird dieser Zeitpunkt versäumt, kann es passieren, dass man nicht mehr kann, wenn man endlich will.

Erste Erfolge

Eine Serie von Umweltkatastrophen verschaffte den Folgen rücksichtslo-
ser Ausbeutung der Natur und bedenkenloser Nutzung der Atmosphäre
als Deponie für Abgase breitere Aufmerksamkeit. Im landwirtschaftlichen Bereich hatte das in den USA mit dem Ausbleiben der Singvögel
nach massiven Pestizideinsätzen begonnen, in Europa beschleunigten
Probleme in Städten, insbesondere in London, die Umweltgesetzgebung.

Ein Zusammenwirken von ungünstigen Wetterlagen mit hohen Emissionen löste die ersten großen Smog-Episoden aus. Das Wort Smog ist
durch Zusammenziehen von „smoke" (Rauch) und „fog" (Nebel) entstanden. Es beschrieb in den 1950er- und 1960er-Jahren Situationen,
bei denen durch nächtliche Abkühlung bei windarmen Wetterlagen
Temperaturinversionen[6] und Nebelbildung ausgelöst wurden, Situationen, bei denen Verdünnung und Abtransport von Schadstoffen stark
eingeschränkt wird. In den 1980er-Jahren änderte sich die Bedeutung
des Wortes: Man sprach von Photosmog oder „Los Angeles Smog" und
meinte eine Lufttrübung, die durch hohe Konzentrationen von Photo-
oxidantien bei starker Sonneneinstrahlung entstand, und die u.a. Au-
genreizungen hervorrief.

Schon 1930 kamen bei einer Smog-Episode im belgischen Maastal
60 Menschen ums Leben, 6000 erkrankten. In Donora, in den USA,
starben 1948 bei ähnlichen Belastungen 20 Menschen und 5.000 erkrankten. Im Dezember 1952 war in London der Nebel über vier Tage
so dicht, dass man keine zwei Schritt weit sah. Das war an sich für
diese Metropole nicht so ungewöhnlich, aber aufgrund niedriger Temperaturen und einer ausgeprägten Inversionslage war der Nebel mit
Schwefeldioxid und Feinstaub aus den vielen offenen Kaminen, Diesel-
bussen, Kohlekraftwerken und der Industrie dermaßen angereichert,
dass 4000 Menschen während der Episode, 8000 in den folgenden Tagen starben. Weil der Zusammenhang zwischen Luftqualität und Gesundheit von der Regierung nach anfänglichem Leugnen nicht mehr
wegdiskutiert werden konnte, wurden Maßnahmen eingeleitet. Der
„Clean Air Act" 1956 enthielt eine Reihe sehr einschneidender Maßnahmen: So konnten u. a. Belastungszonen ausgewiesen werden, in

denen nur „rauchfreie Brennstoffe" eingesetzt werden durften. Das verlagerte die Luftverunreinigung aus der Stadt zu jenen Anlagen, die Koks oder Strom erzeugten. 1957 und 1962, als in London wieder ähnliche Smogereignisse auftraten, wies die Luft zwar vergleichbare Schwefelkonzentrationen auf, doch der Feinstaub war beträchtlich zurückgegangen. Die Übersterblichkeit sank auf unter 1000, da Schwefeldioxid ohne Staub, an den es sich anlagern kann, viel weniger leicht in die tieferen Atemwege eindringen kann. In den Folgejahren folgte eine Reihe von Verschärfungen des Clean Air Act.

Vergleichbar dramatische Episoden gab es in Österreich nicht, aber die Schwefeldioxidkonzentrationen erreichten mit bis zu 1,4 mg SO_2/m^3 als Halbstundenmittelwert und bis zu 0,9 mg SO_2/m^3 als Tagesmittelwert im Januar 1971 in Wien auch beträchtliche, gesundheitsgefährdende Werte. Die von der Österreichischen Akademie der Wissenschaften 1975 vorgeschlagenen Grenzkonzentrationen lagen bei 0,3 mg SO_2/m^3 als Halbstundenwert und 0,2 mg SO_2/m^3 als Tagesmittelwert[7].

In den 1970er-Jahren wurde die Luftqualität generell anhand von Schwefeldioxidkonzentrationen gemessen, da die Messgeräte dafür verfügbar waren, und man annahm, dass alle anderen Schadstoffe mit den Schwefeldioxidkonzentrationen parallel laufen. Weil den SO_2-Werten dadurch so viel Bedeutung beigemessen wurde, setzten Bemühungen ein, SO_2-Konzentrationen zu reduzieren. Die einfachste, aber eher fragwürdige Methode war, die Schornsteine höher zu bauen. Dadurch kamen die Emissionen stärker verdünnt zu Boden, aber es waren größere Flächen und daher auch mehr Menschen betroffen. Als sich zeigte, dass hohe Konzentrationen zwar unmittelbar Atemwegserkrankungen auslösen konnten, doch niedrige, anhaltende Belastungen auch gesundheitliche Folgen hatten, war klar, dass Verdünnung kein geeignetes Mittel zur Bekämpfung der Luftverunreinigung sei. Die sogenannte Hochschornsteinpolitik wurde aufgegeben. Dann wurde vermehrt schwefelärmeres Heizöl eingesetzt (statt Heizöl schwer verwendete man Heizöl mittel, statt Heizöl mittel das Heizöl leicht), gleichzeitig bemühte man sich bei großen Anlagen auch um Abgasreinigungsverfahren. Da Projektwerber zu

Beginn plausibel machen konnten, dass Abgasreinigungsverfahren noch nicht Stand der Technik seien, begnügte sich die Behörde bei Genehmigungsverfahren öfters damit vorzuschreiben, dass Platz für eine Entschwefelungsanlage vorzusehen sei, um diese später einbauen zu können. Ob es je zu einem derartigen nachträglichen Einbau kam, ist mir nicht bekannt. Dennoch verbesserte sich in den späten 1970er- und den 1980er-Jahren in Österreich trotz enorm steigender Produktion und vermehrtem Einsatz fossiler Energien die Luftqualität spürbar. SO_2 verlor allerdings zugleich seinen Wert als Indikator für die Luftqualität, weil es selektiv bekämpft wurde. Andere Schadstoffe gewannen an Bedeutung.

In der Folge lösten sich verschiedene Schadstoffe als „Themenführer" ab: Stickoxide, Feinstaub, Ozon, Cadmium, Dioxin u. a. Es wurden sukzessive mehr und bessere Messmethoden entwickelt und der Einfluss verschiedener Gase auf die Gesundheit erforscht. Österreich griff dabei häufig auf Untersuchungen aus Deutschland oder den USA zurück. Auch die WHO publizierte Grenzwerte. Daten zu synergistischen Wirkungen verschiedener Schadstoffe über das Zusammenwirken von Gasen mit Feinstaub hinaus gab es kaum. Auch belastungsfähige epidemiologische Studien[8] waren selten – zu aufwändig war die wissenschaftliche Versuchsanordnung.

Die 1962 gegründete Kommission Reinhaltung der Luft der Österreichischen Akademie der Wissenschaften hatte 1975 die ersten „wirkungsbezogene Grenzkonzentrationen" für SO_2 als Grundlage für rechtlich verbindliche Immissionsgrenzwerte erarbeitet und widmete sich dann Schritt für Schritt auch anderen Schadstoffen. In diese späteren Publikationen war auch ich stark eingebunden.

Mein Mentor, Univ. Prof. Dr. Heinz Reuter, und daher anfangs auch ich befürchteten anlässlich der Publikation der SO_2-Grenzwerte, die deutlich unter den in großen Teilen des Landes gemessenen Konzentrationswerten lagen, dass diese so überzogen und unerreichbar seien, dass sie wirkungslos bleiben würden. Tatsächlich erwiesen sie sich als Ansporn zu dramatischen Emissionsreduktionen, vor allem durch Entschwefelung des Öls. Die SO_2-Emissionen sanken in Österreich rasch um rund 80 Prozent und die Immissionsgrenzwerte wurden nur mehr punktuell und gelegentlich überschritten. Diese Erfahrung hat mich gelehrt, dass ambitionierte Ziele durchaus erreicht werden können, auch wenn sie zu Beginn illusorisch erscheinen.

Österreich wurde mit Luftqualitätsmessstellen überzogen, zuerst SO_2, später auch andere Schadstoffe, und die Bundesländer ließen Emissionskataster erstellen, um Emissionen und Immissionen zueinander in Bezug setzen zu können; in den Landesbehörden wurden kundige Sachbearbeiter:innen eingestellt. Im Österreichischen Normeninstitut erarbeiteten wir Normen für Ausbreitungsrechnungen, die sich günstig auf die Qualität der Genehmigungsverfahren auswirkten.

→ Die 1970er- und 1980er-Jahre waren insgesamt eine Zeit, in der Umweltschutz in Österreich im – nicht immer harmonischen, aber letztlich doch erfolgreichen – Zusammenwirken von Wissenschaft, Wirtschaft, Politik und Zivilgesellschaft große Fortschritte machte und für unmöglich Erachtetes sogar übertroffen wurde.

Eine nicht geringe Rolle spielte dabei die Angst der Politiker vor lokalen Bürgerinitiativen. Sie machte wett, was an Gesetzen und Richtlinien noch fehlte. In einer heute kaum mehr vorstellbaren Weise wurden wir wissenschaftlichen Gutachter:innen im Vorfeld zu Verhandlungen zwischen Behörden und Projektwerber:innen beigezogen, um gemeinsam eine akzeptable Lösung zu finden, die einer Einreichung dann zugrunde gelegt, von uns begutachtet und im Genehmigungsverfahren öffentlich verhandelt, gegebenenfalls nachgebessert, und genehmigt wurde. Bezahlt wurden wir Gutachter:innen von den Projektwerber:innen. Bei gutem Willen und ehrlichen Wissenschaftler:innen ein rasches und effizientes Verfahren, das probate Lösungen nach dem damaligem Problemverständnis hervorbrachte.

Ungebührliche Versuche, Ergebnisse zu beeinflussen, habe ich persönlich nicht erlebt – eventuell wünschte sich ein Auftraggeber, eine Umformulierung im Sinne von „halb voll" durch „halb leer" zu ersetzen, ohne aber darauf zu bestehen, wenn ich mich widersetzte. Ich erkannte aber sehr rasch die Notwendigkeit, die Rahmenbedingungen des

Auftrages explizit zu machen. In einem Gutachten Probleme anzu-
sprechen, die nicht Teil des Auftrages waren, sei, so sagte man mir,
unzulässig. Ich habe das nie überprüft, aber in der Einleitung zu
den Gutachten hielt ich dann z. B. fest, dass das Gutachten sich ausschließlich mit dem Schadstoff X befasst, während andere, ebenfalls
emittierte Schadstoffe nicht Gegenstand der Untersuchung seien;
oder dass das Berechnungsverfahren, welches angewendet wurde, bei
sehr schwachen Winden bzw. Windstille versagt, solche Wetterlagen
aber besonders hohe Belastungen hervorrufen können. Ich wies auf
Punkte hin, an denen Umweltbewegte mit Recht einhaken konnten.

Ein Aspekt hat mich bei diesen Genehmigungsverhandlungen immer
stutzig gemacht: Die Verhandlungsleiter wollten den medizinischen
Gutachtern als Voraussetzung für die Genehmigung immer die Aussage entlocken, dass sie gesundheitliche Folgen ausschließen können.
Mit wenigen Ausnahmen verlagerten die medizinischen Gutachter
das Problem auf die Grenzwerte und die Frage, ob diese eingehalten oder fast immer eingehalten würden, das heißt auf das Ergebnis unserer meteorologischen Berechnungen. Diese waren aber, wie
alle Modellberechnungen und insbesondere die stark vereinfachten,
die wir mangels besserer Daten einsetzen mussten, ungenau. Auch
den Grenzwerten, in deren Zustandekommen ich ja aufgrund meiner
Tätigkeit in der Österreichischen Akademie der Wissenschaften Ein-
blick hatte, hafteten große Unsicherheiten an. Darüber hinaus war
allen bewusst, dass auch noch andere Schadstoffe freigesetzt wurden,
für die es weder Grenzwerte noch Berechnungen gab. Natürlich waren in alle Überlegungen Sicherheitsfaktoren eingebaut, doch Ge-
sundheitsfolgen ausschließen zu können, überforderte damals – wie
auch heute – die Möglichkeiten der Wissenschaft. Trotzdem erhielten die Anlagen Bau- und Betriebsgenehmigungen. Irgendwie waren
alle – auch ich und sogar die Bürgerinitiativen – von der Überzeugung getragen, dass diese Produktionsstätten notwendig seien, es
nur wichtig sei, sie möglichst umweltfreundlich zu gestalten.

Unsere Gutachten damals haben dem Stand der Wissenschaft ent-
sprochen und ich erstellte sie mit gutem Gewissen, in der Überzeugung, einen Beitrag zum Umweltschutz zu leisten. Mit meinem jet-

zigen Wissen und Verständnis würde ich heute aber viele Projekte, in die ich damals involviert war, viel grundlegender hinterfragen; ich würde auch noch viel sorgfältiger mit Unsicherheiten umgehen.

Auch die gemeinsame Erarbeitung gesetzeskonformer Lösungen mit den Gutachtern würde ich heute nicht mehr empfehlen – zu sehr hat sich das Selbstverständnis der beteiligten Akteur:innen verändert, und Gutachtertätigkeit ist von einer interessanten Nebentätigkeit zu einem lukrativen Beruf geworden. Damals waren wir staatlich bezahlten Wissenschaftler:innen nicht von Aufträgen für Gutachten abhängig und es gab zu Beginn kaum Mitarbeiter:innen, die über externe Geldmittel (Drittmittel) angestellt waren, wie es heute vorrangig üblich ist. Zusätzliche Geldeinnahmen zur Aufrechterhaltung einer Arbeitsgruppe waren nicht vonnöten und hatten daher nicht den Stellenwert, den sie inzwischen bekommen haben. In jeder Richtung unabhängige Gutachter:innen mit einem breiten Problemverständnis sind heute unersetzlich, wenn auch in manchen Bereichen schwer zu finden.

Das Verständnis der Aufgabe der wissenschaftlichen Gutachter:innen wandelte sich. Ich erinnere mich an Beamte der Genehmigungsbehörde, die mich, die meteorologische Gutachterin, anriefen und fragten: Ist die Anlage nun genehmigungsfähig oder nicht? Auch eine Auseinandersetzung mit einem Kollegen von der medizinischen Fakultät ist mir in Erinnerung. Es ging um zwei Gutachten zu Zellstofffabriken, die zeitlich etwas auseinander lagen, bei denen der medizinische Gutachter unterschiedliche gesundheitliche Maßstäbe anlegte. Mir kam das unzulässig vor, wenn die Menschen an den beiden Standorten sich in ihrer Empfindlichkeit nicht unterscheiden. Wir haben lange diskutiert, ob es zulässig sei, die ökonomische Machbarkeit der Minderungsmaßnahmen, das heißt die wirtschaftliche Situation der Betriebe, im medizinischen Gutachten zu berücksichtigen. Damals wie heute bin ich überzeugt, dass es die Aufgabe der Wissenschaftler:innen ist, abgesicherte, evidenzbasierte Ergebnisse vorzulegen, unabhängig von den Konsequenzen.

Bemerkenswert ist die Leistung damaliger Bürgerinitiativen – NGOs nannte sie damals noch niemand. Meist wehrten sich lokale Bürger:innen gegen Vorhaben, die ihnen unerwünscht waren, teils aus sehr persönlichen Gründen – wer will schon eine Fabrik vor der Nase haben, wo vorher nur Wiese oder Wald war –, teils aus Besorgnis um das eigene und das Wohl der Gemeinde, vor allem um die Gesundheit. Mit bemerkenswerter Energie und teils großer Sorgfalt informierten sie sich über die Art der geplanten Anlage, nahmen Einsicht in die sehr technisch gehaltenen, bei der Behörde aufgelegten Unterlagen, beschafften sich fachliche Literatur, nahmen Kontakt auf mit Expert:innen und brachten schriftlich und auch mündlich in den Verhandlungen eine beachtliche Zahl an Argumenten gegen die Projekte vor. In zunehmendem Maße holten sie sich auch Ratschläge und Unterstützung von anderen Bürgerinitiativen, die ähnliche Kämpfe fochten oder mehr oder weniger erfolgreich durchgestanden hatten. Es waren Vorläufer der jetzt erfolgreich tätigen großen Umweltorganisationen.

Die Projektwerber:innen und oft auch die Behörden betrachteten Bürgerinitiativen als natürliche Gegner und neigten dazu, alle Einwände als falsch oder unbegründet abzuweisen. An eine Episode bei der Genehmigungsverhandlung für ein Kohlekraftwerk – damals nichts Ungewöhnliches, heute in Österreich kaum mehr vorstellbar – erinnere ich mich noch sehr genau: Ein Vertreter der Bürger:innen brachte empört vor, dass eine bestimmte, beeindruckende Zahl an Tonnen Schwefeldioxid von dem Werk pro Monat in der Luft eingebracht würde. Mein Chef, der Gutachter für Fragen der zu erwartenden Schadstoffkonzentrationen in der Luft, wies diese Zahl als maßlos übertrieben zurück und wandte sich mir zu, um die korrekte Zahl zu erfragen. Ich rechnete die Emissionen um, die wir unseren Ausbreitungsrechnungen zugrunde gelegt hatten – wir rechneten nicht in Tonnen pro Monat, sondern in Gramm pro Sekunde – und siehe da, die genannte Zahl stimmte ziemlich genau. Die wenigen Gramm pro Sekunde addierten sich zu beachtlichen Tonnen pro Monat! Was die Bürger:innen falsch eingeschätzt hatten, war das Ausmaß der Verdünnung in der Luft: Die Konzentrationen blieben trotz der enormen SO_2-Mengen unter dem zulässigen Grenzwert. Trotzdem beeindruckten die Tonnen auch mich und meinen Chef.

Als junge Wissenschaftlerin habe ich viel von Bürgerinitiativen gelernt – sie hatten den viel gesamtheitlicheren Blick als ich, wenn auch nicht alle Befürchtungen berechtigt oder wissenschaftlich untermauert waren. Se lehrten mich auch eine gesunde Skepsis gegenüber jenen, die von Vorhaben profitieren.

Zu der Befassung mit einzelnen Anlagen und deren einzelnen Schornsteinen trat die Notwendigkeit, sich auch mit ganzen Städten und deren Vielzahl an Emittenten zu befassen. Ein befreundeter Kollege meines Chefs hatte in Deutschland ein Modell für die Stadt Bremen erstellt, und ich sollte ein analoges Modell für die Stadt Wien kreieren. Möglich war das geworden durch den Zugang zu modernen Rechenanlagen. Der österreichische Wetterdienst nutzte eine solche für Wettervorhersagen, und uns Forschenden der Universität Wien stand sie auch zeitweise zur Verfügung. Gemeinsam mit einem Kollegen hatte ich das Stadtmodell entwickelt und getestet, für die eigentlichen Produktionsläufe mussten wir aber auf die größere Anlage der Stadt Wien ausweichen. Mit großen Kartons voller Lochkarten fuhren wir quer durch Wien, gaben diese bei dem Schalter der Rechenabteilung ab und warteten gespannt auf die Ausdrucke, die wir jeweils am nächsten Tag bekamen. Tag für Tag erlebten wir eine Enttäuschung – immer hinderte irgendein Fehler die Berechnung. Zurück ans Institut, Fehler suchen, Lochkarten ausbessern, Straßenbahnfahrt zur Rechenabteilung – heute kann ich mir nicht mehr vorstellen, so zu arbeiten. Dann endlich erste Ergebnisse – aber offenkundig falsch. Wir brüteten über den Programmausdrucken und plötzlich, eines Nachts wachte ich auf und wusste, wo ich den Fehler suchen musste. Danach lief alles wie am Schnürchen und wir konnten die Stadt Wien bei der Planung des Messnetzes und bei der Bewertung neuer Emittenten unterstützen.

Die betrachteten Regionen wurden immer größer, und Modellberechnungen im europäischen Maßstab zeigten, wie sehr Schadstoffe von einem Land zum anderen transportiert wurden, sodass gemeinsame Maßnahmen und einheitliche Grenzwerte unerlässlich wurden. Zur Entwicklung von Ausbreitungsrechnungen im globalen Maßstab konnte das Meteorologische Institut der Universität Wien etwas beitragen. Eines der immer noch sehr nützlichen Modelle, wenn es darum geht, zu bestimmen, von wo Schadstoffe kommen oder wohin sie gehen – etwa im Fall eines Kernkraftwerksunfalles –, wurde damals von einem jungen Kollegen während seines Präsenzdienstes beim Bundesheer entwickelt. Heute ist er, nach vielen Jahren im Ausland, an eben dieses Institut als Professor zurückgekehrt.

In diese Zeit fällt auch das Problem des Waldsterbens: In den 1980er-Jahren kränkelten plötzlich Wälder, vor allem Fichtenbestände, auch weit ab von Emittenten. Die Befürchtung war, dass große Teile der österreichischen Wälder absterben würden, wiewohl das Problem in Österreich nicht so dramatisch war, wie z. B. in der Tschechoslowakei. In einem großen Forschungsvorhaben konnte das Waldsterben großteils auf den „sauren Regen" zurückgeführt werden, der auf Wälder traf, die nach einer Reihe von niederschlagsarmen Jahren geschwächt waren. In Skandinavien litt auch der Fischbestand in den Seen – vor allem während der Schneeschmelze, wenn die akkumulierte Säure des Winters die Seen erreichte. Die Erkenntnis, dass es vor allem die Schwefeldioxid- und Stickstoffemissionen waren, deren Umwandlungsprodukte zur Versauerung der Böden führten, und über diese zum Absterben der Fichten, bewirkte verstärkte und erfolgreiche Bemühungen, die Emissionen zu reduzieren.

Wenn jetzt manchmal Warnungen seitens der Wissenschaft als übertrieben abgetan werden, weil ja auch die düsteren Prognosen beim Waldsterben offenbar nicht eingetreten sind und die Wälder sich gut erholt hätten, so wird übersehen, dass damals Maßnahmen ergriffen wurden, um das Waldsterben zu beenden und die Erholung zu ermöglichen.

Einen Spezialfall stellte das bodennahe Ozon dar. Für den sekundären Schadstoff konnte man keinen direkten Verursacher verantwortlich machen. So behalf man sich mit Akutmaßnahmen bei erwarteten signifikanten Grenzwertüberschreitungen. Diese trafen hauptsächlich den Verkehr. Allerdings blieben Verkehrseinschränkungen zeitlich eng befristete Ausnahmefälle. Hier konnten wir mit Modellen klären, woher die Belastung kam: Ging sie auf Emissionen der Stadt zurück, oder wurde das Ozon angeweht? Und natürlich ging es auch um Konzentrationsprognosen.

In die Debatte um die Luftreinhaltung in Österreich war ich direkt involviert. Viel stärker geprägt haben die österreichische Politik aber der Kampf gegen das Kernkraftwerk Zwentendorf (1970er-Jahre) und jener gegen das Wasserkraftwerk Hainburg (1983 bis 1986). In beiden Fällen gelang es, landesweite Bewegungen zu schaffen.

Die Österreichische Donaukraftwerke AG hatte erreicht, dass nach einem gesetzlich vorgesehenen, beschleunigten Genehmigungsverfahren ein Wasserkraftwerk bei Hainburg in Niederösterreich gebaut werden durfte. Die Rodungsarbeiten in der Stopfenreuther Au hatten bereits begonnen, als der WWF[9] und eine kleine, aber parteienübergreifende Gruppe von Gegner:innen ein Volksbegehren zur Erhaltung der Auen und Errichtung eines Nationalparks (das Konrad-Lorenz-Volksbegehren) mit einer Pressekonferenz unterstützen. Letztere ist als *Konferenz der Tiere* in die Geschichte eingegangen – die Proponenten hatte sich als Tiere verkleidet, und damit für ausführliche, österreichweite Berichterstattung und Bewusstseinsbildung gesorgt. Nach einem von der Österreichischen Hochschülerschaft organisierten Sternmarsch in die Auen, an dem sich bereits mehrere tausend Menschen beteiligten, blieben einige hundert trotz Schnee und Kälte dort und besetzten die Au, um weitere Rodungen zu verhindern. Die Situation eskalierte, und nach einem umstrittenen Polizeieinsatz erklärte der damalige Bundeskanzler Fred Sinowatz einen Weihnachtsfrieden, der später zu einer Nachdenkpause erweitert wurde und 1986 in der Aufhebung des Baubescheides durch den Verwaltungsgerichtshof endete. An der Aubesetzung war ich nicht beteiligt, wohl aber wurde ich in die anschließend eingerichtete Ökologiekommission berufen. Meine spezifische Arbeitsgruppe leistete aber nach meiner Erinnerung keinen wesentlichen Beitrag.

Eine Folge der Ereignisse war der Zusammenschluss verschiedener „grüner" Gruppierungen zu einer Partei, der Grünen Alternative, die nach den Nationalratswahlen 1986 ins Parlament einziehen konnte. Weil der Umweltschutz in Österreich nie auf „grüne" Denkrichtungen beschränkt war, sondern immer auch Vertreter:innen der Konservativen und häufig auch der Sozialdemokraten und anderer politischer Richtungen umfasste, kam es in Österreich nicht zu den teils brutal ausgetragenen Konfrontationen, die Deutschland erschütterten. Mitgespielt hat allerdings auch die österreichische Mentalität, die selbst bei Demonstrationen und Aktionen des zivilen Ungehorsams immer Gespräche zwischen Demonstrierenden und Polizisten ermöglichte, und damit eine unüberbrückbar erscheinende Gegnerschaft gar nicht erst aufkommen ließ.

Nach der Besetzung der Stopfenreuther Au versuchte die Volkspartei mit dem Konzept der öko-sozialen-Marktwirtschaft, die eine leistungsfähige Marktwirtschaft mit sozialer Gerechtigkeit und ökologischer Verantwortung verbinden soll, die unterschiedlichen Strömungen innerhalb der Partei zu einen. Die Verankerung dieses Gedankengutes in der ÖVP hat in Österreich in der Folge Schwarz-Grüne Koalitionen erleichtert und auch der neoliberalen Ordnung hierzulande etwas an Schärfe genommen.

→ Insgesamt war dies eine Zeit, in der Umweltprobleme erkannt und auch weitgehend gelöst wurden. Wurde zunächst nur die menschliche Gesundheit betrachtet, so wurden bald auch Pflanzen und ganze Ökosysteme geschützt. Die Zivilgesellschaft in Österreich hatte erlebt, dass sie mitreden konnte, und dass selbst für verfahrene Situationen und auch zu später Stunde Lösungen gefunden werden können, die für alle annehmbar sind. Betroffene Anrainer:innen wurden im Rahmen von Umweltverträglichkeitsprüfungen gehört, und wenn auch nicht alle Genehmigungsverfahren zufriedenstellend abliefen, so herrschte doch das Gefühl vor, dass die Situation sich laufend verbessert.

Der Backlash – Thatcher, Reagan und der Neoliberalismus

Mit Premierministerin Margaret Thatcher in England (1979–1990) und Präsident Ronald Reagan (1981–1989) in den USA änderte sich die politische Landschaft in jenen Ländern, und von ihnen ausgehend, auch in anderen Staaten. Der Umweltschutz litt vor allem darunter, dass freie Märkte mit zurückhaltenden Staatsausgaben und Steuersenkungen für die Wirtschaft in den Vordergrund rückten. Damit gingen Deregulierung, Privatisierung von nationalen Schlüsselindustrien,

Aufrechterhaltung eines flexiblen Arbeitsmarktes sowie eine staatlich gesteuerte Geldpolitik einher, und in UK die Marginalisierung der Gewerkschaften und Zentralisierung der Macht von den lokalen Behörden auf die Zentralregierung. Thatcher leugnete die Existenz der „Gesellschaft", es gebe nur Individuen und Familien – daher konnte es natürlich auch nicht so etwas wie „Gemeinwohl" geben. Wenn jeder versucht, für sich das Beste zu erreichen, ist das auch für alle am besten. Dies gelte für Individuen, Firmen und Staaten.

Der diesem Neoliberalismus zugrundeliegende wirtschaftswissenschaftliche Ansatz geht davon aus, dass die Produktion, der Verbrauch und die Preisbildung von Gütern und Dienstleistungen durch Angebot und Nachfrage bestimmt werden. Die Wirtschaft wird auf zwei gegenläufige Kreisläufe zwischen Haushalten und Produktionsstätten bzw. Arbeiter:innen und Produzent:innen reduziert: Arbeiter leisten Arbeit im Gegenzug für Geld, dieses fließt zurück zu den Produzenten im Gegenzug für Produkte. Dabei werden wesentliche Aspekte völlig ignoriert: Die Natur, die Energie und Materialien liefert, die Hausfrauen, die ihre Familien versorgen, die Menschen, die unbezahlt Pflege- und Bildungsarbeit leisten und, nicht zu vergessen, das gesamte Finanzsystem, das völlig außerhalb dieser beiden Kreisläufe zur Anhäufung von Geld und Macht führt. Dieses sehr vereinfachende Modell findet sich als Kern gängiger Wirtschaftstheorien in jedem Wirtschaftslehrbuch.

Jene als Neoliberalismus bezeichnete Politik ist nicht dazu angetan, die Umwelt oder das Klima zu schützen, ebenso wenig wie ihr soziale Gerechtigkeit ein Anliegen ist. Unter Margaret Thatcher stieg die Kinderarmut in Großbritannien auf 28 Prozent, die der Arbeitslosen vorübergehend auf 3,3 Millionen. Wasser und Abwasser wurde privatisiert, Bodenversiegelung ermöglicht. Es wurden Straßen, nicht Schienen ausgebaut. Über die internationalen Banken wurden verschuldete Länder des globalen Südens gezwungen, sich für globale Bergbau-, Landwirtschafts- und Forstwirtschaftsunternehmen zu öffnen, um die natürlichen Ressourcen in großem Umfang ausbeuten zu können. Das hat die lokalen Märkte untergraben und das Ergebnis war auch dort eine Zunahme der Armut und die massive Verschlechterung der Umwelt.

In den USA wurden unter Präsident Reagan mehr Pachtverträge für die Erschließung von Öl-, Gas- und Kohlevorkommen auf staatlichem Boden erteilt als je zuvor, das Budget der Umweltbehörde EPA um 25 Prozent gekürzt, Grenzwerte zum Schutz der Umwelt wurden gelockert und deren Einhaltung nur lax überprüft. Für den Umweltschutz wesentliche Ämter besetzte man mit Personen, die ganz offen gegen die eigentlichen Ziele ihrer Organisationen arbeiteten – etwas Ähnliches hat sich unter Präsident Trump einige Jahrzehnte später wiederholt.

Zugleich – und das zeigt die Widersprüchlichkeit von Politik – schaffte und schützte Reagan Nationalparks, und Thatcher hielt eindrucksvolle Reden auf der internationalen Bühne, mit denen sie auch national den bis dahin eher belächelten Umweltaktivisten und „Gutmenschen" (engl.: tree huggers) eine gewisse Anerkennung verschaffte, die sie sich sonst sehr mühsam hätten erarbeiten müssen.

Österreich konnte sich den ärgsten Auswüchsen dieser Entwicklung lange entziehen, weil hier sozialdemokratische Bundeskanzler Verantwortung trugen und die nach Kriegsende eingeführte Sozialpartnerschaft für einen gewissen Interessenausgleich sorgte. Sie wurde, aus den bitteren Erfahrungen der Zwischenkriegszeit lernend, mit dem Ziel geschaffen, eine neue Qualität der Dialog- und Gesprächsbereitschaft zwischen voneinander abhängigen Gruppen mit unterschiedlichen Interessen zu ermöglichen. Über viele Jahre leistete sie durch Konsensfähigkeit, Interessenausgleich und koordiniertes Vorgehen einen wesentlichen Beitrag zu wirtschaftlichem Wachstum und sozialem Frieden in Österreich.[10] Die vier Verbände, Wirtschaftskammer Österreich (WKÖ) und Landwirtschaftskammer Österreich (LKÖ) auf Arbeitgeberseite, und Bundesarbeitskammer (BAK) und Österreichischer Gewerkschaftsbund (ÖGB) auf Arbeitnehmerseite, boten gute Voraussetzungen, die Beziehungen zwischen Arbeitnehmer:innen und Arbeitgeber:innen über Kollektivverträge zu regeln.

Diese Verbände wurden aber auch in Politikbereiche einbezogen, bei denen sie wenig zur Problemlösung beitrugen: Dazu zählt der Umwelt- und der Klimaschutz. Seit vielen Jahre ist die typische Haltung der Arbeitnehmerseite: Umwelt- und Klimaschutz ja, aber nicht auf unsere Kosten, und die der Arbeitgeberseite: Nur im Einklang mit der EU. Anders als bei z. B. Arbeitszeitregelungen, entsteht hier kein Druck, das Problem zu lösen, und von den jeweiligen Regierungen kam keiner.

Zum Zeitpunkt des Beitritts Österreichs zur EU, 1995, herrschte in Österreich die Befürchtung, dass unsere Umweltstandards verwässert würden, denn sie waren strenger als jene der Union. Später trat das Gegenteil ein: Die EU entwickelte zunehmend strengere Vorgaben, in Österreich stagnierten sie oder wurden sogar verwässert. Heute ist es in manchen Bereichen gut, dass die EU auf Einhaltung ihrer Vorgaben drängt – der Klimaschutz ist einer dieser Bereiche.

Während in Österreich bis in die 1980er-Jahre das Gefühl vorherrschte, dass sich die Umweltsituation systematisch verbessere, wenn auch nicht ohne Bemühungen und Kampf, so wendete sich das Blatt allmählich spürbar. Neoliberale Ideen wurden auch von den Sozialdemokraten aufgegriffen. Bestes Beispiel dafür ist Tony Blair in England, der nur wenige der Thatcher'schen Reformen rückgängig machte oder entschärfte. Die Aufgabe war nun, sich gegen Verschlechterung zu stemmen.

Klimawandel – erster Akt

Während die Probleme der Luftreinhaltung noch im Vordergrund standen, braute sich im Hintergrund bereits das Klimaproblem zusammen.

Klimawandel gab es schon immer, sogar gewaltige Klimaänderungen: Vor 100 Millionen Jahren war es etwa 10 °C wärmer als heute. In den letzten 800.000 Jahren wechselten Eis- und Warmzeiten als Folge von Veränderungen der Erdbahn um die Sonne und der Neigung der Erdachse. Die letzten 10.000 Jahren war relativ einheitlich warm – diese Zeit wird Holozän genannt. Seit vorindustrieller Zeit ist die Temperatur global um etwa 1,2 °C gestiegen und liegt jetzt höher als die Werte des Holozäns und der Anstieg erfolgt vermutlich rascher als je zuvor. Diese Erwärmung ist auf die Zunahme der Konzentration von Treibhausgasen zurückzuführen: Wasserdampf, Kohlendioxid, Ozon, Methan, Lachgas und Fluorchlorkohlenwasserstoffe sind die wichtigsten. Ihr Anstieg geht vor allem auf die Verbrennung fossiler Brennstoffe und auf Landnutzungsänderungen zurück. Schwankungen der Intensität der Sonnenstrahlung treten zwar auf, aber sie haben in diesem Zeitraum weniger als ein Prozent der Wirkung der Treibhausgase. Um den Klimawandel zu bekämpfen, müssen daher die Treibhausgasfreisetzungen reduziert werden.

In der natürlichen, vom Menschen nicht beeinflussten Lufthülle ist Wasserdampf das wichtigste Klimagas. Unter den Gasen, die der Mensch produziert, verursacht CO_2 ungefähr die Hälfte der beobachteten Erwärmung. Will man die Wirkung aller durch menschliche Aktivitäten entstehenden Klimagase gemeinsam beschreiben, rechnet man für jedes Gas aus, wie viel CO_2 dieselbe Temperaturerhöhung verursachen würde. Jene CO_2-Mengen kann man addieren und redet dann von CO_2-Äquivalenten. Diese Summe besagt, wieviel CO_2 dieselbe Temperaturwirkung hätte, wie das reale Gemisch von Klimagasen. Das vereinfacht die Darstellung. Genau genommen muss man noch dazu sagen, über welchen Zeitraum man die Temperaturerhöhung betrachtet, denn die Gase halten sich unterschiedlich lange in der Lufthülle auf – langlebigere, wie das Kohlendioxid, beeinflussen daher die Temperatur über einen längeren Zeitraum.

Dass manche Spurengase in der Atmosphäre die einfallende Sonnenstrahlung kaum, die hinausgehende Wärmestrahlung aber stark absorbieren, hat Joseph Fourier 1824 entdeckt. Diesem natürlichen Treibhauseffekt ist zu verdanken, dass die Temperatur auf der Erde nicht -18 °C, sondern etwa +15 °C ist. Der menschliche Einfluss auf das Klima wird erstmals 1895 von Svante Arrhenius thematisiert, damals aber als Hoffnung, dass die Zunahme der CO_2-Konzentration in der Atmosphäre infolge von Kohleverbrennung der allmählichen, natürlichen Abkühlung dieser Zeit entgegenwirken könnte. Erst viel später wird der menschliche Eingriff ins Klima durch die zunehmende Emission von Kohlendioxid als Gefahr gesehen.

Wettbewerb zwischen Ost und West im Kalten Krieg einerseits, internationale Forschungskooperation andererseits brachten ab den 1980er-Jahren wesentliche wissenschaftliche Fortschritte. Die im Zuge des ersten Internationalen Geophysikalischen Jahres 1957/58 entstandenen CO_2-Messungen auf Hawaii belegen seit 1958 den Konzentrationsanstieg von CO_2. Französische und sowjetische Forscher konnten anhand der Wostok-Eisbohrkerne der Antarktis die Zusammensetzung der Atmosphäre über die letzten 450.000 Jahre nachzeichnen. Ergänzende Klimamodellberechnungen veranlassten 1979 und 1985 die Wissenschaft bei Tagungen in Genf und Villach klare Warnungen hinsichtlich der zu erwartenden globalen Erwärmung und dem damit verbundenen Klimawandel an die Politik zu richten. Ein rasches Zurückfahren der fossilen Energieträger wurde empfohlen.

In den frühen Jahren war Klimapolitik fast ausschließlich mit der Energiefrage verknüpft, Überlegungen zur Weltbevölkerung und zum Lebensstil kamen erst später auf, denn die Sozialwissenschaften nahmen sich des Themas erst viel später an. Die Politik war aufgrund der Ölkrise der 1970er-Jahre mit Energiepolitik befasst. Ressourcensicherheit und Unabhängigkeit forderten einen Ausstieg aus fossiler Energie, doch wurde er nicht sehr ernsthaft betrieben. Der notwendige vorsorgende Klimaschutz hätte diesen Bemühungen neuen Impetus geben können, aber es dauerte lange, bis die Politik die Warnungen seitens der Wissenschaft zur Kenntnis nahm.

In den USA gingen die Warnungen vor dem Klimawandel ab 1979 vor allem auf Rafe Pomerance, einen Umweltaktivisten zurück, den ein wissenschaftlicher Bericht über die Verbrennung von Kohle beunruhigt hatte. Vorsprachen bei Politikern, gemeinsam mit Wissenschaftlern führten zur Einberufung einer Expertengruppe unter dem Vorsitz eines der bekanntesten Meteorologen der USA, Jules Charney. Das Wissen zur Frage des Klimawandels wurde zusammengetragen, und 1979 publiziert. Die Aussage war, dass bei einer Verdoppelung der CO_2-Konzentration die Temperatur um etwa 3 °C steigen werde. Heute wird die Wirkung des verstärkten Treibhauseffektes eher zeitabhängig als konzentrationsabhängig ausgedrückt – das war mit den damaligen Modellen noch nicht möglich. Aber die Berechnungen stimmen im Wesentlichen mit heutigen Ergebnissen überein. Mit viel Engagement wurde von Aktivist:innen und Wissenschaftler:innen versucht, die Politik zum Handeln zu bringen, und Besorgnis in der Bevölkerung zu wecken, doch die Fortschritte waren langsam. Präsident Jimmy Carter ließ im Zuge seiner Bemühungen um eine Energiewende Solaranlagen auf dem Dach des Weißen Hauses montieren und wäre möglicherweise bereit zu klimafreundlicher Gesetzgebung gewesen, doch wurde er von Ronald Reagan abgelöst, der kein Verständnis für das Thema aufbrachte. Sein Nachfolger, George Bush der Ältere, hatte zwar das Thema mit einem Wortspiel in seinen Präsidentschaftswahlkampf 1987 aufgenommen – „Wer glaubt, wir könnten nichts gegen den Treibhauseffekt (engl. green house effect) tun, hat noch nie vom White-house Effekt gehört" –, leitete aber nach seinem Wahlsieg keine gezielten Klimaschutzmaßnahmen ein.

Es gibt mehrere Hypothesen, warum es so schwer war, die Öffentlichkeit für Maßnahmen zu gewinnen, die bei den damals herrschenden Treibhausgaskonzentrationen im Vergleich zu den heute nötigen, milde gewesen wären. Eine ist, dass der Klimawandel zu abstrakt, zu wenig konkret war, um Betroffenheit und Verantwortungsgefühl zu wecken, und dass es den Wissenschaftler:innen nicht gelang, den Ernst der Lage begreiflich zu machen. Dieser Vorwurf wird auch heute noch erhoben. Zeitweise wurde das Thema auch durch die Diskussion um das viel anschaulichere Ozonloch-Problem verdrängt. Erst eine Anhörung des Klimawissenschaftlers James Hansen vor dem US-Senat im Juni 1988 zum Treibhauseffekt schlug Wellen und trug dazu bei, dass das Thema in den USA populär wurde.

Bei einer großen Klimakonferenz in Toronto, Kanada, im Juni 1988, an der Wissenschaftler:innen und Politiker:innen teilnahmen, einigte man sich, den Kohlendioxidausstoß auf freiwilliger Basis bis 2005 um 20 Prozent zu reduzieren. Dieses Ziel fand sich über Jahre hinweg immer wieder in österreichischen Regierungspapieren, allerdings ohne zugehörige Maßnahmen, es tatsächlich umzusetzen.

Im selben Jahr war unter Federführung der USA das UN-Klimagremium Intergovernmental Panel on Climate Change (IPCC), gegründet worden, das seither alle fünf bis sieben Jahre den Stand der wissenschaftlichen Forschung zum Klimawandel darstellt und Handlungsmöglichkeiten aufzeigt, ohne Empfehlungen abzugeben. Die Berichte werden von Wissenschaftler:innen in internationaler und interdisziplinärer Zusammenarbeit erstellt, aber vor ihrer Publikation mit den Regierungen abgesprochen. Positiv betrachtet bedeutet das, dass die Regierungen die Berichte offiziell zur Kenntnis nehmen müssen und es über die darin enthaltenen Fakten nachher keine politische Diskussion mehr geben kann. Negativ betrachtet handelt es sich natürlich um eine Art Kontrolle, und als solche war es wohl auch seinerzeit von Präsident Reagan gedacht. Praktisch bedeutet es, dass die Zusammenfassungen, denen die Politik besonderes Augenmerk widmet, in ihren Aussagen nicht falsch, aber milder ausfallen als die vollen Texte. Im Übrigen ist dieses Phänomen nicht auf die IPCC-Berichte beschränkt. Auch bei Berichten der Internationalen Atomenergiebehörde (IAEO), z. B. zu den Folgen des Unfalls im Kernkraftwerk Tschernobyl, liest sich die Zusammenfassung anders als einzelne, von namentlich genannten Wissenschaftler:innen geschriebene Kapitel. Den Zusammenfassungen wird seitens der Herausgeber immer besonderes Augenmerk geschenkt, im Bewusstsein, dass das oft das Einzige ist, das gelesen wird. Insofern lohnt es sich, nicht nur diese zu lesen, sondern immer auch die vollen Texte, wenigstens kritische Passagen.

Auf internationaler Ebene war zunächst, unter der Führung der USA, auf ein völkerrechtlich bindendes Abkommen hingearbeitet worden, ähnlich jenem, das dann 1987 gegen den Abbau der Ozonschicht geschlossen wurde und als Montreal Treaty 1989 in Kraft trat. Aber die Politik der USA war nicht konsistent. Als James Hansen im Sommer 1989 wieder vor dem Kongress sprechen sollte, wurde von der Regierung seine Rede, die er als Staatsbeamter im Vorfeld vorlegen musste, gründlich verfälscht, ja umgeschrieben und ins Gegenteil gekehrt: Alles sei unsicher, man müsse noch mehr forschen. Offenbar waren nicht alle in der US-Regierung an Klimaschutz interessiert. Die Empörung in den Medien über diese plumpe Zensur war groß. Das verschärfte den Schlingenkurs der USA: Nach dem Zensurskandal beeilten sich politische Beamte zu sagen, dass es selbstverständlich verbindliche Emissionsreduktionen brauche.

Bei einer entscheidenden politischen Tagung in Noordwijk, in den Niederlanden, bei der 67 Nationen vertreten waren, sollte eine Absichtserklärung in diesem Sinne unterzeichnet werden. Die Treibhausgasemissionen sollten bis zum Jahr 2000 auf dem Stand von 1990 eingefroren werden. Für die meisten Anwesenden unerwartet, verweigerte sich der Vertreter der USA einer solche Absichtserklärung. Unterstützt von Großbritannien, Japan und der Sowjetunion nötigte er die Konferenz, auf verbindliche Emissionsreduktionen zu verzichten. Hinter dieser Haltung der USA stand, nach den Recherchen von Nathaniel Rich[11], vor allem ein Mann: John Sununu, Stabschef von Präsident Bush. Der Präsident selbst kümmerte sich wenig um Klimapolitik, und sein Stabschef war ein heftiger Gegner jeglicher Einschränkung fossiler Energie; er gab der US-Delegation in Noordwijk ihre Anweisungen. Damals war die Welt einem verbindlichen Reduktionsabkommen näher als je zuvor, und die Chancen der Umsetzung waren zweifellos größer als die für das 2015 abgeschlossene Pariser Abkommen, denn die Anforderungen waren noch deutlich geringer und die Vernebelungskampagnen der fossilen Industrie hatten gerade erst begonnen. In den USA setzten sich gleichermaßen Abgeordnete der Demokraten und der Republikaner für Klimaschutz ein. Hat ein einzelner Mann, wie der Titel des Buches von Rich suggeriert, die Erde als Lebensraum der Menschen verspielt? Sununu fühlt sich nicht schuldig. Er vertritt die Meinung, dass die Staaten damals willig gewesen seien, ein Papier zu unterzeichnen, keineswegs aber, auch danach zu handeln, sodass das Scheitern der Noordwijk-Konferenz die ehrlichere Lösung gewesen sei. Klären lassen wird sich das nicht, doch die Nicht-Umsetzung des damals gültigen Toronto-Abkommens scheint ihm eher recht zu geben. Aber vielleicht liegt seine Schuld woanders? Vielleicht hatte er nicht alle Konsequenzen seiner klimafeindlichen Haltung hinreichend bedacht und hätte, statt zu blockieren, gute Vorarbeit für ein verbindliches Abkommen leisten können?

Obwohl Sununu kurz nachher an politischem Gewicht verlor und der Druck zu handeln auf Präsident Bush wuchs, konnte sich dieser doch nicht entschließen, auf dem Erdgipfel der UNO in Rio 1992 einen verbindlichen Vertrag zu verlangen. Die Vormachtstellung der USA nach dem Zusammenbruch der Sowjetunion hätte einem derartigen Verlangen beträchtliches Gewicht verleihen können. Stattdessen wurde nur eine Klimarahmenkonvention, die UNFCCC[12] beschlossen, und erst fünf Jahre später einigte man sich auf die ersten konkreten Reduktionsvorgaben im Kyoto-Protokoll. Sie traten allerdings erst 2005 in Kraft – so lange dauerte es, bis die nötigen Ratifizierungen beisammen waren. Was aus der Amtsperiode von Präsident Bush an Positivem für den Klimaschutz blieb, war eine Stärkung wissenschaftlicher Einrichtungen zur Klimaforschung und ein Modell des Emissionshandels für konventionelle Schadstoffe, das später von der EU für Treibhausgase übernommen wurde. Die versäumte Chance, den Klimaschutz international voranzubringen, kann das vermutlich nicht aufwiegen.

Die fossile Industrie in den USA wurde 1988, nach dem zweiten Hearing von Hansen, unruhig. Die größten Firmen betrieben seit Jahrzehnten Forschung zum Treibhauseffekt, freilich ohne ihm allzu große Bedeutung beizumessen, weil von den Regierungen keine nachteilige Gesetzgebung zu erwarten war. Wie im Zuge von Prozessen kürzlich nachgewiesen wurde, kamen – wenig überraschend – diese Forschenden zu ziemlich ähnlichen Ergebnissen wie die unabhängigen Forscher:innen. Die Entscheidungsträger der Firmen wussten also, dass ihre Emissionen Klimawandel zur Folge haben würden. Mit diesem Wissen und dem Wissen um die Gefährdung ihres Geschäfts wurden die Firmen aktiv, um die öffentliche Meinung zu manipulieren und Klimaschutz zu verhindern. Das American Petroleum Institute, der Handelsverband der amerikanischen Erdöl- und Erdgasindustrie, wurde mit systematischer Desinformation beauftragt. Es wurden vor allem Zweifel an der Verlässlichkeit wissenschaftlicher Ergebnisse gestreut. Ausgewählte Wissenschaftler:innen wurden dafür bezahlt, einschlägige Artikel an Zeitungen zu schicken. Es wurden für sie systematisch Treffen mit Kongressabgeordneten arrangiert. Alles, was sich schon bei den Kampagnen der Tabakindustrie gegen Rauchergesetzgebung bewährt hatte[13], wurde nachgemacht – teils sogar mit denselben Wissenschaftler:innen. Die eingesetzten finanziellen Mittel waren hoch, aber die Kampagnen haben sich finanziell bezahlt gemacht. Gesetzgebung wurde nicht nur über Jahre hinausgezögert, der menschengemachte Klimawandel gilt in den USA als offene Frage. In der republikanischen Partei ist das Leugnen des Klimawandels salonfähig, und etwa die Hälfte der Bevölkerung hält den Klimawandel ebenfalls für nicht existent oder nicht menschengemacht. Gesetzgebung, die Geschäftsmodelle der fossilen Industrie spürbar stören kann, ist daher unwahrscheinlich.

Kernenergie

Im Gegenzug für ein Stopp der Verbreitung von Atomwaffen boten die USA in den 1950er-Jahren Unterstützung bei der zivilen Nutzung der Kernenergie an. Die Erwartungen waren hochgeschraubt, Kernkraftwerke waren nur eine mögliche Anwendung dieser neuen, als billig angepriesenen Energie. Als Geist aus der Flasche stellt Walt Disney in seinem berühmten Film *„Unser Freund das Atom"*, der weltweit in Schulen gezeigt wurde, die Atomenergie dar. Der Film versucht für die Nutzung der Kernenergie zu begeistern. Es ist tatsächlich so etwas wie ein mächtiger Dschinni, der da entwichen ist, aber leider kein guter, der Menschheit dienender, wie Disney meinte, sondern einer, der uns die Unfälle in den Nuklearanlagen Windscale (1957), Kyschtym (1957), Three Mile Island (1979), Tschernobyl (1986) und Fukushima (2011) beschert hat, sowie zahlreiche „beinahe" Unfälle und Radioaktivitätsunfälle ohne Freisetzung nach außen, aber mit Opfern unter den Betriebs- und Wartungsmannschaften. Parallel dazu, sozusagen der Zwillingsbruder, und untrennbar mit der zivilen Kernenergie verbunden, entwickelte sich die Atombombe.

Atom- oder doch Kernenergie?

Von der Geschichte der Kernenergie kann man viel lernen: Das fängt schon beim Wort an. Ursprünglich prägte 1899 der Physiker Hans Geitel den Begriff Atomenergie für die im Zusammenhang mit radioaktiven Zerfallsprozessen auftretenden Phänomene[14]. Daher heißt es zum Beispiel „Unser Freund das Atom" und die Internationale Atomenergiebehörde IAEA. Später wurde eine Sprachtransformation hin zu Kernenergie durchgeführt: Das kann man damit erklären, dass physikalisch gesehen die Energie aus dem Atomkern, nicht aus der Hülle stammt, aber wichtiger war wohl, dass „Atom" zu sehr an Atombomben erinnerte und negativ besetzt war. Daher wird heute in Wirtschaft, Politik und Wissenschaft vorwiegend Kernenergie benutzt. In NGO-Kreisen ist aber in erster Linie und bewusst Atomenergie und Atomkraftwerk üblich. Allein der Sprachgebrauch weist einen somit schon einer gewissen Denkrichtung zu: Das muss man wissen, damit man nicht unbeabsichtigt und von einem selbst unbemerkt, schubladisiert wird.

Dass Atomwaffen mittlerweile auch oft als Kern- oder Nuklearwaffen bezeichnet werden, könnte darauf hinweisen, dass man versucht, sie salonfähig werden zu lassen.

Aus ähnlichen Überlegungen der negativen Konnotation wurde der Ort Windscale nach dem schweren Unfall 1957 in Sellafield umgetauft. Ob das genützt hat, sei dahingestellt – man spricht heute eben auch von dem Unfall von Sellafield.

Eine gewisse Neigung zu beschönigenden oder verharmlosenden Bezeichnungen zieht sich durch die Sprache der Nuklearindustrie. So wurde die Ratlosigkeit hinsichtlich der Lösung des Müllproblems von der IAEO offiziell zur Politik des „wait and see"[15] umgemünzt. Nach der INES-Skala der IAEO (International Nuclear Event Scale) zur Bewertung von Unfällen in Nuklearanlagen werden die harmloseren Unfälle (Klasse 0) als „deviations" („Abweichungen"), die weniger harmlosen (Klassen 1 bis 3) als „incidents" („Ereignisse") und die schweren Unfälle (Klasse 4 bis 7) als „accidents" („Unfälle") bezeichnet. Auch die Katastrophe von Tschernobyl bleibt demnach eben nur ein Unfall und keine Katastrophe. Auch Akronyme werden gerne und zahlreich eingesetzt – sie machen die Sprache der Experten für Laien schwerer verständlich, sind jedoch gut geeignet, Schwachstellen zu verdecken.

Umgekehrt neigen manche Medien in nuklearkritischen Berichten zu Übertreibungen in der Gegenrichtung. So kann man hierzulande immer wieder von Schrottreaktoren lesen – eine Bezeichnung, die ein völlig falsches Bild von der optischen Erscheinung der so bezeichneten Reaktoren erweckt. Besucht dann ein Politiker einen solchen Reaktor, wundert er sich unweigerlich über die gekachelten Böden, die blanken Leitungen und die nahezu klinische Sauberkeit, die im Allgemeinen in Kernkraftwerken herrscht. Die wahren Schwachstellen sind in der Regel für den Laien nicht sichtbar.

Zwentendorf

Die Geschichte der Kernenergie in Österreich hält aber zusätzliche Lehren parat. In der Alpenrepublik waren sieben (!) Kernkraftwerke geplant, das erste in Zwentendorf, Niederösterreich. Ursprünglich eine

Idee konservativer Politiker (ÖVP), die der Energiewirtschaft erst gegen Widerstand schmackhaft gemacht werden musste, wurde sie später von den Koalitionsregierungen gemeinsam getragen. In der Öffentlichkeit ging der Widerstand gegen diese Fortschrittstechnologie zunächst von Akademikern, vor allem Medizinern und Biologen aus. Das kleine Häufchen Aktiver wurde bald von Landwirten unterstützt, die um die Verkäuflichkeit ihrer Produkte besorgt waren, sollte ein Atomkraftwerk oder eine Atommülldeponie in ihrer Nähe errichtet werden. Und dann schlossen sich dem Widerstand linke Gruppierungen an: Während die inhaltlichen Argumente von den eher konservativen Akademikern und Landwirten kamen, steuerten die linken Gruppen ihre Organisations- und Protesterfahrung bei. Eine unkonventionelle, aber sehr erfolgreiche Partnerschaft, die letztlich ganz Österreich in eine inhaltliche Diskussion einbezog, wie später kaum ein Streitfall wieder. Im Übrigen entsprach diese Partnerschaft einer kürzlich ausgesprochenen Empfehlung von Maren Urner an die Klimabewegung: Unkonventionelle Partnerschaften suchen, dadurch können Blockaden aufgebrochen und Fortschritt erzielt werden![16]

Als dann Bruno Kreisky, ein sozialdemokratischer Bundeskanzler, die finale Beschlussfassung zur Nutzung der Kernenergie nicht ohne die konservative Opposition fassen wollte, stellte sich diese plötzlich gegen das von ihr initiierte Projekt, und zwar nicht nur gegen die konkrete Ausführung, sondern ganz grundsätzlich gegen Kernenergie. Eine Position, die dann noch verstärkt wurde, als Kreisky eine Volksabstimmung angekündigt hatte, an deren Ausgang er seinen Verbleib als Kanzler knüpfte. Die Volksabstimmung ging sehr knapp gegen die Inbetriebnahme des Kernkraftwerkes aus. Kreisky trat nach dieser knappen Niederlage in der Zwentendorf-Frage nicht nur nicht zurück, sondern gewann die darauffolgenden Wahlen mit großer Mehrheit – nicht zuletzt, weil er den Volksentscheid respektierte und gleich in ein bindendes Gesetz goss. Das war der Beginn einer parteienübergreifenden, die Kernenergie ablehnenden Haltung in Österreich, die bis zum heutigen Tag Bestand hat.

Politiker können aus der Nukleargeschichte lernen, dass die Wähler:innen Fehler auch vergeben können, wenn diese explizit eingestanden und daraus Konsequenzen gezogen werden.

Erkennen kann man aber auch, dass Positionen von politischen Parteien offenbar nicht zwangsläufig auf gefestigten Grundsätzen beruhen; sie können, wenn es opportun erscheint, auch konterintuitiv sein. Man kann daher auch nie ausschließen, dass Unterstützung oder Ablehnung für den Klimaschutz plötzlich von unerwarteter Seite kommt. Argumentieren lässt sich das allemal – etwa, dass es ja auch um den Schutz der Heimat geht oder umgekehrt, dass Versorgungssicherheit im nächsten Winter wichtiger sei als langfristiger Klimaschutz. Ähnliche unerwartete Positionen wurden in Österreich übrigens 2013 eingenommen, als die sozialdemokratische Partei sich für ein Berufsheer stark machte – eine Partei, die immer den missbräuchlichen Einsatz eines Berufsheeres gegen die Arbeiterschaft gefürchtet hatte –, während die konservative Partei, sonst der Verpflichtung von Staatsbürger:innen durch den Staat eher abhold, sich für die allgemeine Wehrpflicht einsetzte.

→ Für die am Widerstand gegen die Nutzung der Kernenergie beteiligten Menschen waren die Monate der Bewusstseinsbildung und Diskussionen emotionale Wechselbäder: Mal schien der Kampf von David gegen Goliath aussichtslos, dann stieß eine neue Gruppe von Unterstützenden dazu und man schöpfte wieder Mut. Während dieser Zeit ruhte die Betreibergesellschaft nicht, das Kraftwerk Zwentendorf wurde fertiggestellt, die Brennelemente bestellt und geliefert und bei jedem weiteren Schritt fragten sich Befürworter und Gegner: Kann man das jetzt überhaupt noch stoppen? Und man konnte.

Viele meinen, dass die Abstimmung nur gewonnen wurde, weil die Entscheidung über die Kernenergie mit jener über den Verbleib des Bundeskanzlers gekoppelt wurde, und konservative Wähler hofften, mit dieser Abstimmung den Bundeskanzler loszuwerden. Dabei wird übersehen, dass vermutlich etwa gleich viele Personen mit ihrer Stimme sicherstellen wollten, dass er nicht geht. Wie dem auch sei: Auch unmöglich Erscheinendes kann gelingen! Nur nicht vorzeitig aufgeben!

Kernenergiefreies Mitteleuropa

Mit der Abstimmung war das Kapitel Kernenergie in Österreich nicht geschlossen. Zwar gab es seither im Land keinen ernst zu nehmenden Versuch, den Volksentscheid zu revidieren, aber als kernenergiefreies Land betrachtete Österreich die nuklearen Aktivitäten seiner Nachbarländer mit Misstrauen. 1990 schlug der österreichische Bundeskanzler Franz Vranitzky (SPÖ) vor, ein kernenergiefreies Mitteleuropa anzustreben. Er löste die Reaktorsicherheitskommission auf, die noch auf die Zeit österreichischer Kernenergieambitionen zurück ging, und gründete gegen den Widerstand der Mitglieder der Reaktorsicherheitskommission das Forum für Atomfragen (FAF). Dieses sollte am Bundeskanzleramt angesiedelt sein und den Bundeskanzler beraten *„in allen Fragen der Atomenergie und der ionisierenden Strahlung, die einer koordinierenden Behandlung bedürfen".* Da sich die meisten Mitglieder der Reaktorsicherheitskommission – meist Universitätsprofessoren – weigerten, dem neuen Gremium anzugehören, entstand ein Gremium aus vergleichsweise jungen Wissenschaftler:innen – Kernenergiebefürworter:innen und -gegner:innen –, zunächst abschätzig als „Assistenten-Kommission" tituliert.

Zuständig für die Besetzung der Kommission im Kabinett Vranitzky war Gerhard Hirczi, der zugleich auch für Frauenangelegenheiten zuständig war. Deswegen lud er mich als Meteorologin, vor allem aber als Frau ein, nicht nur Mitglied zu werden, sondern auch den Vorsitz des Gremiums zu übernehmen. Einigermaßen empört über diese Begründung lehnte ich rundweg ab. Ich wollte als Wissenschaftlerin eingeladen werden, nicht um eine Frauenquote zu erfüllen. Damals lernte ich, Persönliches hintanzustellen, wenn es gilt, wichtigere Ziele zu erreichen: Mein späterer Mann, Wolfgang Kromp, und Peter Weish, langjährige Kämpfer gegen Kernenergie, waren über meine Absage fassungslos und redeten mir dermaßen ins Gewissen, dass ich doch eine derartige Gelegenheit, Politik zu beraten und vielleicht mitzubestimmen, nicht wegwerfen dürfe, auf eine derartige Chance warte man doch schon seit Jahren, usw., dass ich mich überwand und dem Kabinett Vranitzky reumütig mitteilte, die Aufgabe doch übernehmen zu wollen. Der Vorsitz blieb mir, mit kurzen Unterbrechungen, bis zur Auflösung des Forums im Jahr 2018. Die Aufgabe war schwierig – vor allem bis das sehr bunt zusammengewürfelte Gremium eine Sprache und einen Weg fand, miteinander umzugehen – und zeitraubend, denn das Versprechen meiner beiden Einflüsterer, mir den Großteil der Arbeit abzunehmen, hatte offenbar nur ich ernst genommen.

Am Forum für Atomfragen vollzog sich eine ähnliche Entwicklung, wie ich sie in anderen Beratungsgremien auch erlebt habe: Bei der ersten feierlichen Sitzung begrüßt der Bundeskanzler oder der zuständige Minister und beteuert sein hohes Interesse an der Beratung durch die erlesenen Expert:innen. Im Bewusstsein der eigenen Bedeutung stürzt man sich in die Arbeit. Nach einer gewissen Zeit – in manchen Gremien schon bei der zweiten Sitzung – lässt sich der Minister durch den Sektionschef vertreten, dann ist vom Minister keine Rede mehr, und der Sektionschef lässt sich immer öfter vom Abteilungsleiter vertreten. Der bleibt dann erhalten. Es ist ja nicht so, dass die Abteilungsleiter weniger kompetent wären als die Sektionschefs oder die Minister, aber ihre Arbeit unterliegt einer anderen Logik. Ein Beamter muss vor allem trachten, „seinen" Minister zu schützen, jedes Risiko von ihm fernzuhalten. Das Beratungsgremium weiß daher nicht, welche seiner Vorschläge und in welcher Form den Minister überhaupt erreichen. Spricht man aber mit dem Minister oder dem Kanzler selbst, darf man es wagen, ambitioniertere oder auch kostspieligere Vorschläge zu machen. Sie mögen abgelehnt werden, doch man weiß wenigstens, wer sie abgelehnt hat und häufig auch warum.

Beim Forum für Atomfragen ging dieser Prozess erfreulicherweise sehr langsam vor sich, Vranitzky hatte echtes Interesse. Der „Abstieg" hing vor allem mit Regierungswechseln zusammen. Mit der Zeit wurden die Sitzungen vom zuständigen Ministerium immer seltener einberufen, und die letzten Umweltminister wussten nicht einmal, dass ihnen dieses Gremium zur Verfügung stand. Es wurde 2018 in aller Stille offiziell per Erlass aufgelöst – nicht einmal die Mitglieder wurden verständigt.

Aber über viele Jahre war das FAF sehr aktiv: In den ersten Jahren wurden Begutachtungen grenznaher Kernkraftwerke – Bohunice, Krško, Dukovany, Mochovce, Temelín – mit international besetzten Expert:innengruppen durchgeführt. Eine Folge der ersten dieser Begehungen war, dass der Österreichische Wetterdienst die lange schon erbetenen automatischen Wetterstationen anschaffen durfte, um für einen Unfall im Kernkraftwerk Bohunice – angesichts des Zustandes der dortigen Reaktoren keinesfalls auszuschließen – besser gerüstet zu sein. Bei einer Distanz von rund 100 Kilometern von Bohunice nach Wien bleibt im Falle eines Unfalles für manuelle Ablesungen wenig Zeit.

Spannend zu sehen war bei der Mission auch, dass einer der Physiker, einer der beharrlichsten Befürworter von Kernenergie im Forum für Atomfragen, nach den Begehungen und Analysen des Kernkraftwerks Bohunice am dringlichsten die Schließung der Anlagen verlangte. Theorie und Praxis klaffen eben oft weit auseinander. Diesem Kollegen wurde im Rahmen des FAF noch eine weitere Illusion zerstört: Bei einem Treffen mit dem Vater der Wasserstoffbombe, Edmund Teller, fragte er den international geachteten Physiker, wann er wohl meine, dass der erste Fusionsreaktor Strom erzeugen werde? Teller antwortete: In einer Million Jahre. Der Kollege und Befürworter der Fusionsforschung hatte erst kurz davor in der Diskussion um ein österreichisches Fusionsforschungsprogramm auf die Vorhaltungen einiger FAF-Mitglieder, dass die Fusion als Energiequelle ein Irrweg sei, auch wenn die EU diese forciere, geantwortet, er wolle lieber mit der EU irren, als gegen sie recht haben.

Zu den österreichischen Missionen zu grenznahen Kernkraftwerken wurden immer auch ausländische Expert:innen eingeladen – viele zwar in ihrem Spezialbereich kritisch, aber nicht grundsätzlich ablehnend gegenüber der Kernenergie. Diese Konstellation zwang alle, ihre Argumente sehr sorgfältig mit Evidenz zu untermauern.

Diese Missionen waren für die österreichischen Politiker zweischneidig. Einerseits nahm die Bevölkerung diese Aktivitäten sehr positiv auf, andererseits erwarteten die Menschen in Österreich, dass das Ergebnis solcher Missionen die Stilllegung des jeweiligen Kernkraftwerkes sein würde. Das war aber immer außerhalb der Reichweite; kein Land lässt sich von seinen Nachbarn vorschreiben, eine Energie- oder Industrieanlage zu schließen. Oberflächlich betrachtet hatte also Österreich mit großem Aufwand festgestellt, dass die Sicherheitsvorkehrungen eines Kernkraftwerkes mangelhaft waren, konnte aber eine Schließung oder die Aufgabe eines Bauprojektes nicht herbeiführen. Das lässt sich politisch schlecht verkaufen. Sinnvoll waren diese Missionen aber dennoch, denn unter vier Augen dankten uns verantwortungsbewusste Ingenieure der jeweiligen Kraftwerke, weil wir ihnen zu jenen Mitteln zur Erhöhung der Sicherheit verholfen hatten, die sie ohne österreichische Mission vom Betreiber oder der eigenen Regierung nie bekommen hätten. Unsere Analysen haben also sehr wohl zur Erhöhung der Sicherheit beigetragen, nur konnte dies niemand laut sagen. Im Falle von Bohunice mögen wir auch dazu beigetragen haben, dass die EU eine Schließungsforderung für das KKW mit dem Beitritt der Slowakei zur EU verknüpfte – das zeitlich günstige Zusammentreffen war aber ein Glücksfall.

Übrigens lernte ich bei einer der FAF-Sitzungen auch Bundeskanzler Vranitzky sehr zu schätzen. Er kam von einer Auslandsreise direkt vom Flughafen zur Sitzung, und seine Mitarbeiter:innen hatten offenbar keine Zeit gehabt, ihn hinsichtlich der anstehenden Themen zu informieren. So stellte er kurzerhand dem Gremium sechs Fragen zur Kernenergie, die ihn beschäftigten und mit denen er von Befürworter:innen konfrontiert wurde. Wir arbeiteten mehrere Wochen, um ihm Antworten zu liefern, die von allen Mitgliedern gleichermaßen mitgetragen werden konnten. Diese Diskussionen halfen uns sehr, unsere jeweiligen Positionen zu schärfen.

Österreich hat im Laufe der Jahre mit praktisch allen Kernkraftwerke betreibenden Nachbarländern und auch einigen entfernteren Staaten wie der Ukraine, bilaterale Verträge zum Informationsaustausch über nukleare Fragen geschlossen. Regelmäßig treffen sich Delegationen beider Länder, um sich über aktuelle Entwicklungen auszutauschen – eine sehr sinnvolle diplomatische Maßnahme.

Als kleine Episode am Rande: Als die Schweiz erstmals an Österreichs Grenze ein Atommülllager errichten wollte, in dem abgebrannte Brennelemente über mindestens eine Million Jahre sicher gelagert werden können, wurden wir von österreichischer Seite um eine Analyse gebeten, ob mit grenzüberschreitenden Belastungen zu rechnen wäre, die Österreich ein Mitspracherecht sichern würden. Als ob irgendwer wüsste, wo in einer Million Jahren die Grenze zwischen Österreich und der Schweiz verläuft bzw. ob es die beiden Staaten überhaupt noch gibt! Ein deutlicher Hinweis, dass wir mit Bedrohungen dieser Zeitdimension nicht umzugehen wissen.

Krisen, Krisen und kein Ende?

Bis vor Kurzem, so glaube ich, hatte ich die umwelt- und klimapolitischen Entwicklungen in Österreich, vielleicht in Europa, noch im Blick. Es sind aber in den letzten Jahren so viele neue Akteur:innen und Aktionsfelder dazugekommen, dass es mir nicht mehr möglich ist, den Überblick zu bewahren. Das ist einerseits beunruhigend – Entgeht mir etwas Wichtiges, Unterstützenswertes? Ziehen wir noch am selben Strick?–, andererseits aber sehr ermutigend, denn es zeigt, dass Klima- und Nachhaltigkeitsanliegen eine dringend benötigte, wesentlich breitere Beachtung, aber auch Unterstützung gewinnen.

Multiple Krisen – multiples Versagen?

Die Gegenwart ist gekennzeichnet von Krisen: Klimakrise, Biodiversitätskrise, Flüchtlingskrise, Corona-Krise, Energiekrise, Demokratiekrise, Wissenschaftskrise, Inflationskrise ... Die Politikwissenschaft spricht von multiplen Krisen. Die Klimakrise ist also keineswegs eine isolierte Krise. Es ist bekannt, dass die Klimakrise als Problemverstärker auftritt, aber kann sie auch Auslöser sein? Treten diese Krisen zufällig jetzt auf, verstärken sie sich gegenseitig oder steht etwas Gemeinsames dahinter? Und wenn ja, was?

In der Medizin ist die Linderung der Symptome, ohne die Krankheit zu heilen, dann und nur dann klug und ausreichend, wenn die Krankheit entweder als unheilbar gilt oder sich selbst heilt[1]. In allen anderen Fällen muss man nach der zugrundeliegenden Krankheit bzw. Ursache suchen. Das gilt auch für gesellschaftliche Entwicklungen. Bisher gibt es keine allgemein anerkannte Ursache für die multiplen Krisen, allerdings verschiedene Versuche, Ursachen zu finden.

Dennis Meadows meint, multiple Krisen könnten eine Folge des Erreichens der Grenzen des Wachstums sein, die wegen der Globalisierung weltweit gleichzeitig spürbar werden. Andere führen die Krisen auf gesellschaftliche Entwicklungen zurück, wie den Verlust gesellschaftlichen Zusammenhalts wegen der systembedingt sich weitenden Schere zwischen Arm und Reich[2], die durch die Digitalisierung noch verschärft werden wird[3], wegen der Reduktion des Wertesystems auf Reichtum als einzigen Maßstab[4] oder aufgrund des Fehlens eines attraktiven Zukunftsbildes. Der HDI, ein Maß für das Wohlbefinden der Gesellschaft, steigt nach Jahren des jährlichen Wachstums seit etwa 2018 nicht mehr.[5] Dazu kommt der Verlust von Vertrauen in die Politik, gespeist durch Skandale, Geheimverträge und -absprachen verschiedenster Art sowie die Schwierigkeit, in einem stark fraktionierten System (Politik, Wirtschaft, Wissenschaft, Kunst etc.)[6] gesamtheitliche Lösungen zu finden und umzusetzen. Keine dieser Theorien und Konzepte mag alles erklären, aber alle bieten Ansatzpunkte, die zu verfolgen und weiterzudenken es sich lohnt.

Wenn eine Krise die andere ablöst und die zugrundeliegenden Probleme nie gelöst werden, gewinnt kurzfristiges Denken immer mehr die Oberhand, und die Probleme vermehren sich. Das kann auch eine Ursache für das Erstarken von Populisten[7] und autoritären Regimen und die Schwächung der Demokratie sein.[8] Mit populistischen Regierungen lassen sich längerfristige Vorhaben, wie Klimaschutz, nicht umsetzen, da sich deren Positionen mit der Stimmungslage in der Bevölkerung ändert.

Klimakrise: Klimawandel zweiter Akt

Seit Unterzeichnung der Rahmenkonvention zum Schutz des globalen Klimas in Rio de Janeiro 1992 hat sich viel getan: beim Klimawandel und den wissenschaftlichen Erkenntnissen zum Klimawandel, seinen Auswirkungen und den Handlungsoptionen, hinsichtlich politischer Absichtserklärungen und beim öffentlichen Bewusstsein bis hin zum Klimaaktivismus.

Was wissen wir heute über den Klimawandel?

Die umfassenden Sachstandsberichte des Intergovernmental Panel on Climate Change (IPCC), die zwischen 1990 und 2021/2023 publiziert wurden, dokumentieren eindrucksvoll die zunehmende Erwärmung, aber auch die zunehmende Sicherheit der Aussagen hinsichtlich Ursachen, Auswirkungen, Risiken und Maßnahmen, sowohl bei der Klimawandelanpassung als auch beim Klimaschutz. Sie lieferten wichtige Grundlagen für politische Verhandlungen – insbesondere das Kyoto-Protokoll und das Pariser Klimaabkommen. Der dritte Sachstandsbericht, 2001, enthielt die als „Hockeyschläger" bekannt gewordene Grafik der globalen Temperaturentwicklung über die letzten 1000 Jahre, die von Leugnern des anthropogenen Klimawandels wegen angeblicher methodischer Fehler heftig attackiert, aber durch andere Analysen im Kern bestätigt wurde. Die im vierten Sachstandsbericht enthaltene, fehlerhafte Prognose, dass die Gletscher des Himalajas bis 2035 verschwunden sein werden, wirbelte medial viel Staub auf, war aber ein leicht erkennbarer Flüchtigkeitsfehler.

→ Der gegenwärtige Stand ist, dass das Klima sich bereits in allen Regionen der Welt verändert, und dass viele dieser Veränderungen die stärksten in Tausenden von Jahren sind. Der menschliche Einfluss auf das Klimasystem gilt als eindeutig belegt. Viele Auswirkungen, wie der Anstieg des Meeresspiegels, sind über Hunderttausende von Jahren unumkehrbar.

Der Klimawandel beeinträchtigt bereits jetzt das Leben von Milliarden von Menschen und bringt die Natur aus dem Gleichgewicht. Eine starke Verringerung der Treibhausgasemissionen würde den Klimawandel begrenzen, aber es könnte 20 bis 30 Jahre dauern, bis sich das Klima stabilisiert. Ohne eine sofortige und tiefgreifende Senkung der Treibhausgasemissionen wird es unmöglich sein, die Erwärmung auf 1,5 °C zu begrenzen. Allerdings drohen der Welt selbst bei einer globalen Erwärmung von 1,5 °C unvermeidliche Gefahren; gleichzeitig ist es aber möglich, mit Klimaschutzmaßnahmen eine wohlhabendere, nachhaltige Zukunft aufzubauen.

Neben den umfassenden Sachstandsberichten publiziert das IPCC auch Spezialberichte zu bestimmten Themen – etwa zu Extremereignissen oder zu den Ozeanen und der Kryosphäre. Sie gestatten es, noch tiefer in diese Spezialthemen einzudringen.

In den Sachstandsberichten gab es über die Jahre hinweg praktisch keine wesentliche Aussage, die einer Korrektur bedurfte; die Aussagen der jeweils vorherigen wurden bestätigt und ergänzt. Allerdings wurden manche Entwicklungen eher unterschätzt. So liegt der globale gemittelte Meeresspiegelanstieg am oberen Rand der 1990 von Szenarien für möglich gehaltenen Werte. Die Natur reagiert auf selbst geringe Temperaturerhöhungen stärker als gedacht.

Die wissenschaftliche Gemeinschaft hat aus den teils heftigen Kritiken gelernt, und die Erstellung der IPCC-Berichte ist mittlerweile ein extrem transparenter wissenschaftlicher Vorgang: Es kann jede einzelne im Gutachtensprozess gemachte Anmerkung und ihre Behandlung durch das Autor:innenteam eingesehen werden. Die Autor:innen belegen nicht nur jede Aussage mit den zugehörigen Zitaten, sondern sie sind auch bemüht, die Tragfähigkeit der Aussagen zu bewerten. Das IPCC hat damit neue Maßstäbe für Sachstandsberichte gesetzt.

In Österreich wurde 2011 begonnen, den vermutlich ersten nationalen Klimabericht nach IPCC-Regeln zu erstellen. Die Anregung eines Kollegen von der IIASA[9] aufgreifend, der stark im IPCC verankert war, bemühten wir uns, die Kollegenschaft für eine gemeinsame Anstrengung für den Klimaschutz zu begeistern. In einem wichtigen Punkt wichen wir von den IPCC-Regeln ab: Es waren auch Publikationen zugelassen, die nicht in referierten Zeitschriften erschienen waren, weil regionale und lokale Ergebnisse dort schwer unterzubringen sind und daher meist in Berichts- oder Buchform vorliegen. Bedingung war allerdings, dass die Publikation für die Öffentlichkeit zugänglich war. Um dies auch über die Jahre hinaus sicherzustellen, wurden alle derartigen Publikationen auch in einer elektronischen Datenbank gespeichert. Es war eine freiwillige, unbezahlte Leistung der beteiligten Wissenschaftler:innen, in vielen Fällen unterstützt durch die Institutionen, wo sie tätig waren. Möglichst viel von dem, was über den Klimawandel in Österreich publiziert war, wurde zusammengetragen, hinsichtlich der Wissenschaftlichkeit der zugrundliegenden Methode bewertet und zu einem Gesamtbild zusammengefügt. Unabhängige deutschsprachige Gutachter:innen und Revieweditor:innen zu finden, war eine Herausforderung, zumal für die undankbare Mühe der Begutachtung nichts gezahlt werden konnte. Ich selber, als eine der Initiator:innen und der drei Koordinator:innen des Berichtes, hatte den Aufwand hoffnungslos unterschätzt. Ohne die selbstlose Unterstützung durch unsere Mitarbeiter:innen, die nicht nach Arbeitszeiten fragten, sondern sich unablässig bemühten, ratlosen oder entmutigten Kolleg:innen zu helfen sowie die Beiträge Säumiger einzufordern, wäre das Unternehmen kläglich gescheitert. Für viele Wissenschaftler:innen stellte es eine neue Erfahrung dar, über den eigenen wissenschaftlichen Tellerrand hinausschauen zu müssen, und nicht allen ist dies in gleichem Maß gelungen. Aber die Arbeit an dem gemeinsamen Bericht hat die österreichischen Klimawissenschaftler:innen näher zusammengebracht und auch gemeinsame Forschungstätigkeit ausgelöst, über im Wettbewerb um Fördermittel stehende Institutionen hinweg. Das war den Aufwand wert, auch wenn es phasenweise und besonders gegen Ende der drei Jahre praktisch keinen Urlaub mehr gab – Beiträge lesen, sich um Abstimmung zwischen diesen bemühen, persönliche Eitelkeiten berücksichtigen, Druckfahnen kontrollieren,

Präsentation und Verbreitung vorbereiten usw. Selbst von Gipfeln in den Osttiroler Alpen, in einem sonst internetfreien Raum, führte ich telefonisch strategische Gespräche. Die Rüge einer fremden Bergsteigerin, dass man doch wenigstens hier von Derartigem sicher sein sollte, steckte ich schuldbewusst ein. Sie hatte ja recht, aber es ging nicht anders. Den alljährlichen Bergurlaub abzusagen, hätte familiäre Komplikationen nach sich gezogen.

Mit starker Unterstützung des Klima- und Energiefonds wurde der Sachstandsbericht 2014 publiziert und verbreitet. Wie beim IPCC lag diese Veröffentlichung des Austrian Panel on Climate Change (APCC) nicht nur in gedruckter Form vor, sondern war und ist auch kostenlos aus dem Internet herunterzuladen[10]. Der Hauptbericht war ein dicker Band geworden, die technische Zusammenfassung und der Synthesebericht wurden zwecks leichterer Verbreitung auch gesondert gedruckt. Der Bericht wurde politischen Entscheidungsträgern von Mitgliedern des Koordinationsteams persönlich vorgestellt. Ich erinnere mich noch gut an die Übergabe an den Landeshauptmann von Oberösterreich: Er hatte uns für acht Uhr früh zu sich bestellt, obwohl ich aus Wien, der Kollege aus Graz anreisen musste. Während wir im Vorzimmer warteten, traf ein Fotograf ein, der sofort eingelassen wurde. Kurz darauf wurden auch wir hineingebeten. Der Fotograf hatte alles für eine fotogene Übergabe vor der Landesfahne vorbereitet. Sobald diese erledigt war, wollte uns der Landeshauptmann wieder verabschieden. Der Entschlossenheit und dem Geschick meines Kollegen ist es zu verdanken, dass der Herr Landeshauptmann uns dann doch 30 Minuten zugehört hat.

Auch die Vorstellung des Berichtes im Umweltausschuss des Parlaments war aufschlussreich. Ich hatte erwartet, dass die Abgeordneten die Gelegenheit wahrnehmen würden, uns über Aspekte des Klimawandels zu befragen, vielleicht auch ihre Argumente gegen einen menschengemachten Klimawandel entgegenzuhalten. Das war aber nur sehr vereinzelt der Fall. Innerhalb kurzer Zeit verfielen sie in ihre vermutlich üblichen parteipolitischen Statements zum Klimawandel. Ich fragte mich, wo denn wirkliche politische Arbeit stattfindet, die ja die Auseinandersetzung mit, wenn schon nicht wissenschaftlichen Ergebnissen, so doch mit der Realität, die diese beschreiben, beinhalten musste, wenn sie in den Unterausschüssen des Parlaments offensichtlich nicht stattfand?

Der erste Sachstandsbericht wurde in den folgenden Jahren durch Spezialberichte ergänzt: Klimawandel, Gesundheit und Demografie, Klimawandel und Tourismus, Klimawandel und Landnutzung, Klimawandel und Lebensweise. Mittlerweile ist ein neuer Sachstandsbericht in Arbeit – 2025 soll er erscheinen. Interessanterweise war eines der größten Hindernisse, die Finanzierung für den neuen Bericht aufzutreiben, nicht die Summe, sondern die Tatsache, dass der erste so billig war. Aber die Verhältnisse haben sich geändert: Es ist heute viel schwerer, Universitäten oder Wissenschaftler:innen davon zu überzeugen, unbezahlt eine Leistung für die Sache zu erbringen. Ohne Finanzierung geht fast nichts mehr.

Was das Klima selbst betrifft, so ist die globale Mitteltemperatur bisher klimawandelbedingt um etwa 1,2 °C gestiegen, die zehn wärmsten Jahre der Messgeschichte traten in den letzten 16 Jahren auf. Hitzerekorde erreichen weltweit neue Höhen mit entsprechenden Auswirkungen auf die Gesundheit von Menschen und Tieren sowie – in Kombination mit der Wasserverfügbarkeit – auf die Überlebensfähigkeit von Pflanzen. Der Meeresspiegel ist seit 1950 um ca. 15 Zentimeter gestiegen[11], Gletscher gehen zurück, die Arktis ist in den Sommern etwa zur Hälfte eisfrei. Permafrostböden tauen in den arktischen Regionen und im Hochgebirge und setzen damit Methan frei, ferner sind Infrastrukturen und Siedlungsgebiete durch Einsacken des vormals gefrorenen Bodens oder durch Muren und Felsstürze gefährdet. Dürrezonen und -perioden nehmen zu, auch andere extreme Wetterereignisse wie tropische Wirbelstürme oder Überschwemmungen, und haben entsprechende Rückwirkungen auf die Lebens- und Überlebenssituation von Menschen. Ebenso wie der Meeresspiegelanstieg verursachen sie Migrationsbewegungen. Konkrete Zahlen anzuführen lohnt fast nicht – sie werden laufend von neuen Extremwerten überboten.

→ Bei Umsetzung der bisherigen, nicht an Bedingungen geknüpften politischen Reduktionszusagen kann der Temperaturanstieg vermutlich auf +2,6 °C begrenzt werden. Die Staaten sind aber derzeit nicht auf dem zugesagten Emissionspfad – die Temperatur steuert auf mehr als +3 °C gegen Ende des Jahrhunderts zu – mit entsprechenden Folgen für Natur und Mensch.

In Österreich liegt der bisherige Temperaturanstieg – klammert man Bergstationen aus – bei +2,7 °C, in der Stadt Wien bereits bei +3 °C. Die Temperaturen in Österreich werden auch künftig mehr als doppelt so hoch sein wie die globalen Mitteltemperaturen.

Wenn viele jetzt unter der Hitze stöhnen und die Schlagzeilen der Zeitungen sich überschlagen und eine gewisse Überraschung herauszuhören ist, wieso es denn nun plötzlich so unerträglich geworden ist, dann frage ich mich immer, wie sich die Menschen den Klimawandel und die globale Erwärmung vorstellen? Die Temperatur, die von Meteorologen gemessen wird, steigt, aber das Wetter, das wir erleben, verändert sich nicht? Fehlt es an Fantasie?

Während Hitze wohl die für die meisten Einwohner:innen Österreichs spürbarste Folge des Klimawandels ist, sind die Schäden durch Dürre, Hochwasser, Schädlingsbefall, Hagel, Stürme, Schnee- und Windbruch beachtlich. Im Jahr 2021 verging praktisch kein Monat, in dem nicht in mindestens einer Region Extremwetter für Schlagzeilen sorgte. Derzeit verursachen die direkten Schäden durch Klimawandel hierzulande jährlich etwa zwei Milliarden Euro Kosten im Durchschnitt, trotz der etwa einer Milliarde Euro, die der Staat jährlich für Anpassungsmaßnahmen ausgibt. Sollten nicht rasch Klimaschutzmaßnahmen auf globaler Ebene (und natürlich auch national) gesetzt werden und die Anpassungsmaßnahmen hinter den Erfordernissen zurückbleiben, ist 2050 mit klimawandelbedingten Schäden zwischen 4,3 und 10,8 Milliarden Euro jährlich zu rechnen. Das beinhaltet allerdings nur die bereits quantifizierten Kosten – eine Fülle weiterer Schäden konnte noch nicht quantifiziert werden oder ist nicht quantifizierbar, wie etwa der Biodiversitätsverlust. Zu diesen Kosten kommen noch weitere hinzu durch klimawandelbedingte Schäden und Verluste in anderen Ländern, die sich über Lieferketten, Verknappungen oder Flüchtlingsströme auf Österreich auswirken. Selbstverständlich entstehen auch vermehrt Kosten durch Klimawandelanpassung zur Begrenzung der Schäden und Verluste mit direkten und indirekten Effekten auf den österreichischen Staatshaushalt. Der Staat trägt auch über internationale Fonds zur Abfederung internationaler Folgekosten bei. Schließlich entgehen uns Einnahmen durch kontraproduktive Regulierungen und fehlende klimaorientierte Wirtschaftspolitik, fossile Lock-ins und mangelnde Innovation, was nicht nur Kosten aus der Nichterfüllung von Zielen im Rahmen der EU-Klima- und Energiepolitik im Non-ETS-Bereich[12], bei Energie- und Effizienzzielen nach sich ziehen, sondern auch zu „Stranded Assets"[13] führen wird. Dabei sind die Kosten im Finanz- und Versicherungssektor, die durch erhöhtes Finanzrisiko entstehen, noch nicht erwähnt. Auch die zeitliche Verzögerung durch klimapolitisches Nicht-Handeln in der Corona-Krise verursacht Kosten. In Summe wurden sie für Österreich mit bis zu 8,8 Milliarden Euro pro Jahr berechnet.[14] Inwieweit der rapide Anstieg der Erneuerbaren aufgrund der Energiekrise positiv zu Buche schlägt, ist noch nicht bekannt.

Internationale Klimapolitik

Nachdem 1989, bei der Konferenz in Noordwijk[15], möglicherweise die große Chance, Klimaschutz international zu verankern, vertan war, dauerte es lange, bis sich wieder Chancen für einen großen Schritt vorwärts auftaten. Die Unterzeichnung der Klimaschutzrahmenkonvention in Rio 1992 fiel nach dem Ende des Kalten Krieges in eine Phase zunehmender internationaler Kooperation. Die Konkretisierung der Bestimmungen der Rahmenkonvention wurde jährlichen Folgekonferenzen, den „Conferences of the Parties to the UN Framework Convention on Climate Change", kurz COP[16], übertragen. Die ersten verbindlichen Ziele wurden 1997 in Kyoto bei der COP3 beschlossen: Die Industrienationen sollten bis 2012 ihre Emissionen um fünf Prozent gegenüber 1990 reduzieren. Die USA und China, zwei der größten Treibhausgasemittenten, ratifizierten das Kyoto-Protokoll nicht, wodurch seine Wirkung von vornherein begrenzt blieb. Viele Jahre bewegte sich wenig, aber in die COP15 in Kopenhagen 2009 wurden große Hoffnungen gesetzt, denn Vorarbeiten für ein Nachfolgeabkommen für das Kyoto-Protokoll waren weit gediehen, und in den USA war Barack Obama zum Präsidenten gewählt worden. Von ihm erwartete man eine ambitionierte Klimapolitik.

Kurz vor dem Treffen wurden E-Mail-Korrespondenz und Daten einer renommierten Klimaforschungseinrichtung in Großbritannien gestohlen und dann selektiv und aus dem Kontext gerissen den Medien zugespielt, mit dem Ziel, die wissenschaftliche Arbeit führender Wissenschaftler:innen und die IPCC-Sachstandsberichte zu diskreditieren. In Anlehnung an „Watergate" wurde dies als „Climate Gate" bezeichnet. Die Vorwürfe der Manipulation von Daten wurde anschließend von mehreren unabhängigen Kommissionen als haltlos zurückgewiesen, aber der Schaden im Vorfeld der COP15 war entstanden. Darüber hinaus enttäuschte Präsident Obama, denn wenige Wochen vor der COP verständigten sich die USA und China bilateral, keine bindenden Reduktionsvereinbarungen einzugehen. Die dänische Präsidentschaft war mit der Situation überfordert, die COP15 in Kopenhagen scheiterte.

→ Eine andere, positive Entwicklung fand nach meinem Eindruck im Vorfeld der COP15 statt. Die Nichtregierungsorganisationen (NGOs) aller Schattierungen in Österreich erkannten, dass Klimawandel sie alle angeht: Dass der Kampf gegen Armut und Hunger vergebens ist, wenn nicht gleichzeitig der Klimawandel bekämpft wird und umgekehrt; dass der Kampf für eine demokratische Kontrolle der Finanzmärkte parallele Interessen hat mit dem Ausstieg aus fossilen Energien, dass Biodiversitätsverlust und Klimawandel sich gegenseitig verstärken usw.

Da die NGOs international gut vernetzt sind, blieb diese Erkenntnis wahrscheinlich nicht nur auf Österreich beschränkt. Das war ein großer Schritt vorwärts, weil anerkannt wurde, dass die humanitären Anliegen, die ökologischen und die ökonomischen alle wichtig sind und es – bei allem Wettbewerb um Spendengelder – nicht um ein Entweder-Oder gehen kann. Bei den COPs sind deshalb auch nicht nur Klimaaktivist:innen zu finden, sondern auch Vertreter:innen anderer am Gemeinwohl interessierter Gruppierungen. Es ist ein Beispiel dafür, dass Fraktionierung überwunden werden kann und Zusammenarbeit über Themengrenzen hinweg möglich ist.

Erst viel später, 2010, entstand die wegweisende Studie des WWF, die darüber hinaus zeigte, dass intrinsische Werte wie Kooperation und Solidarität wirksamen Klimaschutz und nachhaltiges Handeln fördern, während extrinsische Werte wie Wettbewerb, Macht und Reichtum solchen Zielen hinderlich sind. Alle NGOs haben daher ein gemeinsames Interesse, intrinsische Werthaltungen zu stärken.[17]

In der Abfolge der COPs wurde ein Tiefpunkt 2013 in Warschau erreicht. Es war so schlimm, dass Entwicklungsländer, manche Interessenvertretungen und NGOs wegen mangelnder Ernsthaftigkeit im Bemühen um Treibhausgasemissionsreduktionen die Konferenz unter Protest verließen.

2014, bei der COP20 in Lima, Peru, war man um einen Neustart bemüht. Eine erfreuliche Wende nahm die Entwicklung durch eine Erklärung der USA und Chinas, ihre Emissionen reduzieren zu wollen. 2014 und 2015 schlossen sich Hunderttausende Klimademonstrationen in New York und anderen Städten weltweit an. Papst Franziskus erließ im Mai 2015 die Enzyklika: „Laudato Si! Über die Sorge für das gemeinsame Haus"[18], die sich schwerpunktmäßig mit den Themenbereichen Umwelt- und Klimaschutz befasste und darüber hinaus ein Umdenken hinsichtlich Technikgläubigkeit, Finanz- und Wirtschaftssystem forderte. Darin heißt es u. a.: *„Die ökologische Kultur kann nicht auf eine Reihe von dringenden und partiellen Antworten auf die unmittelbaren Probleme der Umweltverschmutzung, des Umweltverfalls und der Erschöpfung der natürlichen Ressourcen reduziert werden. Es bedarf einer besonderen Sichtweise, eines Denkens, einer Politik, eines Bildungsprogramms, eines Lebensstils und einer Spiritualität, die gemeinsam Widerstand gegen die Angriffe des technokratischen Paradigmas leisten. Andernfalls können selbst die besten ökologischen Initiativen in der gleichen globalisierten Logik gefangen sein."* Die in den fachlichen Teilen von Wissenschaftler:innen mitgestaltete Enzyklika entfaltete außerhalb der katholischen Kirche mindestens so viel Wirksamkeit wie innerhalb dieser. Die UNO beschloss 2015 die Agenda 2030 mit 17 Nachhaltigen Entwicklungszielen (SDG)[19], bei der es grundsätzlich um zwei Ziele geht, die synergistisch zu verfolgen, nicht gegeneinander auszuspielen sind: Ein „gutes Leben für alle" jetzt und künftig und die Einhaltung der ökologischen Grenzen des Planeten. Zu jedem der 17 Ziele wurden Subziele und Indikatoren definiert, an denen man den Fortschritt messen kann. Da die Ziele unabhängig voneinander entwickelt wurden, sind sie keineswegs widerspruchsfrei; manche Themenbereiche fehlen völlig; die herrschenden Grundstrukturen und Systeme werden nicht explizit infrage gestellt – es gibt viele und berechtigte Kritikpunkte, aber dennoch: Die Agenda 2030 ist ein großer Schritt vorwärts gegenüber den Milleniumszielen 2000–2015. Sie einzuhalten erfordert Maßnahmen in Entwicklungs- und Industrieländern und sie sprechen soziale und ökologische Aspekte an. Wenn alle 17 Ziele erreicht werden, dann hat das auch Konsequenzen für Strukturen und Systeme. Sie kommen einer gemeinsamen Vision, wie die Welt 2030 gestaltet sein soll, näher als irgendein anderes von allen Staaten der Welt getragenes Dokument.

Im Herbst 2015 folgte in Paris die erfolgreichste aller COPs, bei der das Pariser Klimaabkommen verabschiedet wurde. Das Hauptziel des von 197 Ländern ratifizierten und weniger als ein Jahr später in Kraft getretenen Abkommens ist, die globale Erwärmung auf deutlich unter 2 °C, vorzugsweise 1,5 °C im Vergleich zum vorindustriellen Niveau zu begrenzen, indem ein globaler Höchststand der Treibhausgasemissionen so bald wie möglich erreicht wird, um bis zur Jahrhundertmitte eine klimaneutrale Welt zu schaffen. Dieses Abkommen war eine glänzende Leistung französischer Diplomatie, mitgetragen von der Regierung, die nicht nur einen gewieften Diplomaten als Präsidenten der COP stellte, sondern auch schon im Vorfeld über alle Botschaften aktiv für ein Abkommen geworben hatte.

Als Folge des Abkommens erging auch der Auftrag an die Wissenschaft, herauszuarbeiten, ob 1,5 °C gegenüber den leichter einzuhaltenden 2 °C nennenswerte Vorteile brächten. Der daraus hervorgegangene Bericht des IPCC[20] ist einer der besten dieses Gremiums, indem in ungewohnter Klarheit dargelegt wird, dass es auf jedes Zehntel Grad Erwärmung ankommt. Bei +1,5 °C wären etwa 700 Millionen Menschen von extremen Hitzewellen mindestens einmal alle 20 Jahre betroffen, bei +2 °C wären es zwei Milliarden. Bei +1,5 z. B. sind etwa elf Prozent der Landfläche von Überschwemmungen entlang von Flüssen betroffen, bei +2 °C wären es 21 Prozent; der Nordpol würde in dem einen Fall in 40 Jahren Ende des Sommers eisfrei werden, im anderen in drei bis fünf Jahren. Der Unterschied zwischen 1,5 °C und 2 °C ist also gewaltig. Viele Klimaelemente, aber auch Teile der Biosphäre reagieren schon bei geringeren Temperaturanstiegen, als die Wissenschaft bisher erwartete. Da die Reaktionen typischerweise nicht linear, sondern exponentiell erfolgen, hat dies weitreichende Konsequenzen.

Die Vorgaben für politisches Handeln waren also spätestens seit 2015 klar, und doch veränderte sich wenig. Die Euphorie von Paris ist verflogen, die globalen Emissionen steigen weiter von Jahr zu Jahr, die meisten Staaten scheuen sich, ernsthafte Klimapolitik zu machen. Erfreulicherweise gibt es jedoch einige Länder mit weiterhin hohen Ambitionen. Ein globaler Index[21], der Fortschritte auf dem Gebiet der Emissionsreduktionen, des Einsatzes erneuerbarer Energien, der Energieeffizienz und der Klimagesetzgebung kombiniert, wobei auch die Absicht, nicht nur die Umsetzung bewertet wird, attestiert Dänemark und Schweden die Spitzenpositionen, gefolgt von Chile und Marokko. Österreich liegt an 32. Stelle von 59 bewerteten Ländern. Kein Land ist in allen Bereichen Spitzenreiter, aber in Dänemark kann man z. B. von städtischer Verkehrspolitik lernen, in Schweden von der Steuerpolitik.

Die folgenden COPs haben hinsichtlich von Emissionsreduktionen keine wesentlichen Fortschritte gebracht, sieht man von einer halbherzigen Verpflichtung, aus Kohle auszusteigen, ab. Öl und Gas werden in Abschlussdokumenten nicht erwähnt.

Es wurde eine Reihe von Fonds eingerichtet: Die großzügigen Finanzierungszusagen der Industrienationen in den Green Climate Fund hatten die Entwicklungsländer 2015 zur Bedingung für die Zustimmung zum Pariser Abkommen gemacht. Die Mittel sind weit hinter den Zusagen geblieben. Mittlerweile gibt es auch den Least Developed Countries Fund, den Special Climate Change Fund, den Adaptation Fund und die Global Environment Facility sowie zuletzt dazugekommen den Loss and Damage Fund. Alle harren sie der Befüllung im jeweils zugesagten Ausmaß; jede weitere Verzögerung kostet weitere Menschenleben.

Das Programm ChatGTP hat auf Anfrage eines Kollegen die COPs beeindruckend knapp und präzise beschrieben, aber doch falsch: Das Problem der COPs wurde als Nord-Süd-Auseinandersetzung dargestellt, aber so einfach ist es nicht. Zunächst waren es die USA und China, die blockierten; dann hatten die Vereinigten Staaten sogar eigene Saudi-Arabien-Spezialisten in der Delegation, um die Blockade der von Saudi-Arabien angeführten arabischen Länder zu überwinden. Längere Zeit waren es die BRICS-Staaten[22], die als Blockierer galten. Dann traten 2017 die USA aus dem Abkommen aus, weil das Klimaschutzabkommen angeblich zum Ziel hätte, die Wirtschaft dieses Landes zu schwächen. Jetzt sind die Vereinigten Staaten wieder dabei, und nun verhindert Indien bei der COP26 das Festschreiben des Ausstiegs aus Kohle. Kanada, China und Saudi-Arabien vereitelten bei der COP27 die Festlegung des Ausstieges aus Öl und Gas. Es geht also weniger um einen Gegensatz zwischen Nord und Süd als um die Sicherung der Interessen der fossilen Industrie bzw. um die Sicherung von Einnahmen aus fossiler Energie. Das zeigt sich übrigens auch innerhalb der EU, wo das kohlereiche Polen Klimaschutz nach Kräften blockiert.

Aber auch diese Erklärung greift zu kurz, denn Deutschland blockiert etwa innerhalb und mit der EU immer dann, wenn es seine Automobilindustrie gefährdet sieht, die den Umstieg auf Elektromotoren verschlafen hat. Die nationalen und wirtschaftlichen Interessen von Regierungen und deren Beratern dominieren jegliche Klimaverhandlungen. Für eine gute Zukunft für alle, für die Natur und die Biodiversität, so der Eindruck, kämpfen vor allem die NGOs auf den Plätzen vor den COP-Tagungszentren und in den Vorzimmern der Verhandlungen, soweit ihnen Zutritt gewährt wird. Vertreter:innen der fossilen Lobbys sind hingegen schon längst Mitglieder von Delegationen, und daher mitten im Geschehen.

Im Lichte dieser mageren Erfolgsbilanz der COPs stellt sich allerdings schon die Frage, ob weiterzumachen wie bisher, mit noch mehr Anstrengung, die Staaten der Welt davon zu überzeugen, dass gemeinsame Langfristziele wichtiger sind als nationale Kurzfristerfolge, ein vielversprechender Weg ist? Wer soll diese Überzeugungsarbeit leisten?

Man könnte auch eine Koalition der Willigen andenken, um innerhalb dieser Gruppe wirkliche Fortschritte bei den Emissionsreduktionen zu erzielen, auch wenn nicht alle Staaten sich beteiligen. Die „Beyond Oil

& Gas Alliance" ist ein Schritt in diese Richtung. Bilaterale Abkommen, wie etwa zwischen den USA und China, könnten systematisch vorangetrieben werden. Bilaterales Teaming zwischen Industrie- und Entwicklungsländern, um Technologie und Geldmittel zu Letzteren zu transferieren, mit dem Ziel, dort Entwicklung zu ermöglichen ohne deren Treibhausgasbudget auszuschöpfen. Im Gegenzug steht den Industrienationen der nicht ausgeschöpfte Teil des Treibhausgasbudgets des jeweiligen Partnerlandes zu und ermöglicht einen realistisch erzielbaren Emissionsreduktionspfad. Schließlich kann man auch versuchen, den Entwicklungsländern auf indirektem Weg zu helfen: Geld, das im globalen Norden Investitionsmöglichkeiten sucht, wie etwa jenes von Pensionsfonds, dem globalen Süden zum Ausbau erneuerbarer Energie (die reichlich vorhanden wäre) verfügbar machen, indem die Risiken solcher Investments durch internationale Entwicklungsbanken oder die Weltbank und die Staaten des Nordens abgefedert werden.[23] In diese Richtung geht auch die Bridgetown-Agenda der Premierministerin von Barbados, die feststellt, dass zu der Schuldenfalle, in welcher die Entwicklungsländer sitzen, jetzt auch noch eine Klimafalle komme – erarbeiteter, bescheidener Wohlstand geht mit dem nächsten extremen Wetterereignis wieder verloren.

Vielleicht ist das Verlassen der staatlichen Ebene und das Agieren über Wirtschaftssektoren, insbesondere den Finanzsektor, erfolgversprechender? Vielleicht geht aber auch bald Druck von den Entwicklungsländern aus, ähnlich wie bei der COP27 von Pakistan. Nach einer ungewöhnlichen, tödlichen Hitzewelle und dramatischen, ebenso tödlichen Überschwemmungen 2022, die 33 Millionen Menschen zum Verlassen ihrer Heimstatt zwangen, bestand Pakistan darauf, dass sich die COP mit der Frage der Kompensation von Verlusten und Schäden befasse. Weil die USA etwa 25 Prozent der bisherigen Treibhausgasemissionen verantworten müssen und die EU 22 Prozent, Pakistan aber nur 0,28 Prozent[24], forderte Pakistan finanzielle Unterstützung von jenen, die den Klimawandel primär verursacht haben. Massive Unterstützung erhielt es von anderen Entwicklungsstaaten. Aber mit Geld ist es nicht abgetan – gerade diese Länder müssten Interesse an der Eindämmung des Klimawandels haben. Keine dieser Optionen mag überzeugen, aber wenn keine bessere gefunden wird, sollten jene möglicherweise parallel verfolgt werden.

Den finanziellen Hebel versucht auch die Divestment-Bewegung zu nutzen: Von Universitäten ausgehend haben Pensionsfonds, Gemeinden, Religionsgemeinschaften und viele Firmen mittlerweile ihre Gelder aus Firmen oder Aktienpaketen zurückgezogen, die ihre Gewinne aus der Bereitstellung von fossiler Energie lukrieren. Das hat einerseits moralische Gründe, andererseits verfolgt die Divestment-Bewegung auch das Ziel, den politischen Einfluss der Kohle-, Öl- und Gasindustrie zu schwächen. Nicht zuletzt weisen die Proponenten auch darauf hin, dass in einer Netto-Null-Gesellschaft Investitionen in fossile Energie wertlos werden. Über 1500 Institutionen weltweit sollen dem Markt schon über 40 Milliarden US-Dollar entzogen haben. Im Übrigen gibt es mittlerweile auch Plattformen, die es Privatpersonen kostenlos ermöglichen, auf einfache Weise zu prüfen, ob mit ihren Ersparnissen die fossile Industrie gefördert wird, aber auch, ob sie Kinderarbeit oder Waffenerzeugung finanzieren.

Auch die rechtliche Ebene könnte zum Klimaschutz beitragen. Wenn es gelänge, Ökozid als fünftes internationales Verbrechen gegen den Frieden[25] durch Erweiterung des Römischen Statuts zu verankern, könnten Personen, etwa Politiker:innen oder Firmenbevollmächtigte, die rechtswidrige oder willkürliche Handlungen mit dem Wissen begangen haben, dass eine erhebliche Wahrscheinlichkeit schwerer und weitreichender oder langfristiger Schäden für die Umwelt besteht, die durch diese Handlungen verursacht werden, persönlich haftbar gemacht werden. Sie könnten in allen Staaten, die dem Römischen Statut beigetreten sind, verhaftet und angeklagt werden.

Auf einer ganz anderen rechtlichen Ebene agieren NGOs und Einzelpersonen, die versuchen, Klimaschutz auf dem Klageweg zu erzwingen. Dabei werden entweder Staaten geklagt, weil sie ihre derzeitigen oder künftigen Bürger:innen zu wenig schützen, oder Firmen, weil sie zum Klimawandel beigetragen haben und daher für Folgeschäden mitverantwortlich sind. In den Niederlanden ist der Staat wegen unzureichender Klimaschutzgesetze verurteilt worden, und die Firma Shell muss, als Ergebnis eines anderen Prozesses, ihre Unternehmensstrategie an die Klimaziele von Paris anpassen. In Deutschland hat das Bundesverfassungsgericht 2022 vier Klimaklagen teilweise stattgegeben und die Bundesregierung damit gezwungen, ihre Klimapolitik für die Jahre nach 2030 zu konkretisieren. Die Begründung war, dass bei Reduktion der Treibhausgasemissionen um 55 Prozent bis 2030 die danach fälligen Reduktionen so drastisch sein müssten, soll das 1,5°C-Ziel noch erreicht werden, dass die Freiheiten der Bürger:innen unzulässig stark eingeschränkt würden. Die deutsche Regierung hat das Klimaschutzgesetz daraufhin nachgebessert. Der österreichische Rechtsrahmen ist für Klimaklagen ungünstig, und der Verfassungsgerichtshof ließ bisher Klimaklagen aus formalen Gründen nicht zu. Aber auch nicht zugelassene Klagen sind nicht sinnlos, denn sie tragen zur Weiterentwicklung des Rechtes bei. Einige abgewiesene Klagen, darunter auch österreichische, sind beim Europäischen Gerichtshof für Menschenrechte anhängig, der bereits mehreren Klimaklagen eine dringliche Behandlung zugesprochen hat.

Europäische und österreichische Klimapolitik

In den frühen Jahren der Europäischen Union war Klimaschutz ein Teil der Umweltschutzagenda, oft ohne spezifisch genannt zu werden. Erst mit dem Vertrag von Lissabon 2009 wurde Klimaschutz als Ziel genannt und ging ebenso wie Energieeffizienzfragen, Energieeinsparungen und die Entwicklung erneuerbarer Energien ins Primärrecht über. Als Unterzeichnerin der UNFCCC und des Kyoto-Abkommens hat die EU klimapolitische Maßnahmen gesetzt: Im Rahmen des Klima- und Energiepakets 2020 wurde 2007 festgelegt, dass die EU bis 2020 eine Verringerung ihres Treibhausgasausstoßes um 20 Prozent (gegenüber dem Basisjahr 1990) erreichen, 20 Prozent der Energie aus erneuerbaren Quellen beziehen und die Energieeffizienz um 20 Prozent steigern will – die sogenannten 20-20-20-Ziele. Dazu wurde unter anderem ein Europäisches Emissionshandelssystem (ETS) für große Emittenten eingerichtet, das etwa 45 Prozent der Emissionen der EU betrifft und zu einer Emissionsreduktion von 21 Prozent gegenüber 2005 führen sollte. Nach turbulenten Anfangsjahren, in denen die Emittenten sich großzügig Emissionsrechte sichern konnten und der Preis für CO_2-Emissionen derart schwankte, dass er keine Steuerungswirkung entfaltete, hat es begonnen zu greifen. Allerdings haben sich parallel Zwischenhändler etabliert, die den CO_2-Markt steuern und seine Wirksamkeit wieder einschränken. Für die übrigen Emissionen in der EU (im Wesentlichen

Wohnen, Landwirtschaft, Abfallwirtschaft und Verkehr) wurden nationale Reduktionsziele vereinbart, die den nationalen Gegebenheiten angepasst waren und in Summe die im Rahmen des Kyoto-Protokolls vereinbarte Reduktion um 20 Prozent sicherstellen sollten. Für Österreich wurde im Rahmen dieses „burden sharing" eine Reduktion um 13 Prozent vereinbart. Daneben wurden nationale Vorgaben auch auf dem Energiesektor gemacht, Forschung wurde intensiviert, auch im Bereich der Speicherung von Kohlendioxid, die u. a. von Österreich nicht gutgeheißen wird. In Summe hat die EU die Kyoto-Reduktionsziele erreicht, nicht aber alle Mitgliedsstaaten.

→ Österreich zählt zu jenen Ländern, die ihre Ziele am deutlichsten verfehlt haben. Die EU wurde gegenüber Österreich zum Antreiber in Sachen Klimaschutz, ähnlich wie nach den ersten Beitrittsjahren auch im Luftreinhaltebereich. Die EU engagiert sich auch auf der internationalen Ebene und sieht sich gerne als Vorkämpfer für und Vorreiter im Klimaschutz.

Die 2011 veröffentlichte „Roadmap", der „Fahrplan für den Übergang zu einer wettbewerbsfähigen CO_2-armen Wirtschaft bis 2050", sah eine Reduktion der Treibhausgasemissionen bis 2050 um 80 Prozent gegenüber dem Stand von 1990 vor, wobei -40 Prozent bis 2030 und -60 Prozent bis 2040 erreicht werden sollten. Dazu wurden konkrete Maßnahmen und Ziele für die einzelnen Sektoren vorgegeben. Das bedeutete, dass eine deutliche Erhöhung der Reduktionsrate erforderlich war, insbesondere zwischen 2030 und 2050. In den Jahren 2014 und 2021 wurden weitere Verschärfungen beschlossen: Senkung der Treibhausgasemissionen um mindestens 55 Prozent (gegenüber dem Stand von 1990), Erhöhung des Anteils erneuerbarer Energiequellen auf mindestens 27 Prozent und Steigerung der Energieeffizienz um mindestens 27 Prozent. Die ETS-Emissionen sollten um 43 Prozent gegenüber 2005, die Nicht-ETS-Emissionen um 30 Prozent gesenkt werden. Österreich sollte seine Nicht-ETS-Emissionen bis 2020 um 16 Prozent verringern.

Versuche der Kommission, Netto-Null-Emissionen bis 2050 vorzuschreiben, scheiterten 2018 am Widerstand osteuropäischer Länder. Unter Kommissionspräsidentin Von der Leyen, die im Dezember 2019 ihr Amt mit dem Konzept eines Europäischen Grünen Deals antrat, und vornehmlich vorangetrieben von Frans Timmermans, einem der Vizepräsidenten, nahm der Klimaschutz in der EU neue Fahrt auf. Das Klimagesetz 2021 machte das Ziel der Klimaneutralität bis 2050 rechtlich verbindlich und das *„Fit for 55"-Paket* passt die Klimagesetzgebung der Union an die neuen Klimaziele an. Schritt für Schritt werden Gesetze und Richtlinien für alle Politikbereiche vorgelegt und – meist in abgeschwächter Form – beschlossen. Als besonders schwierig erweisen sich Reformen im Landwirtschaftsbereich – die gemeinsame Agrarpolitik (GAP) bleibt im Klima- und Umweltbereich vieles schuldig, und das Renaturierungsgesetz (2023) wurde im Ausschuss knapp abgelehnt, im Parlament knapp angenommen.

Umstritten war auch die Taxonomie-Verordnung (2022), die Investoren, Unternehmen und Staaten helfen soll, den Übergang zu einer kohlenstoffarmen, resilienten und ressourceneffizienten Wirtschaft zu bewältigen. Drei Kriterien müssen erfüllt sein, damit ein Vorhaben als Beitrag zur nachhaltigen Entwicklung eingestuft wird. Es muss erstens einen „wesentlichen" Beitrag zu mindestens einem von sechs Umweltzielen leisten oder einen solchen Beitrag ermöglichen. Die sechs Ziele sind: Klimaschutz, Klimawandelanpassung, Wasser- und Meeresschutz, Übergang zu einer Kreislaufwirtschaft, Umweltschutz und Erhalt der Biodiversität und von Ökosystemen. Das Vorhaben darf zweitens keinem dieser Ziele nennenswerten Schaden zufügen und muss drittens internationale Sozialstandards einhalten. Frankreich wollte unbedingt Kernenergie als nachhaltig und daher förderbar sichergestellt wissen und bot im Gegenzug Deutschland an, auch Gas als Übergangstechnologie zuzulassen. Ein Beispiel dafür, dass nationale Interessen immer noch sachliche Argumente aushebeln. Dennoch hat die Taxonomie-Verordnung, gemeinsam mit einigen anderen, den Finanzsektor betreffenden Maßnahmen, diesen aufgeschreckt. Er ist nunmehr verpflichtet, Daten zu erheben, mit denen die Nachhaltigkeit der Investitionen, Anleihen etc. bewertet werden kann.

Auch nach mehreren Verschärfungen bleiben die Ziele der EU hinter den Erfordernissen des Pariser Klimaabkommens zurück. Das EU-Parlament behandelt oft anspruchsvollere Vorgaben, doch sind häufig Kompromisse nötig, um Mehrheiten zu erreichen. Die Linie zwischen Pro und Contra verläuft manchmal nach Staaten, manchmal nach Parteien. Zu den Ländern, die Klimaschutzmaßnahmen bremsen, gehören jene des ehemaligen Ostblocks, aber öfter auch Österreich, wenn es um landwirtschaftliche Fragen geht, auch die Niederlande. Vor der EU-Wahl 2019 wurde vom Climate Action Network eine Statistik über das Wahlverhalten der österreichischen EU-Parlamentarier:innen publiziert[26], die zeigte, dass in den Unterausschüssen die Grünen rund 90 Prozent aller klimarelevanten Vorlagen unterstützten, an zweiter Stelle mit 86 Prozent lagen die Vertreter:innen der Sozialdemokratie, die NEOs- und FPÖ-Mandatare lagen deutlich drunter mit rund 37 und 27 Prozent, und mit weniger als zwölf Prozent Zustimmung lagen die Abgeordneten der Volkspartei gemeinsam mit ihren europäischen Parteikolleg:innen an letzter Stelle. Die heftige Kritik des Influencers Rezo[27] an der CDU bezüglich ihrer Politik und ihres Abstimmungsverhaltens war daher nicht unberechtigt. Ob die rasche Verbreitung dieses Videos und die hilflos wirkende Reaktion der CDU die wenige Tage auf die Publikation folgende EU-Wahl beeinflussten, ist mir nicht bekannt, gewiss ist hingegen, dass in Deutschland der CDU und der SPD junge Wähler:innen verloren gegangen sind und die Grünen zweitstärkste Fraktion im EU-Parlament wurde.

Auch vom EU-Parlament beschlossene Vorlagen müssen in der Regel vom Rat der Staatschefs bestätigt werden. Da meist Einstimmigkeit nötig ist, scheitern hier weitere Vorlagen oder es entstehen unbefriedigende Kompromisse.

→ Österreich zählt zu jenen fünf EU-Mitgliedsstaaten, die ihre Emissionen im Schnitt 2010 –2018 gegenüber 1990–1998 nicht reduziert haben. Der österreichische Nationale Energie- und Klimaplan 2018 garantiert nicht einmal die Einhaltung der EU-Ziele, geschweige denn jene des Pariser Abkommens, und der Großteil der Ziele ist weder durch konkrete Maßnahmen noch eine entsprechende Budgetvorsorge untermauert. Er rangiert hinsichtlich Ambition im letzten Drittel der von den Mitgliedsstaaten eingereichten Pläne, obwohl Österreich keine förderwürdigen Kohle- oder Ölvorkommen hat wie Polen, als alpines Land stärker vom

Klimawandel betroffen ist als viele andere, mit einer naturliebenden und umweltbewussten Bevölkerung gesegnet ist und als eines der reichsten Länder der Welt gilt.

Die Österreichische Nationalbank fasst 2021 Österreichs Klimapolitik wie folgt zusammen: *Vom Vorbild zum Nachzügler in der EU27*[28]. Österreich war 1990 durch unterdurchschnittliche Treibhausgas (THG)-Emissionen pro Kopf trotz überdurchschnittlichen Bruttoinlandsproduktes (BIP) pro Kopf gekennzeichnet. Die Emissionen stiegen jedoch bis 2005 und fielen dann nur langsam ab – insgesamt bleibt ein Plus von einem Prozent, während die Emissionen der EU16 (aktuelle EU mit Österreich ohne CESEE-Mitglieder[29]) um 18 Prozent sanken. Derzeit weist es überdurchschnittliche Treibhausgasemissionen pro Kopf und eine überdurchschnittliche Energieintensität (Endenergieverbrauch pro produzierter BIP-Einheit) auf. Die wesentliche Ursache liegt bei Emissionen aus dem Verkehr, die nicht durch den EU-Emissionshandel geregelt sind, sondern nationaler Gesetzgebung unterliegen; Österreich hatte hier 2018 die zweithöchsten Emissionen pro Kopf in der EU. Der „Überschuss" an Emissionen gegenüber dem europäischen Durchschnitt geht zu vier Fünftel auf den Tanktourismus[30] zurück, der durch den – vergleichsweise sehr niedrigen – CO_2- und damit auch Treibstoffpreis in Österreich gefördert wird. Im Jahr 2018 betrug der durchschnittliche implizite CO_2-Preis in Österreich (das heißt Kraftstoffverbrauchsteuern wie die Mineralölsteuer) rund 50 Euro pro Tonne CO_2 und war etwa ein Viertel niedriger als in der BRD und in der EU14. Mittlerweile hat Deutschland einen expliziten, noch höheren CO_2-Preis eingeführt. Die Differenz wird durch den seit Oktober 2022 geltenden CO_2-Preis in Österreich nicht ausgeglichen. Offenbar sind die Steuereinnahmen aus dem Tanktourismus so attraktiv, dass die österreichischen Regierungen höhere Bußgelder für das Nicht-Erreichen der EU-Ziele in Kauf nehmen.

Der geplante, von 30 Euro bis 2025 auf 55 Euro pro Tonne Kohlenstoff ansteigende CO_2-Preis in Österreich müsse auf mindestens das Doppelte angehoben und das Steuerprivileg für Diesel abgeschafft werden, wenn man hierzulande das 2018 vereinbarte Ziel, -28 Prozent bis 2030, erreichen will. Es wird aber nicht genügen, um die 2021 nachgeschärfte EU-Zielvorgabe von -45 Prozent gegenüber 1990 bis 2030 einzuhalten. Weil solange zu wenig getan wurde, ist die Herausforderung für Österreich jetzt größer als für viele andere EU-Mitgliedsstaaten.

Ein wichtiger Beitrag zum Klimaschutz war 2007 die Gründung des Österreichischen Klima- und Energiefonds, der noch dazu als ein Gemeinschaftsprojekt dreier Ministerien und des Bundeskanzleramtes aufgesetzt wurde. Mittlerweile ist er ausschließlich dem Klimaministerium zugeordnet, was die Entscheidungsfähigkeit stärkt, aber Klimaschutz nicht mehr zur ressortübergreifenden Materie macht. Jedenfalls hat der Klima- und Energiefonds mit finanziellen Anreizen und logistischer Unterstützung die Klimaagenda deutlich vorangetrieben, sodass derzeit z. B. 124 Klima- und Energie-Modellregionen (KEM) in 1134 Gemeinden Klimaschutzprojekte und 44 Klimaanpassungsregionen (KLAR) in 601 Gemeinden Anpassungsprojekte umsetzen. Daneben gibt es technologische Initiativen, wie PV-Förderungen, Speichertechnologien sowie Mustersanierungen und Unterstützung für Schulprojekte, Businessideen, Forschungsprogramme und anderes mehr.

Vonseiten der Wissenschaft ist seit Jahren wiederholt darauf hingewiesen worden, dass die gesetzten Maßnahmen unzureichend sind. Das gemeinsame Dach der klimaforschenden Einrichtungen in Österreich und gewissermaßen das Sprachrohr der österreichischen Klimawissenschaftler:innen ist der 2011 gegründete Verein *Climate Change Center Austria*. Es ist ein von den wichtigsten Klimaforschungsinstitutionen Österreichs getragenes Forschungsnetzwerk, das sowohl die Klimawandel- und Klimafolgenforschung vernetzt und stärkt, als auch Gesellschaft und Politik wissenschaftlich fundiert über klimarelevante Themen informiert und allenfalls berät. Das CCCA führt selbst keine Forschung durch.[31] Eines der ersten Produkte des CCCA war der oben erwähnte Österreichische Sachstandsbericht Klimawandel 2014. Darüber hinaus veranstaltet das CCCA jedes Jahr den „Klimatag" – eine mehrtägige Fachtagung mit wechselnden Veranstaltungsorten, bei der sich die Klimaforschenden Österreichs treffen, Forschungsergebnisse diskutieren und neue gemeinsame Aktivitäten planen, aber auch Austausch mit Schulen, Behörden und anderen Interessierten pflegen.

Das CCCA ist insofern bemerkenswert, als es gelungen ist, Institutionen und Forschende für kooperatives Vorgehen zu gewinnen in einem Umfeld, das systematisch auf Wettbewerb und „unique selling points" getrimmt wird. Ganz charakteristisch dafür ist auch die Frage der Rektorate, wenn es um die Finanzierung des Vereines geht: Was hat meine Universität davon? Nicht: Wie kann meine Universität zur Erfüllung dieser wichtigen Aufgabe für Österreich beitragen?

Wissenschaftler:innen des CCCA empfanden auch den der EU von Österreich vorgelegten Nationalen Energie- und Klimaplan als derartig unzureichend, dass sie einen Referenzplan[32] erstellten, der darlegte, was hierzulande eigentlich getan werden müsste. Der sogenannte REF NEKP enthielt auch eine Vision für 2040, auf die im Kapitel 7 noch zurückgegriffen wird.

Bei der Nationalratswahl 2017 in Österreich war Klimawandel kein Thema – 2019 war es ein dominierendes. Nicht wegen der neuen IPCC-Berichte der Wissenschaft, so dramatisch diese auch waren, nicht wegen des heißen, trockenen Sommers und der Borkenkäferkalamität in Österreich. Den Umschwung haben die jungen Leute in Österreich bewirkt, die ihre tiefe Sorge um die eigene Zukunft jeden Freitag erneut zum Ausdruck brachten.

Es war nicht der einzige Grund für eine politische Wende – das skandalöse Verständnis von Demokratie und Regierungsverantwortung der Parteiführung der FPÖ war durch ein geheim aufgenommenes Video bekannt geworden und führte zum Rücktritt der Regierung. Die vom Bundespräsidenten eingesetzte Interimsregierung verstand sich als Verwalter der Republik – als ob keine politischen Entscheidungen zu treffen nicht auch Politik machen wäre – und verzögerte solcherart die notwendigen Klimamaßnahmen weiter.

Einen kurzen Moment lang, zum Zeitpunkt der Koalitionsverhandlungen nach der Nationalratswahl, unter dem Eindruck der demonstrierenden Jugend – künftige Wähler:innen – war offenbar auch der alte und neue österreichische Bundeskanzler Sebastian Kurz der Meinung, dass dem Klima Aufmerksamkeit geschenkt werden müsse. Das Regierungsprogramm, das gemeinsam mit den Grünen entstand, war ambitionierter als alle früheren Regierungsprogramme, und mit Netto-Null bis 2040 auch deutlich ambitionierter als die EU. In vielen Punkten fehlte die Konkretisierung – was, bis wann, wodurch –, aber es war festgehalten, dass die Umsetzung die Verantwortung der gesamten Regierung sei. Der Kanzler ließ sogar Ambitionen durchklingen, als „Klimakanzler" Österreich zu einem Klimavorreiterland in der EU machen zu wollen. Möglicherweise war das alles nie ernst gemeint, oder es war der Gegenwind durch mächtige Verbände zu stark, jedenfalls wurde es für die grüne Klimaministerin immer schwieriger, die gemeinsam beschlossenen Vorhaben durchzusetzen. Der Koalitionspartner ließ sich jedes Zugeständnis im Klimabereich durch Zugeständnisse im Migrationsbereich oder anderen, für die Grünen schmerzlichen Materien abkaufen. Nachdem der Kanzler infolge entlarvender Chats gehen musste, erreichte die Klimaignoranz mit seinem Nachfolger, Karl Nehammer, ein neues Niveau. In einer angeblich richtungsweisenden Rede zur Lage der Nation erklärte er Österreich zur Autofahrernation, die sich mit E-Fuels einen Namen machen werde und sich durch Klimakatastrophismus nicht aus der Bahn werfen lasse.

Dennoch: Durch die kontinuierlichen Bemühungen der Klimaministerin wurde einiges auf den Weg gebracht. Der Ausbauwahn von Hochleistungsstraßen wurde eingedämmt, ein preisgünstiges Klimaticket für die Bahn und den öffentlichen Verkehr in allen Bundesländern eingeführt, eine CO_2-Bepreisung in Form der sozio-ökologischen Steuerreform vorgenommen, auch wenn sie dringend angehoben werden müsste, ein erneuerbaren Wärme- und ein Energieeffizienzgesetz konnten verabschiedet werden, wenngleich verwässert. Man hat den Eindruck, dass geplanten zwei Schritten vorwärts immer ein Schritt zurück folgt, aber immerhin, der eine Schritt bleibt.

Wann wurde der Klimawandel zur Klimakrise?
Wann mutierte im öffentlichen Diskurs der Klimawandel zur Klimakrise? Seit wann gilt man bei manchen als Verharmloser, wenn man vom Klimawandel spricht? Ich verwende nach Möglichkeit den Begriff *Klimawandel*, wenn ich von Prozessen in der Natur rede, *Klimakrise*, wenn es um Auswirkungen auf die Menschen geht, wobei hier zunehmend oft auch der Begriff *Klimakatastrophe* gerechtfertigt erscheint.

Der Klimawandel ist ein alter Hut, ein Problem, das längst auf dem Weg zur Lösung sein könnte, wie im vorigen Kapitel ausführlich beschrieben. Die bisherigen Chancen wurden nicht wahrgenommen. Seither mahnt die Wissenschaft mit ständig neuen Erkenntnissen, die aber im Wesentlichen nur das bestehende Verständnis verfeinern. Sie weiß schon nicht mehr, wie sie ihre Mahnungen in hinreichend aufrüttelnde Worte fassen soll. Die meisten Menschen in den Industrienationen wissen davon – man lebt recht gut damit. Man setzt kleine Schritte – tauscht Glühlampen, installiert einige PV-Paneele oder kauft ein Elektroauto, weil das dem Image förderlich ist, und man adaptiert das Werbematerial, die Jahresberichte, den Web-Auftritt: Klimaschutz und Nachhaltigkeit dürfen nicht mehr fehlen.

→ Maßnahmen zum Schutz des Klimas gehören bisher in die Kategorie der Neujahrsvorsätze: Man setzt einige um, andere heuer noch nicht; irgendwann, wenn es gerade passt, wird man sie schon angehen. Selbst das Pariser Klimaabkommen – seit 2016 völkerrechtlich bindend – scheint kaum praktische Folgen zu haben. Als Krise wird das Problem nicht wahrgenommen.

Und dann greifen die Medien den einsamen Klimastreik einer 15-jährigen schwedischen Schülerin auf. Sie wird nach Katowice eingeladen und sagt dort den Delegierten im Plenum der COP 2018[33]: *„Wir können eine Krise nicht lösen, ohne sie als Krise zu behandeln."* Junge Menschen werden von ihr inspiriert, gründen eigene „Fridays for Future"-Gruppen in vielen Ländern der Welt. Und plötzlich wird in den Medien aus dem Klimawandel die Klima*krise*. Trotzdem widmen sie in der Folge der Frage, ob Schulkinder streiken dürfen, mehr Zeit als der Bedeutung, den Ursachen oder den Lösungen der Klimakrise. Man stelle sich einen Schüler vor, der aufgeregt in die Direktion der Schule stürmt und „Feuer" schreit, und der Direktor fragt: „Wieso bist du nicht im Unterricht?"

Katharina Rogenhofer, die „Fridays for Future" aus Katowice nach Österreich brachte, berichtete mir eines Tages im Jahr 2021, dass sie gefragt worden sei, ob sie bereit wäre, als Sprecherin eines Klimavolksbegehrens zu fungieren, das schon lange als Idee im Raum stand.

Ich hatte zuvor abgelehnt, diese Rolle zu übernehmen, weil ich erwartete, dass das Ergebnis mager ausfallen würde, und das Volksbegehren, eines der mächtigsten Instrumente in unserer Demokratie, zum falschen Zeitpunkt eingesetzt, dabei verspielt würde. Zu leicht kann man die Menschen gegen ein solches Begehren aufbringen: Sie wollen euch eure Autos und euer Schnitzel wegnehmen, euch zwingen, die Heizung zu tauschen usw. Aber in Anbetracht der Tatsache, dass die Bemühungen von uns Wissenschaftler:innen bis dahin nicht sonderlich erfolgreich gewesen waren, und eingedenk des Spruches „Wenn ein alter Hase dir sagt, dass etwas funktionieren kann, glaub es ihm; wenn er sagt, das geht nicht, versuch es selber", riet ich Katharina nicht ab, sondern nannte ich ihr meine Bedenken, sagte ihr aber meine Unterstützung zu, wolle sie es dennoch versuchen.

Das unmittelbare Ergebnis des Klima-Volksbegehrens 2020 ist schwer einzuordnen, denn während seiner Laufzeit begannen die Corona-Maßnahmen, durch welche Kommunikation und Bewerbung sehr erschwert wurden. Knapp unter sechs Prozent der Wahlberechtigten unterschrieben die Forderungen und damit landete das Volksbegehren am 21. Platz der rund 90 Volksbegehren. Ob dieses Ergebnis meine Befürchtungen rechtfertigt oder nicht, ist nicht wesentlich. Es hat stattgefunden, es hat Aufmerksamkeit auf das Thema gelenkt, und die musste genutzt werden. Beeindruckend war, dass dem Volksbegehren ein Entschließungsantrag des Parlaments folgte, der eine ganze Latte von Aufträgen an die Regierung enthielt, getragen von beiden Regierungsparteien. Leider wurden von jenen Vorschlägen trotzdem nur wenige realisiert, und diese nur halbherzig. Der Klimabürger:innenrat, der an die 100 Vorschläge zum Klimaschutz ausarbeitete, wurde von der ÖVP schlicht ignoriert, die ökosoziale Steuer fiel mit 30 Euro pro Tonne CO_2 viel zu niedrig aus, und das Kernstück der Forderungen, das Klimaschutzgesetz, wird wohl in dieser Legislaturperiode nicht mehr verabschiedet werden.

Auch Klimawissenschaftler:innen spielten mit dem Gedanken an einen Streik: Was nützen neue wissenschaftliche Erkenntnisse über die Bedrohlichkeit der Lage, wenn sie keine politischen Konsequenzen haben? Was wäre, wenn wir einfach aufhörten, zu forschen? Die

Studierenden ihrerseits organisierten „Erde brennt"-Aktionen und verleihen dem Aufruf zur Selbstreflexion der Universitäten Nachdruck. Im Rahmen des Projektes UniNEtZ haben Wissenschaftler:innen als Beitrag zur Diskussion eine Grundsatzerklärung publiziert, die darlegt, wie Universitäten sich wandeln müssten, damit sie den Anforderungen der Gegenwart in Lehre und Forschung genügen, und auch ihrem eigenen Anspruch, Vordenker der Nation zu sein. Darin werden Dinge auf den Kopf gestellt: So soll etwa nicht mehr allein maßgebend sein, wie oft die Publikationen eines Wissenschaftlers von anderen zitiert werden, sondern auch, was diese Arbeiten zur Lösung aktueller gesellschaftlicher Probleme, wie Klimawandel, Biodiversitätsverlust, aufgehende Schere zwischen Arm und Reich, Verarmung der Sprache, Verlust von Kommunikationsmitteln im virtuellen Raum etc., beitragen. Klingt doch vernünftig? Aber das Papier löst heftige Diskussionen unter den Kolleg:innen und in den Rektoraten aus. Das ist gut, denn diese sind längst fällig.

Hoffnungsträger oder Kriminelle?

„Wir rasen auf eine Klimahölle zu, mit dem Fuß am Gaspedal" – so UNO-Generalsekretär Guterres. US-Präsident Obama meinte seinerzeit, wir seien die erste Generation, die die Auswirkungen des Klimawandels zu spüren bekommt, und die letzte Generation, die etwas dagegen tun kann. Zahlen, Daten, Fakten, die diese Aussagen wissenschaftlich untermauern, vermitteln wir an den Universitäten unseren Studierenden. Ist es da verwunderlich, dass junge Leute, die Wissenschaft ernst nehmen, nach Mitteln suchen, die Politik endlich zum Handeln zu bringen? Die Wissenschaftler:innen warnen seit Jahrzehnten – ohne Erfolg. Forschen ist also nicht die Antwort.

Greta Thunberg hat als schwedische Schülerin mit einer einfachen Aktion auf das reagiert, was sie in der Schule gelernt hat: Der Klimawandel bedroht ihre Zukunft. Diese Aussage beruht auf gesichertem Wissen. Weil von politischer Seite keine adäquaten Handlungen daraus abgeleitet werden, hat sich die Schülerin immer freitags mit einem Plakat vor das schwedische Parlament gesetzt: Schulstreik für das Klima. Sie wollte keine globale Bewegung aufbauen, sie wollte mehr

Klimaschutz erreichen. Aber ihrem Beispiel folgend finden seit 2018 weltweit Streiks von Schülerinnen und Schülern für das Klima statt. Sie halten in inhaltlichen Fragen engen Kontakt mit der Wissenschaft und formulieren Ziele, deren Einhaltung sie von der Politik fordern. Es ist aber nicht die Aufgabe der Schüler:innen, den Regierungen zu sagen, wie die Ziele erreicht werden können – das sollten wir auch nicht von ihnen erwarten. Greta Thunberg ist das Gesicht und die Stimme des Jugendprotests geworden. Sie spricht eine klare Sprache, die jeder versteht, und sie meint ernst, was sie sagt.

Die Empörung über die Streiks war in Österreich am Anfang groß: Dürfen Schüler:innen streiken? Das österreichische Bildungsministerium ließ wissen: Nein, Teilnahme am Streik ist kein anerkannter Grund für Abwesenheit vom Unterricht und kann mit Schulverweis bestraft werden. In den Medien ging die Debatte hin und her – die Schüler:innenstreiks gingen weiter. Sympathisierende Lehrkräfte erklärten die Streiks zu Schulstunden, Universitätsangehörige halfen, indem sie auf Versammlungsplätzen öffentlich Vorlesungen hielten.

Wissenschaftler:innen aus Deutschland, Österreich und der Schweiz bestätigen den jungen Leuten, dass ihre Forderungen berechtigt seien und die Politik säumig. Eine entsprechende Stellungnahme wurde innerhalb weniger Wochen von etwa 26.000 Wissenschaftler:innen in den genannten Ländern unterzeichnet. Als ich die Stellungnahme in Österreich zur Verbreitung und Unterzeichnung ausschickte, hoffte ich auf etwa 300 Unterschriften. Das war so etwa die Zahl der Wissenschaftler:innen, von denen ich wusste, dass ihnen Klima ein Anliegen ist. Tatsächlich unterschrieben etwa 2000, 200 allein an meiner Universität für Bodenkultur. Die Stellungnahme wurde in einer international renommierten Fachzeitschrift auf Englisch publiziert, und die Unterzeichnerinnen mehrten sich. Die *Scientists for Future* bildeten sich. Weitere Gruppierungen formierten sich, die sich auch englische Bezeichnungen „... for Future" gaben: Lehrer:innen, Eltern, Omas und Opas, Ärzt:innen, Architekt:innen, Künstler:innen, Journalist:innen, die ebenfalls mehr Klimaschutz fordern. Sogar eine Gruppe „CEOs for Future" bildete sich. Plötzlich war es unmöglich, Überblick über die Aktivitäten zu wahren, so viel geschah.

Die Aufregung um die Demonstrationen hat sich wieder gelegt; wer unbedingt ein Haar in der Suppe finden wollte, verlegte sich aufs Verunglimpfen und Schimpfen: Greta Thunberg sei von ehrgeizigen Eltern gesteuert, die Straßen nach den Demonstrationszügen seien verdreckt und überhaupt habe niemand, der ein Handy verwende, das Recht, an einem Klimastreik teilzunehmen. Haben sich jene Nörgler je gefragt, warum diese Streiks in ihnen solche Emotionen auslösen? Mit Demonstrationen wurden Versammlungs- und Redefreiheit sowie das allgemeine Wahlrecht für Männer und Frauen erstritten. Demonstrationen verhinderten die Inbetriebnahme von Zwentendorf und retteten die Donauauen. Demonstrationen sind ein wichtiges Instrument, um Ziele gegen Mächtige durchzusetzen.

Würden die Streiks aufhören, wenn die Leitfigur Greta plötzlich abhandenkäme? Sicher nicht, denn es geht nicht um Greta, sondern um die Zukunft der Jugend. Die Schwedin hat sie inspiriert, das war wichtig. Sie hat gezeigt, was eine einzelne Person mit einer klaren Haltung auslösen kann. Sie hat Millionen junger Menschen durch ihr Beispiel überzeugt, dass sie nicht hilf- und bedeutungslos sind, sondern dass auch sie Verantwortung übernehmen und Zukunft gestalten können. Damit hat sie nicht nur das Thema Klimawandel und die Notwendigkeit zu handeln ins öffentliche Bewusstsein gerückt, sondern auch vielen jungen Menschen Orientierung und Selbstvertrauen gegeben. Sie interessieren sich wieder für Politik, wollen eingreifen und gestalten. Auch deren Eltern und Großeltern machen sich nun Sorgen und engagieren sich. Damit hat Greta Thunberg auch der Demokratie einen ungeheuren Dienst erwiesen.

Für die „Fridays for Future"-Bewegung kam die Corona-Krise sehr ungelegen. Schulen und Universitäten waren geschlossen, die Streiks wurden abgesagt. Von dieser erzwungenen zweijährigen Pause hat sich die Bewegung in Österreich und Deutschland noch nicht wieder erholt. Wichtige, ehemals treibende Personen haben mittlerweile ihre Schulausbildung bzw. ihr Studium abgeschlossen – junger Nachwuchs lässt sich im virtuellen Raum schwer begeistern. Es bleibt abzuwarten, ob die Bewegung wieder an den früheren Schwung anschließen kann. Zu hoffen wäre es. Jedenfalls haben sie große Verdienste um das

Klimabewusstsein in der Bevölkerung erworben, und all die jungen Leute, die dabei waren, nehmen ihr Wissen, ihre Sorge und viele wohl auch ihr Engagement mit in den Beruf. Das wird auch dort nicht ohne Wirkung bleiben.

Parallel zu den friedlich demonstrierenden „Fridays for Future" hat sich „Extinction Rebellion" gebildet, eine Gruppe, die mehr als nur Demonstrationszüge organisieren wollte. Ihre Aktionen sind kreativ und sorgfältig geplant, aber überraschend, manchmal nur lang genug, um Pressebilder zu ermöglichen, dann werden alle Spuren beseitigt. Die Mitwirkenden sind in Gewaltlosigkeit geschult, und Rechtsberater stehen zur Verfügung, um im Falle von Anklagen beizustehen. Die Gruppe hat 2019 mit einer mehrtägigen Besetzung der Waterloo Bridge in London international Aufsehen erregt. Sie verlangte als erste von nur drei Forderungen, dass Politiker:innen endlich die Wahrheit sagen und über den Ernst der Lage informieren sollen[34].

Erste Erfolge stellen sich ein: Städte wie London, Los Angeles, Vancouver, Basel und Konstanz und das britische Parlament erklären den Klimanotstand. Die Städte signalisieren, dass sie die Klimakrise als Problem anerkennen und die Auswirkungen jedes Beschlusses auf das Klima sowie auf die ökologische, gesellschaftliche und ökonomische Nachhaltigkeit prüfen werden. Im Herbst 2019 zieht das österreichische Parlament nach, wenn es sich auch sprachlich auf *climate emergency* einigte, weil Klimanotstand manchen Abgeordneten zu weit ging. Das Ausrufen des Klimanotstandes ist ein politisches Statement, es handelt sich nicht um rechtlich verankertes Notrecht. Der zugehörige Beschluss sieht u. a. vor, dass der Klimakrise und den Folgen ab sofort „höchste Priorität" eingeräumt wird, dass Berichte des Weltklimarates IPCC künftig als Grundlage für die Klimapolitik Österreichs dienen und dass der nationale Energie- und Klimaplan nachgebessert wird – wenigstens Letzteres ist auch geschehen.

In Österreich und Deutschland sorgt die „Letzte Generation" für Aufregung und erstaunlich heftige politische Reaktionen. Die Gruppe schließt eine gewisse Sachbeschädigung als legitimes Kampfmittel des zivilen Ungehorsams ein, lehnt aber, wie alle diese Vereinigungen, Gewalt gegen

Menschen ab. Zuerst verblüffte sie mit dem Beschütten von Bildern in Museen – ohne sie zu zerstören, da alle ausnahmslos hinter Glas waren –, dann ging sie über zu Straßenblockaden, bei denen sich Mitglieder mit der Hand auf die Straße kleben; da es dauert, bis die Polizei sie losgelöst hat, zogen sie den Zorn der Autofahrer:innen auf sich. Die Methoden ändern sich, das grundsätzliche Ziel bleibt das gleiche. Es sind verzweifelte Versuche einer Generation ohne Entscheidungsmacht und ohne adäquate politische Vertretung (im österreichischen Parlament sind nur fünf von 183 Abgeordneten unter 30 Jahren), handfeste Maßnahmen zum Klimaschutz zu erwirken, weil sie sich in ihrer berechtigten Sorge um ihre Zukunft von den Machthabern – Politikern und Wirtschaftsbossen – nur genarrt sieht. Anders als „Fridays for Future" greift die „Letzte Generation" konkrete Forderungen heraus – etwa Tempo 100 auf der Autobahn –, die verhältnismäßig leicht erfüllbar wären, aber das Klimaproblem für sich genommen nicht lösen würden.

Eine junge Klimaaktivistin, gefragt, ob ihr das Ankleben und die mediale Aufmerksamkeit Spaß machen, sagte nein, es sei nicht angenehm, ein Ärgernis zu sein. Positiv sei lediglich, dass man so viele großartige Menschen kennenlernt. Das kann ich nur bestätigen: Menschen, die aktiv werden und umsetzen, was ihnen im Interesse aller wichtig erscheint – sei es der energieautarke Biobauer, der Bürgermeister, der durch geschickte Gestaltung den Verkehr vermindert, die Lehrerin, die mit ihren Schüler:innen Böschungen bepflanzt und die vielen, vielen weiteren – die sind ein anderer Schlag als die Raunzer, ewigen Schwarzseher und fantasielosen Nachbeter, die keine Auswege sehen, die nicht erkennen, wie schön alles werden könnte, wenn nur genug Menschen sich informierten und mit Zuversicht an die Veränderung herangingen.

Dass die „Letzte Generation" mit ihren Aktionen den Frühverkehr blockiert, statt nur vor den Firmensitzen der Öl- und Gasindustrie zu protestieren, erbost viele Menschen. Politiker reden von Terroristen und kriminellen Organisationen und greifen in manchen Fällen zu drastischen Strafen, in Bayern wird sogar Vorbeugehaft verhängt! Plötzlich gelten die „Fridays for Future" als Musterbeispiel für gelungenen Protest. Vergessen sind alle früheren heftigen Vorwürfe.

Grundsätzlich gehört ziviler Ungehorsam zu den akzeptierten politischen Methoden in Demokratien, wenn andere Methoden versagt haben. Je kreativer und zielgerichteter die Aktionen sind, je vielfältiger dieselbe Botschaft, eingebettet in ein Gesamtkonzept, vermittelt wird, je verständlicher das Ziel – desto eher haben die Aktionen Erfolg. Sie irritieren, verärgern? Das tat auch die Bürgerrechtsbewegung in den USA, und wer traut sich zu sagen, dass Rosa Parks, die im Bus unerlaubterweise im „weißen" Sektor sitzen blieb, der Bewegung geschadet hat? Dass ohne irritierende Aktionen die Segregation rascher beendet worden wäre? Allerdings hat die Forderung nach Gleichberechtigung erst dann richtiges Gewicht bekommen, als die Bürgerrechtsbewegung begann, Firmen, die auf Segregation bestanden, zu boykottieren. Ziviler Ungehorsam hat Indien die Unabhängigkeit beschert. „Rechtsbrecher" wie Mahatma Gandhi oder Martin Luther King werden zu Recht als Vorbilder verehrt. Wir feiern als Held:innen jene, die zuvor als „Radikale" verdammt wurden.

Auch für zivilen Ungehorsam gibt es Spielregeln, die einzuhalten sind – aber sie entwickeln sich durch die Rechtsprechung weiter. Die Kriminalisierung der Demonstrant:innen der „Letzten Generation" durch Politiker:innen hat Wissenschaftler:innen auf den Plan gerufen. Forschende, die früher kaum zu Demonstrationen auf die Straße zu bringen waren, stellten sich hinter die „Klimakleber" und bestätigten den Medien und Politiker:innen, dass zu wenig zum Klimaschutz getan werde, und dass die eigentlichen Blockierer nicht auf der Straße, sondern in politischen Funktionen säßen. Sie bestätigen damit vor Ort, dass die Forderungen der „Klimakleber:innen" wissenschaftlich fundiert und berechtigt sind. In Österreich hat diese Solidarisierung, die dann auch von anderen Gruppen aufgegriffen wurde, für Entspannung und Deeskalation in der politischen Rhetorik gesorgt. Wie damals im Kampf gegen die Kernenergie fallen die Auseinandersetzungen hierzulande weniger heftig aus als in der BRD.

Es wäre an der Zeit, nicht mehr über die Demonstrationsform zu reden, sondern über das Ziel und wie erreicht werden kann, dass Klimaschutz von Politiker:innen ernst genommen wird. Die jungen Menschen hingegen haben den Ernst der Lage verstanden – ein Plakat einer Schülerin sagt alles: *„Ich bin 16 Jahre alt und möchte noch 50 Jahre unbesorgt auf der Erde leben."* Den jungen Menschen ist klar: Wird die Klimakrise nicht gelöst, kommt es zur Klimakatastrophe. Und die Wissenschaft bestätigt weltweit in Stellungnahmen die Berechtigung ihrer Forderungen[35].

Inzwischen bahnt sich eine Entwicklung an, der mit aller Vehemenz entgegengetreten werden muss. Klimawandel wird mit jeweils jenen politischen Zielen in einen Topf geworfen, die der jeweiligen Gruppierung am verhasstesten sind: Mit jenen der Woke-Bewegung in den USA, mit jenen von Linksextremen, Impfgegnern oder Impfbefürwortern – je nach Lager, mit jenen von Verschwörungstheoretikern, welche immer gerade als solche gelten usw. Das behindert eine ernsthafte Auseinandersetzung und verzögert die notwendigen Maßnahmen weiter. Denn inzwischen kosten Extremereignisse weltweit Millionen Menschen das Leben und der Zusammenhang zwischen Klimawandel und Kriegen, Flucht- und Migrationsbewegungen wird immer deutlicher. In Europa wurde mit der Flüchtlingswelle 2015 die Hilflosigkeit der Politik gegenüber den Geschehnissen offensichtlich. Waldbrände in Australien, Kanada und Griechenland, Trockenheit in Kalifornien, Überschwemmungen in Deutschland, Südeuropa und dem Vereinigten Königreich, Temperaturen über 40°C in Kanada und über 45°C in Italien und den USA haben sehr deutlich gemacht, dass auch industrialisierte Staaten ihre Bürger:innen und deren Hab und Gut nicht vor den Naturereignissen schützen können.

Was hat Corona, das die Klimakrise nicht hat?

Der US-Ökonomen Paul Krugman[36] befand 2014, dass die Klimakrise schon längst gelöst sein müsste: Die Wissenschaft sei solide, die Technologie verfügbar, die Wirtschaftlichkeit viel besser als irgendwer erwartet habe. Was der Rettung des Planeten entgegenstehe, sei lediglich eine Kombination aus Ignoranz, Vorurteilen und Partikularinteressen.

Die Corona-Krise hat gezeigt, dass diese Barrieren überwunden werden können – und zwar sehr rasch. Wir hörten 2020 aus Politikermund, dass Menschenleben gerettet werden müssen, koste es, was es wolle. Im Zusammenhang mit dem Klimawandel scheint das aber nicht zu gelten. Ist nicht bekannt, dass der Klimawandel Menschenleben kostet? Jährlich sterben etwa sieben Millionen Menschen frühzeitig an Feinstaub, der beim Verheizen fossiler Brennstoffe entsteht. Dazu kommen Opfer von Unterernährung infolge von Dürren, Tote durch extreme Hitze und andere Wetterextreme und jene, die aufgrund der erhöhten Infektionsgefahr sterben. Eine Schätzung der UNO sprach von 1,2 Millionen Toten – also zusammen acht Millionen pro Jahr. Zusätzlich kommen Menschen, die vor dem Klimawandel und seinen Folgen fliehen, auf Migrationsrouten und in Auffanglagern ums Leben. Die Gesamtzahl der bestätigten Corona-Toten liegt derzeit, summiert über mehr als drei Jahre, bei knapp sieben Millionen, und selbst da wurde vielerorts nicht unterscheiden zwischen „an" und „mit" Corona Gestorbenen.

Obwohl die Notwendigkeit evidenzbasierter Medizin vor der Corona-Krise zunehmend Anerkennung gefunden hatte und dafür eigene Institutionen geschaffen und mit öffentlichen Geldern finanziert wurden, ist es weder Österreich noch Deutschland oder zahlreichen anderen Staaten gelungen, eine verlässliche Datenbasis zu gewinnen, auf der politische Entscheidungen bezüglich Corona-Maßnahmen fußen konnten. Ein wissenschaftlichen Kriterien genügendes Monitoring der Wirksamkeit von Maßnahmen, geschweige denn ihrer unerwünschten Nebenwirkungen, war daher nicht möglich und wurde auch nicht versucht. Wir hatten ein ganzes Paket von möglichen wissenschaftlichen Fragestellungen, die ab Beginn der Maßnahmen hätten angegangen werden müssen, zusammengestellt – aber der zuständige Minister zeigte kein Interesse, diese Forschung zu finanzieren. In der Klimafrage gibt es eine eindeutige Datenlage und zur Wirksamkeit von Maßnahmen zahlreiche Studien – alle gut dokumentiert und in vielen Fällen eindeutig, und doch wird nicht gehandelt.

Zur Vermeidung von Ansteckung wurden Schulen, Universitäten, Theater, Fabriken und Geschäfte geschlossen, die Menschen mussten zu Hause bleiben. Eine Wirtschafts- und Finanzkrise, die über jene der Jahre 2007/2009 hinausgeht, wurde in Kauf genommen. Seit vielen Jahren gepredigte Ideologien verloren ihre Gültigkeit: Die sonst so verteufelten staatlichen Eingriffe wurden als notwendig und erwünscht dargestellt, Staatsschulden durften gemacht werden, der freie Personenverkehr – einer der Grundpfeiler der EU-Verträge – wurde eingeschränkt und individuelle Freiheit beschnitten. Die Optimierung des persönlichen Vorteils galt nicht mehr als das Beste für die Gesellschaft, sondern alle wurden angehalten, auf andere Rücksicht zu nehmen, ja mehr noch: Sie wurden als verantwortungslos gebrandmarkt, wenn sie ihre Eltern oder Großeltern besuchen wollten, sogar die Sterbebegleitung wurde verwehrt. Nachdem die Angst zu Recht oder Unrecht entsprechend geschürt worden war – *„Bald wird jeder von uns jemanden kennen, der an Corona gestorben ist"*[37] –, ließ sich die Bevölkerung nicht nur alles gefallen, sondern unterstützte vielfach die Ordnungshüter dabei sicherzustellen, dass Vorschriften eingehalten werden. Ich habe noch den besorgt bis gehässigen Ruf „Maske!" im Ohr, wenn eine pflichtvergessene Person unmaskiert die Wiener U-Bahn betrat.

→ Wird in Zusammenhang mit der Klimakrise zu wenig Angst verbreitet? Wenn Angstmache ein legitimes Mittel der Politik wäre, hätte sie wohl eher im Fall der Klimakrise ihre Berechtigung: Jede Pandemie geht einmal zu Ende, ohne alle hinwegzuraffen, selbst wenn keine Gegenmaßnahmen getroffen werden, aber die Klimakrise wird nicht vorbeigehen, wenn wir keine Maßnahmen treffen. Im Gegenteil, sie wird sich zunehmend verschärfen und immer schwerer werden oder gar nicht mehr einzudämmen sein.

Für mich war von besonderem Interesse, dass sich die Politik in ihren Entscheidungen in der Corona-Zeit immer auf „die Wissenschaft" berufen hat. Für „die Wissenschaft" sprachen teil- und zeitweise einzelne Personen, meist Virologen, teils auch verschiedene Gremien, alle ohne klare Angaben oder gar Dokumentation der wissenschaftlichen Publikationen, auf die sie sich beriefen. Wie erwähnt, fehlte auch die Datenbasis, auf die sie sich hätten beziehen können. Oft wurde auch gar nicht bekannt, was „die Wissenschaft" gesagt hatte, nur was die Politik daraus machte. Die Klimawissenschaftler:innen haben im Zuge der Auseinandersetzungen mit Leugnern und unwilligen Politikern gelernt, ihre Erkenntnisse zunächst in einem transparenten, interdisziplinären

Prozess untereinander zu diskutieren und deren Tragfähigkeit abzuschätzen, ehe sie als Entscheidungsgrundlage Politik, Wirtschaft und Gesellschaft angeboten werden. In vollem Umfang war dazu vor allem in den ersten Monaten der Krise wohl nicht die Zeit, aber sich in der Folge den klimawissenschaftlichen Gepflogenheiten anzunähern, wäre kein Fehler gewesen. Wieso berief sich die Politik trotz offenkundig noch mangelndem wissenschaftlichem Verständnis für das spezifische Virus, die Pandemiedynamik, Nebenwirkungen der Maßnahmen oder auch die Wirkweise der Impfung in der Corona-Krise beharrlich auf „die Wissenschaft", wenn sie doch wesentlich besser abgesicherte Ergebnisse in der Klimaproblematik ebenso beharrlich ignoriert?

Die Angemessenheit oder Notwendigkeit der verschiedenen Maßnahmen soll hier nicht diskutiert werden; das zu beurteilen obliegt anderen, vielleicht erst der Nachwelt. Was hier interessiert, ist, dass Maßnahmen gesetzt wurden, die wesentlich einschneidender waren als alles, was im Sinne des Klimaschutzes notwendig wäre, und dies von denselben Politiker:innen, die bei der Klimakrise keinen Handlungsspielraum sehen. Eine tiefe Spaltung der Gesellschaft wurde in Kauf genommen, ja sogar geschürt, zur Durchsetzung der eigenen Position. Auch dass Wissenschaft plötzlich als relevant galt, während sie im Klimabereich ignoriert wird, erscheint bemerkenswert. Das war nicht nur in Österreich so, das betrifft in unterschiedlicher Ausprägung den Großteil der industrialisierten Nationen. Wieso ist das möglich?

Eine Erklärung lautet, dass sich eine Art Panik unter den Politiker:innen breitmachte, und alle vor dem Vorwurf Angst hatten, zu wenig getan zu haben, und Wissenschaft als nützlich galt, sollte ein Schuldiger gefunden werden müssen. Eine entsprechende Dynamik hat sich im Klima- oder Biodiversitätsthema (leider?) noch nicht entwickelt. Das hängt möglicherweise mit dem Tempo der Pandemieentwicklung bzw. mit den sich überbietenden Horrorberichten in den Medien zusammen. Analoge Berichte zum Klimawandel haben nicht dieselbe Dichte. Es gibt keine Bilder von sich stapelnden Särgen bei der Überschwemmung in Pakistan 2022, weil in dem schwer getroffenen Land nicht einmal Zeit und Geld für Särge da war. Vielleicht ist Pakistan auch zu weit weg?

Eine andere Erklärung schließt an das Beispiel vom Frosch an, der, in ein sich langsam erwärmendes Wasser geworfen, den Zeitpunkt des rettenden Absprunges versäumt, während er sich, in heißes Wasser geworfen, sofort rettet. Die Corona-Krise entspricht dem heißen Wasser, die Klimaproblematik dem sich langsam erwärmenden. Es gibt auch noch weitere Erklärungsversuche, bis hin zu der Vermutung, dass die Reaktion auf die Erkrankungen ein bewusst gesetzter Schritt zur Eindämmung der sich bildenden Klimabewegung oder der bürgerlichen Freiheiten sei. In den USA sei der Kampf gegen den Terrorismus nach dem Einsturz der World Trade Towers 2001 auch verwendet worden, um Freiheiten drastisch einzuschränken. In Österreich gab es immerhin Kräfte, die versuchten, in dieser Zeit Demonstrationsverbote durchzusetzen, und wer weiß, ob und wann diese wieder aufgehoben worden wären. Auch andere Gesetzesänderungen – mit der Pandemie begründet – wurden anschließend nicht vollständig zurückgenommen. Nahrung für jene Hypothesen ist also vorhanden. Wirklich befriedigend ist aber keine der Erklärungen.

Die einschränkenden Maßnahmen hatten unabhängig von ihrem Beitrag zur Krisenbewältigung auch Gutes: Nachdem der Flug- und Straßenverkehr weitgehend eingestellt wurde, war erstmals wieder zu erleben, wie blau der Himmel sein kann, wie gut es sich in sauberer Luft atmen lässt und wie angenehm es ist, Fenster öffnen zu können, ohne im Verkehrslärm zu ertrinken. Es wurde uns vorgeführt, worauf wir in unserem bisherigen von Konsum und Wirtschaft getriebenen Alltag verzichten müssen, auch wenn es uns nicht bewusst ist. Die langsamen, schleichenden Veränderungen der letzten Jahrzehnte waren kaum wahrgenommen worden. Sie sind nicht mit direkten, staatlich verordneten Eingriffen in unser Leben einhergegangen, und doch haben sie massiv in dieses eingegriffen. Unsere Städte wurden gezielt auf „autofreundlich" umgebaut, Fußgänger:innen wurden auf Gehsteige und Schutzwege verbannt, der Großteil der Flächen gehört dem Auto, obwohl nur der kleinere Teil der Bevölkerung Autos besitzt und fährt. Luftverunreinigung ist zulässig, obwohl es keine gesundheitlich unbedenkliche Konzentration gibt und vorgeschädigte Lungen für Virenerkrankungen anfälliger sind. Der Himmel darf mit Kondensstreifen überzogen werden, auch wenn uns dadurch das tiefe Blau abhandenkommt. Effizienz ist das oberste Prinzip, selbst wenn dabei Resilienz und damit Krisensicherheit verloren geht, weil z. B. die (teuren) Betten auf Intensivstationen auf ein Minimum beschränkt werden.

Wir hätten viel aus der Corona-Krise lernen können: Unsere Sterblichkeit anzunehmen und damit auch unsere Beziehung zur Welt, zur Natur von Grund auf neu zu gestalten; uns auf das Wesentliche zu besinnen; dass Wirtschaftsstrukturen kleinteiliger, resilienter und lokaler werden müssen; und dass Änderung möglich ist.[38] Leider sind die meisten wieder in die schädlichen Gewohnheiten, Bequemlichkeiten und alten Denkgeleise zurückgefallen, massiv befeuert von den Medien, die uns nicht im Zweifel darüber ließen, dass wir uns alle schon wieder nach Konsum, Fernreisen, Lärm und Gestank sehnten.

Sehr viele Menschen hatten allerdings keine Möglichkeit, die beschriebenen Lehren aus Corona zu ziehen: Sie bemühten sich auf beengtem Raum, alle anstehenden Aufgaben zu bewältigen: Die eigene Arbeit von zu Hause aus zu machen, den Kindern bei ihren Schulaufgaben die Lehrer:innen zu ersetzen, in der Freizeit die Freund:innen, das alles mit einem Computer oder überhaupt nur Smartphones, und dabei dem Partner oder der Partnerin nicht in die Quere zu kommen, um die Beziehung nicht zu sehr zu strapazieren. Sie lernten wohl eher daraus, dass ihnen auch in nationalen Krisen nicht geholfen wird.

Es wäre auch wichtig gewesen, sich auf staatlicher Ebene die Ziele für „danach" gründlich zu überlegen. Stellen Sie sich vor, Sie wollen Ihr Haus schon seit geraumer Zeit umbauen – das Heizsystem auf Erneuerbare umstellen, PV auf das Dach setzen, Abschattung gegen die Sommerhitze vorsehen und die Zimmereinteilung verändern. Die Pläne für den Umbau liegen in großen Zügen bereits vor, aber sie glauben sich den Umbau nicht leisten zu können oder scheuen den Aufwand. Dann kommt ein Erdbeben, und ein Teil des Hauses stürzt ein. Um das Haus wieder bewohnbar zu machen, müssen Sie mehr Geld in die Hand nehmen, als Sie je dachten. Sie müssten schon sehr dumm sein, würden Sie das Haus wieder so aufbauen, wie es war, und die schon lange vorgesehenen Umbauten auf später verschieben. Erstens hätten Sie „später" dafür kein Geld mehr – im Gegenteil, Sie werden Schulden abbauen müssen – und zweitens würde die psychische Kraft zum nochmaligen Umbau fehlen. Wenn Sie hingegen den Wiederaufbau für den Umbau nutzen, haben Sie wahrscheinlich auch Schulden, aber Sie sind nach der Katastrophe besser dran als vorher.

Ganz analog ging es nach Corona darum, ob die Gesellschaft zur alten „Normalität" zurückstrebt oder zu einer neuen, zukunftsfähigeren aufbricht, wo der Schutz des Klimas und der Biodiversität ganz oben auf der Agenda steht und die globalen Herausforderungen entschärft werden. Die Weichen hätten für eine nachhaltige Zukunft gestellt werden müssen – es war vielleicht eine der letzten großen Chancen zur Umkehr. Wird diese Chance global nicht genutzt, ist der Wettlauf um die Klimastabilisierung womöglich verloren, denn dann werden auf absehbare Zeit sowohl die finanziellen Mittel als auch die politische Energie für die Transformation fehlen.

Regierungen weltweit stellten Milliarden zur Rettung der Wirtschaft bereit, auch die österreichische. Wohin und zu welchen Bedingungen die Hilfsmilliarden aus Steuergeldern flossen, entscheidet über die Zukunftsentwicklung. Als Beispiel sei die Flugbranche betrachtet: Bisher von Steuern weitgehend befreit, drängte sie auf Rettung mit Steuergeldern. Aber der Flugverkehr ist schwer mit dem Pariser Klimaziel in Einklang zu bringen. Unterstützung durch den Staat hätte verbunden werden müssen mit Einschränkungen von Kurzstreckenflügen, insbesondere von Privatjets und Kleinflugzeugen, und mit dem Ausbau von Bahn- und Busnetz, mit direkter Terminalanbindung für Langstreckenflüge. Selbstverständlich hätte der Flugverkehr nicht wieder aufgenommen werden dürfen, ohne gleichzeitig Treibhausgassteuern als Lenkungsmaßnahme einzuführen. All das ist nicht oder nur halbherzig geschehen. In Österreich führte die Einschränkung der Kurzstreckenflüge bloß zur Einstellung einer einzigen Stecke: Wien–Salzburg. Die Zeitgrenzen wurden so gesetzt, dass Wien–Graz nicht unter diese Bestimmung fällt.

Die gefährdeten Existenzen der zahllosen arbeitslos Gewordenen, Kleinst- bis Mittelbetriebe, Freischaffenden etc. zu sichern, war zweifellos wichtig, aber es wäre die Gelegenheit gewesen, den Sozialstaat neu aufzusetzen, beispielsweise durch ein bedingungsloses Grundeinkommen kombiniert mit kostenloser Grundversorgung – Wasser, Strom, Wärme, Mobilität, Krankenversicherung, etc. für alle. Gießkannenartig verteilte Unterstützung, etwa durch Kurzarbeitsförderung, lud hingegen zu Missbrauch ein und förderte Großunternehmen. Anders die vorübergehende Beteiligung an Klein- und Mittelbetrieben, bis der Anteil in besseren Zeiten wieder zurückgekauft werden kann, wie das die Stadt Wien gemacht hat. Das trägt dazu bei, die Diversität in Struktur und Inhalt, die diese „Kleinen" bieten, zu erhalten. Sie machen das Land resilient und die Wirtschaft flexibel – eine Notwendigkeit in Zeiten der Transformation. Auch viele Kleinigkeiten hätten zukunftsweisender gestaltet werden können: Der Gutschein für Gasthäuser in Wien hätte an einen Minimalanteil biologischer Nahrungsmittel und fleischloser Speisen auf der Speisekarte gebunden werden können; zur Verteilung von Masken und PCR-Tests hätte man kleinen Geschäften Aufträge erteilen und es ihnen ermöglichen können, offen zu halten, statt die Menschen in Supermärkte zu schicken usw. Dass Österreich keine sehr glückliche Politik verfolgt und eine Chance zur Strukturverbesserung nicht genutzt hat, zeigt sich auch daran, dass große Konzerne Spitzengewinne gemacht haben, während viele Klein- und Mittelbetriebe während der Corona-Krise, vor allem aber mit Auslaufen der Vergünstigungen schließen mussten. Vergleichende Analysen ergeben, dass in Österreich im internationalen Vergleich einerseits wenig Geld in Investitionen geflossen ist, andererseits viel in kurzfristige Zuzahlungen, Corona-Tests[39] und Ähnliches. Von den Investitionen entsprechen nur etwa 20 Prozent Kriterien der Zukunftsfähigkeit. Die Schweiz hat bei vergleichbaren Anteilen des Bruttoinlandsproduktes über 40 Prozent in nachhaltige Projekte investiert, Belgien, Dänemark u. a. bei deutlich höheren Anteilen sogar bis zu 60 Prozent.[40]

Während der Corona-Krise wurde verbreitet, dass Österreich besonders gut durch diese schwere Zeit gekommen sei. Inzwischen ist Ernüchterung eingetreten, und das viel geschmähte Schweden, das keine drastischen Maßnahmen verhängte, wies nach dem anfänglichen Fehler, die Erkrankten in Altersheimen zu konzentrieren, geringere Todesfälle pro Million Einwohner auf als Österreich, bei einer ähnlichen

Durchimpfungsrate. Fehler darf man machen, auch Regierungen dürfen das. Wer aber nachher nicht willens ist, zu analysieren, was gut, was schlecht war, der kann aus seinen Fehlern auch nichts lernen. Vielleicht ist alles noch zu frisch, noch zu emotionsgeladen. Vielleicht fördern auch die eher halbherzigen offiziellen Versuche einer Aufarbeitung durch eine Studie der Österreichischen Akademie der Wissenschaften wider Erwarten Nützliches zutage und es kommt noch zu einem Dialog in und mit der Gesellschaft. Jedenfalls aber wäre es wichtig, aus diesen zwei Jahren zu lernen! Die Lehren könnten der Politik möglicherweise auch bei der Bewältigung der Klimakrise helfen.

Darf man einem Aggressor Energie abkaufen?

In Österreich zögerte man noch, die Corona-Krise für beendet zu erklären, als Russland im Februar 2022 in der Ukraine einmarschiert ist. Innerhalb kürzester Zeit verdrängte dieser Krieg das Corona-Thema aus den Medien. Es ist erstaunlich, dass Staaten offenbar nur in der Lage sind, sich jeweils einem Thema zu widmen. Corona hatte die Klimakrise verdrängt, jetzt verdrängte der Krieg Corona, und binnen kurzer Zeit die Energiekrise den Krieg.

Als die Europäische Union als Teil ihrer Sanktionen gegen den völkerrechtswidrigen Einmarsch Russlands in die Ukraine öffentlich den Boykott russischen Gases erwog, hatte sie offenbar keine Pläne, wie das fehlende Gas zu ersetzen wäre. Sie stand daher unvorbereitet vor einer Energiekrise, als Russland von sich aus die Energielieferungen einzustellen begann. Jetzt rächte sich vor allem in Österreich einerseits die übermäßige Abhängigkeit von einem einzigen Partner und andererseits, dass man überhaupt noch in dem Ausmaß fossile Energie brauchte, weil man den Ausbau der Erneuerbaren verschlafen hatte. Die kernenergiebetreibenden Staaten, allen voran Frankreich, verstanden es geschickt, nukleare Leistungen aus allen Diskussionen um EU-Sanktionen herauszuhalten, denn etwa 40 Prozent des Urans für Kernbrennstoffe kommen direkt oder indirekt aus Russland. Bulgarien, Ungarn, Slowakei und Tschechien mit Kernkraftwerken russischer Bauart sind zu 100 Prozent von Brennelementen von Rosatom abhängig – Finnland zu etwa einem Drittel.

Die österreichische Politik hatte zugesehen und offenbar als OMV[41]-Miteigentümerin (Österreich hält über die Österreichische Beteiligungs AG, ÖBAG, ungefähr 30 Prozent der OMV-Aktien) auch gutgeheißen, dass die Energieversorgung des Landes in immer höherem Maß von einem einzigen Partner abhängig gemacht wurde. Das Angebot war günstig und – anders als ein staatlicher Betrieb – ist die OMV, eine internationale, börsennotierte Aktiengesellschaft, dem Gewinn verpflichtet, nicht der Resilienz und der Daseinsvorsorge für die Bevölkerung. Aber auch der ÖBAG ist wohl kein Vorwurf zu machen, denn der Auftrag der ÖBAG ist im Gesetz festgeschrieben und „umfasst neben der Sicherung des Wirtschafts- und Forschungsstandorts Österreich auch die Wertsteigerung der Beteiligungsgesellschaften."[42] Von Daseinsvorsorge oder Gemeinwohl ist im Gesetz und seinen vielen Nachbesserungen keine Rede. Die Umstrukturierungen und Teilprivatisierungen, die in den letzten Jahrzehnten in Österreich erfolgt sind, haben zwar Mittel in die Staatskassa gespült, aber sie haben auch ihren Preis, und der wird gerade in Krisensituationen sichtbar.

Auf sich allein gestellt, tat die österreichische Regierung, was viele anderen auch taten – sie bestieg das nächste Flugzeug in den Nahen Osten und versuchte mit Staaten, die auch bereits durch Völkerrechts- und Menschenrechtsverletzungen aufgefallen waren, Lieferverträge abzuschließen. Abgesehen von der nicht beantwortbaren Frage, was verwerflicher ist – jahrzehntelange, anhaltende schwere Menschenrechtsvergehen und mehrfache, völkerrechtlich ebenfalls nicht sanktionierte regionale Kriege, eben nur in einem anderen Kulturkreis, oder ein Militärschlag als Antwort auf empfundene jahrelange Provokation –, gewinnt die oben angeführte Überlegung Relevanz, ob nicht ein Moment des Nachdenkens Österreich dieses Dilemmas enthoben hätte.

Österreich stand vor dem Problem, nicht die übliche Energiemenge vom gewohnten Lieferanten zu bekommen. Die Frage hätte nicht lauten dürfen, welcher Lieferant das fehlende Gas liefern kann, sondern welche Alternativen zur Verfügung stehen. Aus der Klimadiskussion ist bekannt, dass es zur Minderung der Treibhausgasemissionen vier grundsätzliche Wege gibt: Übergang zu erneuerbaren Energien, Effizienzsteigerungen, Einsparungen im Nicht-Energiebereich und Suffizienz, also sich mit weniger zufriedengeben. Bis auf die Einsparungen im Nicht-Energiebereich lassen sich alle Lösungen auf das Energieproblem übertragen. Ebenfalls bekannt ist, dass der schnellste und wirksamste Weg die Suffizienz ist. Hier kann jede und jeder und sofort handeln. Lässt man den Nicht-Energiebereich außer Acht, so liegt Effizienzsteigerung als zweitbeste und rasche Lösung noch vor dem Übergang zu Erneuerbaren. Keine Frage – es werden alle vier Wege begangen werden müssen, um die Klimaziele zu erreichen, aber in der konkreten Situation eines Engpasses an fossilen Energien wäre es naheliegend gewesen, zuerst zum Sparen aufzurufen – sei es durch Suffizienz oder durch Effizienz, dann die Weichen für den sehr raschen Ausbau der Erneuerbaren zu stellen und sich erst als Notnagel Ersatzlieferungen zu sichern. Die Energiekrise, die Klimakrise, gewisse Aspekte der Krise der Klein- und Mittelbetriebe und der Asylantenkrise wären in einem der Lösung nähergebracht worden. Die Appelle zum Sparen ließen aber Wochen auf sich warten und wurden dann nur halbherzig vorgetragen. Die Hebel zum beschleunigten Ausbau der Erneuerbaren sind noch immer nicht alle umgelegt. Wo bleiben die Investitionsanreize für Wärmepumpen- und PV-Produktionsstätten, die Schnellsiederkurse für Installateurslehrlinge im Bereich Erdbohrungen, Wärmepumpen, PV-Anlagen usw.? Warum werden diese Möglichkeiten nicht Asylwerber:innen angeboten, damit sie nicht mehr auf Almosen angewiesen sind und – sollten sie wieder nach Hause geschickt werden – wenigstens etwas mitnehmen können, das ihnen daheim helfen würde, sich zu ernähren? Selbst wenn der Krieg innerhalb weniger Wochen zu Ende gegangen wäre – bis zum Erreichen der Pariser Klimaziele gibt es auf zwei Jahrzehnte hinaus genug zu tun, die Maßnahmen wären nicht ins Leere gelaufen!

Dennoch: Innerhalb eines Jahres wurden in Österreich mehr Solaranlagen und mehr Wärmepumpen installiert als je zuvor, und mehr Menschen haben darüber nachgedacht, wo ihre Energie herkommt und wie sie solche einsparen könnten. Mit dem Energiegemeinschaftengesetz wurden auch für Private die Möglichkeiten, sich mit erneuerbarer Energie zu versorgen, vergrößert.

Natürlich stellt sich noch eine ganz andere Frage: Österreich ist ein neutraler Staat und betrieb in der Kreisky-Ära[43] aktive und selbstbewusste Neutralitätspolitik, die das Land zu einem wertvollen Vermittler in Konflikten zwischen Ost und West ebenso wie im Nahen Osten machte. Was sind die Neutralitätsklauseln, die Österreich in den EU-Vertrag schreiben ließ, wert, wenn es davon keinen Gebrauch macht, wenn es bitter notwendig wäre? Wäre es unserem Status und unserer Tradition nicht angemessener, uns für Friedensverhandlungen einzusetzen, als alle EU-Sanktionen mitzutragen? Krieg ist das Gegenteil von Nachhaltigkeit – er ist Zerstörung pur. Im Krieg gibt es auch keinen Klimaschutz, der auf globale Zusammenarbeit und gegenseitiges Vertrauen angewiesen ist. Wie soll Klimaschutz gelingen, wenn sich Großmächte im Krieg miteinander befinden – ob er nun formal erklärt ist oder nicht?

Krise der Wissenschaft

Auch die Wissenschaft ist in die Krise geraten. Zum einen ist das Vertrauen in die Wissenschaft gesunken, denn wiederholt haben sich wissenschaftliche Institutionen vor opportun erscheinende Karren spannen lassen, statt durch kritisches Hinterfragen ein Bollwerk gegen Zeitgeist und Populismus zu werden. Die Geschichte der österreichischen Universitäten in der faschistischen und nationalsozialistischen Zeit legt dafür ein beredtes Zeugnis ab. Doch welche Maßnahmen wurden gesetzt, um sich vor solchem Verhalten künftig zu schützen? Welches Zeugnis wird dereinst die Aufarbeitung der Corona-Zeit den wissenschaftlichen Einrichtungen ausstellen? Auch als internationale Firmen, deren Geschäftsmodell auf fossiler Energie beruht, systematisch einschlägige Erkenntnisse unterschlagen und wider besseres Wissen Propaganda für ihre klimaschädlichen Produkte betrieben haben, haben beteiligte Wissenschaftler nicht öffentlich widersprochen.

Zum anderen zwingt der Widerspruch zwischen dem Anspruch, die Realität besser zu verstehen als etwa Politiker:innen oder Wirtschaftsführende und daher zur Lösung der großen Zukunftsherausforderungen Substanzielles beitragen zu können, und der praktischen Erfahrung, dass ihre Erkenntnisse selten entscheidungsrelevant werden, Wissenschaftler:innen zu der Frage: Tun wir das Richtige? Müssen wir unsere Rolle neu definieren?[44]

Dazu kommt, dass die Möglichkeiten der Wissenschaft häufig überschätzt werden. Wissenschaft ist ein Suchen, kein Wissen, ein Prozess, keine Antwort. Die großen Fragen von heute sind so komplex, multidisziplinär, nichtlinear, zum Teil unbestimmt und vor allem so behaftet mit Werten, dass Wissenschaft zwar in Teilfragen wertvolle Hilfe leisten, auch oft erkennen kann, was nicht geht, aber keine gültigen Lösungen vorgeben kann.

Das heißt aber keineswegs, dass Wissenschaft beliebig ist. Falsche Erklärungen können widerlegt werden. So kann zwar grundsätzlich nicht bewiesen werden, dass die Zunahme der Treibhausgaskonzentrationen den Klimawandel verursacht, aber dass die globale Erwärmung auf zunehmende Sonneneinstrahlung zurückzuführen ist, lässt sich eindeutig anhand der Beobachtungsdaten widerlegen. Ziel der wissenschaftlichen Auseinandersetzung ist, Spreu vom Weizen zu sondern, und zwar auf der Basis der Meriten der jeweiligen Ideen, Hypothesen und Theorien, nicht auf Basis von Eigenschaften der Menschen, die sie vertreten oder auf Basis der Zahl derer, die sie vertreten. Es kann immer auch ein:e Außenseiter:in „recht" haben; mehr noch, *„unkonventionelles Denken ist angesichts der beispiellosen Klimarisiken, mit denen die menschliche Zivilisation jetzt konfrontiert ist, unerlässlich"*.[45] Es sind oft gerade als abstrus oder überzogen empfundene Ideen, die sprunghaften wissenschaftlichen Fortschritt mit sich bringen – man denke nur an Galileo (die Erde kreist um die Sonne, nicht umgekehrt) oder Semmelweis (Kindbettfieber wird durch mangelnde Hygiene der Ärzte verursacht). Nicht nur in der Gesellschaft kommen Innovationen häufig vom Rand.

Neben der Offenheit der Wissenschaft für neue Ideen spielt Transparenz eine entscheidende Rolle. Seit dem „Climate Gate" – der Affäre um die gestohlenen E-Mails – werden die Klimadaten im Rohzustand, die bearbeiteten (also geprüften) Daten und auch die Ergebnisse von Modellberechnungen leicht und allgemein zugänglich gemacht. Besser abgesicherte werden von weniger abgesicherten Aussagen unterschieden auf Basis der Qualität der Daten, auf denen eine Aussage beruht, und der Übereinstimmung oder Diskrepanz zwischen den Erklärungen für diese Beobachtungen. Schlechte Datenlage oder große

Divergenz in den Erklärungen ist ein deutlicher Hinweis auf weiteren Forschungsbedarf und mahnt zur Vorsicht bei Nutzung als Grundlage für politische oder wirtschaftliche Entscheidungen. In der Regel sind im Klimabereich Aussagen zur Vergangenheit, vor allem, seit direkte Messungen vorliegen, besser abgesichert als Aussagen zur Zukunft, Temperaturangaben verlässlicher als solche zu Niederschlag oder Wind und Aussagen zu mittleren Verhältnissen vertrauenswürdiger als zu Extremereignissen.

Noch etwas haben Klimawissenschaftler:innen gelernt: Interdisziplinäre Zusammenarbeit ist bei fast allen Fragen mit praktischer Relevanz unentbehrlich – jede:r einzelne:r Wissenschaftler:in kann nur einen Bruchteil der Themen abdecken, in allen anderen Bereichen muss er:sie sich auf die Kolleg:innen verlassen. Die Einbeziehung von Philosophen und Ethikern kann z. B. Fehleinschätzungen ethischer Art verhindern. Sind etwa Experimente mit Eingriffen in die Atmosphäre, um die Reflexion der Sonnenstrahlung zu vergrößern und die globale Erwärmung einzudämmen, zulässig oder nicht? Die Natur ist ein äußerst komplexes System, das wir bei Weitem nicht vollständig verstehen. Wir können daher die Auswirkungen von Eingriffen nicht verlässlich abschätzen und sollten daher äußerst vorsichtig mit allen vermeidbaren Eingriffen in die Natur umgehen. Andererseits könnten die Eingriffe möglicherweise durch Eindämmung des Klimawandels Leben retten. Keinesfalls darf die Entscheidung über derartige Experimente ausschließlich denjenigen Wissenschaftler:innen überlassen werden, die sie durchführen wollen.

Verschwörungstheoretiker, Leugner und andere Missliebige

Wer missliebig, Leugner oder neuerdings „Verschwörungstheoretiker[46]" ist, hängt immer von der jeweiligen Mehrheitsmeinung ab. Diese Wörter sollten aus unserem Wortschatz und unserem Denken verbannt werden. Sie ersticken jede sachliche Diskussion, ähnlich wie das Argument „Arbeitsplätze" in Diskussionen um Infrastrukturprojekte: Behauptet irgendwer, dass durch ein Projekt Arbeitsplätze verloren gehen, oder dass eine große Zahl von Arbeitsplätzen geschaffen wird, ist die Diskussion entschieden, das Projekt wird im ersten Fall verworfen, im zweiten gutgeheißen, oft ohne näheres Hinterfragen und ohne weitere Diskussion. Der Erhalt oder die Beschaffung von Arbeitsplätzen ist im „öffentlichen Interesse" – das berechtigt in der Praxis sogar dazu, Ausnahmeregeln anzuwenden und ökologisch oder klimatisch kontraproduktive Projekte bedenkenlos umzusetzen. Für „Arbeitsplätze" werden nicht nur im Amazonasgebiet Wälder gerodet, auch in Österreich müssen sie Einkaufszentren weichen.

Wirft man jemandem vor, er vertrete Verschwörungstheorien, braucht man sich mit seinen Argumenten nicht mehr auseinanderzusetzen. In manchen Kreisen gilt etwa der menschengemachte Klimawandel immer noch als Verschwörungstheorie. Das argumentativ zu widerlegen ist äußerst schwierig, denn selbstverständlich wird auch jede Evidenz als manipuliert betrachtet und jeder noch so ausgewiesene Wissenschaftler als gekauft, oder bestenfalls als naiv und selber Opfer der Verschwörung. Nach meiner Erfahrung ist die beste Strategie in solchen Fällen zu fragen, was denn passieren müsste, um die Person von einem menschengemachten Klimawandel zu überzeugen, das heißt, welche Beweise sie anerkennen würde? Wenn sie darauf keine Antwort hat, wird ihr vielleicht klar, dass es sich offenbar um ein Nicht-wahrhaben-Wollen handelt. Das setzt aber voraus, dass ein Gespräch überhaupt stattfindet.

Während der Corona-Krise kam das Totschlagargument „Verschwörungstheoretiker" massiv zum Einsatz, ohne dass ein Gespräch zustande kam. Verdiente und erfahrene Mediziner:innen, die eine vom Mainstream abweichende Meinung vertraten, wurden als Verschwörungstheoretiker diskreditiert, aber eine Gegenüberstellung der wissenschaftlichen Evidenz der unterschiedlichen Lager fand nicht statt. Auch ich bekam das in milder Form zu spüren: Ich hatte mich öffentlich geäußert, dass ich die transparente wissenschaftliche Diskussion vermisse, die einer staatlich verordneten Pflicht zu einer Impfung mit neuer Wirkungsweise vorausgehen müsse, und ich daher die Impfpflicht ablehne. Die Kolleg:innenschaft distanzierte sich sofort – sie befürchtete negative Rückwirkungen auf das Ansehen der Klimawissenschaft, wenn ich, als bekannte Klimawissenschaftlerin, mich außerhalb des Mainstream stelle. Ich hingegen befürchtete das Umgekehrte, nämlich die Diskreditierung von Wissenschaft schlechthin, wenn eine derart in das Persönlichkeitsrecht eingreifende Maßnahme nicht auf solider wissenschaftlicher Erkenntnis beruht, aber als wissenschaftlich unbedenklich beworben wird. Unterstützungsbekundungen kamen auch: Man gratulierte mir zu meinem Mut, eine solche Meinung öffentlich zu äußern. Braucht es mehr Beweise für den aufgebauten psychischen Druck? Darf eine Wissenschaftlerin sich nicht für die Einhaltung wissenschaftlicher Gepflogenheiten einsetzen? Darf es in einer Demokratie Mut erfordern, sich gegen ein Gesetz auszusprechen?

Es geht hier nicht darum, ob die abweichenden Meinungen berechtigt sind oder nicht, ob ich die Impfpflicht zu Recht ablehnte oder nicht. Es geht darum, dass man sich mit diesen Meinungen auf eine wissenschaftlichen Ansprüchen genügende Weise auseinandersetzen muss, bevor man über ihre Berechtigung entscheidet. Kann man Hypothesen nicht evidenzbasiert widerlegen, müssen sie als Möglichkeit im Spiel bleiben, bis sie sich erhärten oder widerlegen lassen. Diffamierung der Personen, die sie vorbringen, sollte keinen Platz in der Wissenschaft haben und auch nicht in der Demokratie.

Wissenschaftler:innen, die wegen ihrer abweichenden Meinungen unter Druck von Kolleg:innen, bestimmter Wirtschaftssektoren oder der Politik geraten, sollten von Universitäten und unabhängigen Berufsverbänden von Wissenschaftler:innen, die die Integrität der Wissenschaft als Ganzes zu wahren haben, unterstützt werden. Dies kann durch unabhängige, ergebnisoffene Überprüfung der Forschungsarbeiten erfolgen, auf die sich der:die betreffende Wissenschaftler:in beruft, oder durch Ermöglichung geeigneter Forschungsvorhaben zur Klärung des Sachverhalts. Leider ist oft das Gegenteil der Fall: Wissenschaftliche Institutionen, einschließlich der Universitäten, verhalten sich sehr häufig wie eine verschworene Gemeinschaft, die bedroht wird. Statt Prüfen der Daten, Analyse der Aussagen, Diskussion der Interpretation und anschließend überlegtes Handeln erfolgt typischerweise der Ausschluss des Häretikers. Jedenfalls wären Schutzmaßnahmen für „Häretiker", ähnlich wie solche, die es mancherorts für Whistleblower gibt, nützlich.

Wie steht es mit den sogenannten Klimaskeptikern oder Klimaleugnern? Beide Begriffe sind unglücklich, weil einerseits Skeptizismus in der Wissenschaft durchaus wünschenswert und wichtiger Bestandteil der Wissenschaft ist. Andererseits leugnen die „Leugner" ja keineswegs das Klima, nur entweder seine Veränderung oder die Ursache für die Veränderung, in seltenen Fällen auch, dass die Erwärmung problematisch sei. Gemeint sind jedenfalls jene Personen, die infrage stellen, dass eine globale Erwärmung mit allen Folgen für andere Wetter- und Klimaparameter wie Feuchte, Niederschlag, Druckverteilung und Wind stattfindet, oder dass eine solche vom Menschen verursacht werde. So lästig diese Stimmen auch von den Klimawissenschaftler:innen empfunden werden, sie haben dazu beigetragen, dass Daten überprüft und Argumentationen geschärft wurden.

Keinen Wert hat es aber, wenn dieselben, bereits widerlegten Argumente immer wieder auftauchen – ohne neues Datenmaterial oder neue Erkenntnisse – wie, dass die globale Erwärmung der letzten Jahrzehnte auf erhöhte Sonnenstrahlung zurückzuführen sei. Mittlerweile gibt es bereits eine ganze Reihe von Sammlungen dieser typischen, nicht mit der Evidenz in Übereinstimmung stehenden Argumente und deren Widerlegung. Man muss sich mit ihnen nicht mehr aufhalten, solange keine neuen Daten vorliegen, die sie stützen. Dass sich diese Argumente so lange halten, ist kein Zufall. Zum einen gibt es nach wie vor die wirtschaftlichen Interessen zahlreicher Firmen, die viel Geld für offene oder verdeckte PR-Kampagnen einsetzen, um den fossilen Status quo aufrechterhalten zu können. Zum anderen glauben manche Journalist:innen immer noch, dass sie jeden Artikel über den Klimawandel mit einer Gegenmeinung würzen müssen, um eine ausgewogene Berichterstattung zu erzielen.

Transformation statt Fortschritt und Innovation?

Warum ist Transformation nötig?

Der Begriff Fortschritt hat für viele seine Leuchtkraft verloren. Zu sehr wurde er eingeengt auf Fortschritt im materiellen Sinne – mehr Energie, mehr Dinge, mehr Macht, mehr Gewinn. Aus einem Gedanken der Verbesserung, der Weiterentwicklung und Reifung wurde eine Ideologie des Mehr. Auch Innovation, der Motor des Fortschrittes, wird heute meist auf technologische Innovation eingeschränkt gedacht, und man muss soziale Innovation explizit anführen, wenn man diese einbezogen wissen will. Dem Begriff Innovation haftet mittlerweile auch etwas Zwanghaftes an: Projekte müssen innovativ sein – besonders in der Forschung. Die Reifung eines Konzeptes, die schrittweise Verbesserung, die synthetische Zusammenfassung vorhandener Bausteine zu einem neuen Ganzen – sie genügen dem Anspruch des Innovativen nicht. Und während für manche Fortschritt und Innovation immer noch Eckpfeiler künftiger Entwicklung sind, werden sie von anderen als Sinnbilder für den zerstörerischen Umgang mit Mensch und Umwelt gesehen.

Ist „Transformation" nur ein neues, noch nicht abgenütztes Wort, geschaffen um die in Misskredit geratenen Begriffe zu ersetzen? Für einige vielleicht. Interessanterweise gibt es keine allgemein akzeptierte Definition der zur Debatte stehenden Transformation. Karl Polany[1] hat 1944 seiner Analyse über die Herausbildung von Marktwirtschaften und Nationalstaaten im Zuge der industriellen Revolution den Titel „Die Große Tansformation" gegeben. Es ging um eine tiefgreifende Transformation des Gesellschaftssystems. Der Wissenschaftliche Beirat für Globale Umweltfragen des Deutschen Bundestages spricht 2011 von der „großen Transformation" als einem *„fundamentalen Wandel, der einen Umbau der nationalen Ökonomien und der Weltwirtschaft innerhalb dieser [planetaren] Grenzen vorsieht, um irreversible Schädigungen des Erdsystems sowie von Ökosystemen und deren Auswirkungen auf die Menschheit zu vermeiden"*[2]. Konkreter werden die Politikwissenschaftler Ulrich Brand und Markus Wissen[3], wenn sie definieren: *„'Transformation' geht deutlich über die bislang dominanten umweltpolitischen und Nachhaltigkeitsperspektiven hinaus, die davon ausgehen, dass mit Technologien und Investitionen – und den entsprechenden Finanzierungsmöglichkeiten und politischen Rahmenbedingungen – ein Übergang in eine kohlenstoffarme Gesellschaft erreicht werden kann. Stattdessen werden grundlegendere Veränderungen für nötig gehalten, die von 'Pionieren des Wandels' wie ökologisch orientierten Unternehmen, BürgerInneninitiativen oder WissenschaftlerInnen vorangetrieben werden sollen. Ergänzt wird das durch Hoffnungen auf einen gesellschaftlichen Wertewandel hin zur Nachhaltigkeit."*

Für mich ist die notwendige Transformation ähnlich der Metamorphose einer Raupe zu einem Schmetterling: Es ist alles schon in der Raupe angelegt, aber es entwickelt sich ein anderes Wesen. Es geht also um wirklich tiefgreifende Veränderung, wie wir einander und wie wir der Natur begegnen.

Aber warum genügt es nicht einfach, Treibhausgasemissionen zu reduzieren, indem man von fossiler auf erneuerbare Energie umsteigt, sonst aber alles beim Alten bleibt? Kurz: E-Fuels statt Diesel und Benziner? Alle Straßen, Garagen, Tankstellen, Fabriken, Zulieferer etc. können erhalten bleiben, müssen sich nur anpassen und z. B. statt Diesel E-Fuels verkaufen?

Warum ist, wie Angela Merkel 2021, damals noch Kanzlerin der Bundesrepublik Deutschland, anlässlich ihres Besuches im Hochwasser-Katastrophengebiet des Ahrtales sagte, *„eine Volltransformation unserer Art des Wirtschaftens!"* notwendig?

Dazu gibt es mehrere Antworten. Klimawandel ist – neben dem Biodiversitätsverlust – eine der größten Bedrohungen unserer Zivilisation, und es ist notwendig, dies zu begreifen. Aber, Klimawandel ist nur ein Symptom für ein tieferliegendes Übel, nämlich die Übernutzung des globalen Ökosystems. Wird dieser nicht Einhalt geboten, nützt auch Klimaschutz nichts. Die Übernutzung ist eine unmittelbare Konsequenz von Weltbevölkerung, Lebensstil und Technologie, und kann daher mit rein technologischen Mitteln nicht beendet werden.

Das noch verfügbare Treibhausgasbudget zeigt, dass die erforderliche Geschwindigkeit der Emissionsreduktion so hoch ist, dass Maßnahmen, die direkt der Reduktion von Treibhausgasen dienen, durch geänderte Rahmenbedingungen, also finanzielle oder organisatorische Anreize, Verbote oder Gebote unterstützt und ergänzt werden müssen. Zur Nutzbarmachung erneuerbarer Energien sind beispielsweise endliche Ressourcen wie Metalle, seltene Erden, aber auch Wasser und Flächen erforderlich, auf die auch zur Lösung anderer Probleme Anspruch erhoben wird und die teils unter menschenverachtenden Bedingungen verfügbargemacht werden. Daher ist sinnvollerweise der Klimaschutz auch in die nachhaltigen Entwicklungsziele der UNO eingebettet. Außerdem hat das vorige Kapitel gezeigt, dass unsere derzeitigen Systeme – Wirtschafts- und Finanzsystem, Gesellschaftssystem, etc. – nicht dazu angetan sind, herausfordernde Probleme zu lösen, die einer gemeinsamen Anstrengung aller – national und international – bedürfen.

Klimawandel als Symptom wofür?

Eine Gruppe von weltweit anerkannten Wissenschaftler:innen (Steffen et al., 2015) verschiedener Disziplinen hat im Jahr 2015 in der renommierten Zeitschrift „Science" eine Arbeit publiziert[4], die versucht, die ökologischen Grenzen und den sicheren Handlungsspielraum für die Menschheit (safe operating space for humanity) zu ermitteln.

Das Ausmaß menschlicher Eingriffe in die Natur kann danach bewertet werden, ob sie sich innerhalb der Resilienzgrenze der Natur bewegen (grüner Bereich), in den Bereich hohen Risikos vorstoßen (roter Bereich) oder sich im Zwischenbereich unsicherer Auswirkungen befinden (oranger Bereich). Im grünen Bereich kann die Natur die menschlichen Eingriffe kompensieren; hier darf der Mensch agieren, ohne seine Lebensgrundlagen zu gefährden. Im roten Bereich ist das Risiko extrem hoch, dass die Natur die Eingriffe nicht mehr kompensieren kann und Schaden erleidet. In Finanzkategorien übersetzt hieße das etwa: Innerhalb des grünen Bereiches werden höchstens die Zinsen des Kapitals entnommen, im roten Bereich mehr als der Zinsertrag, sodass das Kapital angegriffen wird. Von neun untersuchten Eingriffen befinden sich bereits zwei in der Hochrisikozone: Biodiversitätsverlust und bio-geo-chemische Flüsse, konkret der Phosphor- und Stickstoffkreislauf. Drei sind im grünen Bereich: Süßwassernutzung, Ozeanversauerung und Zerstörung der Ozonschicht. Letztere zeigt, dass es auch ein Zurück geben kann: Die Zerstörung der Ozonschicht war schon einmal im roten Bereich. Durch drastische Produktionsverbote und -einschränkungen ist der menschliche Eingriff stark reduziert worden, und die Ozonschicht hat sich erholt. Diese Umkehr gibt es allerdings bei lebender Materie nicht – einmal verlorene Arten sind in der Regel auf ewig verloren. Die Ozeanversauerung ist, ähnlich wie der Klimawandel, eine Folge der erhöhten CO_2-Konzentration in der Atmosphäre, und die Resilienzgrenze ist nahezu erreicht. Der Klimawandel liegt in der orangen Pufferzone: Ein Bereich, bei dem gesichert ist, dass der Eingriff nicht nachhaltig ist, aber noch nicht mit Sicherheit gesagt werden kann, dass er bereits existenzbedrohend wirkt. Schäden treten jedenfalls schon auf. Die Landsystemänderungen, konkret die Waldsysteme, befinden sich auch in diesem Unsicherheitsbereich. In Finanzkategorien: In jenem Bereich kann aufgrund unvollkommener Buchhaltung und stark fluktuierender Geldflüsse nicht mit Sicherheit beurteilt werden, wie sehr das Kapital gefährdet ist.

Es geht also nicht nur um einzelne, problematische Eingriffe in die Natur, sondern um ein systemisches Problem: Das System Erde kann die menschlichen Eingriffe in ihrem derzeitigen Ausmaß nicht mehr kompensieren. Das gilt für Entnahme (System Erde als Quelle), wie etwa bei der Überfischung der Meere, ebenso wie bei der Entsorgung (System Erde als Senke), wie z. B. der Einbringung von Treibhausgasen in die Atmosphäre. Dazu tragen sowohl die wachsende Zahl der Menschen als auch die steigenden individuellen Ansprüche bei. Es geht um die Lösung des systemischen Problems – nur den CO_2-Eintrag in die Atmosphäre zu reduzieren, genügt nicht.

Welche Faktoren bestimmen die Umweltwirkung?

Das Ausmaß der Nutzung von Ressourcen bzw. die Auswirkung dieser Nutzung auf die Natur hängt nach der sogenannten Kaya-Identität oder IPAT-Gleichung[5] wesentlich von der Zahl der Menschen, dem Lebensstil, den sie pflegen, sowie der Technologie ab, die sie einsetzen. Im Falle des Klimawandels kann der Faktor „Technologie" in die Komponenten „Technologie" und „Energieträger" aufgespalten werden. Die drei Faktoren gehen multiplikativ in die Gleichung ein, das bedeutet, dass die Anstiege dieser Faktoren sich multiplizieren, nicht nur addieren: Impakt auf die Natur = Zahl der Menschen × Lebensstil × Technologie. Die Zahl der Menschen hat sich seit 1950 etwa verdreifacht. Prognosen der UNO lassen erwarten, dass Ende des Jahrhunderts 10,2 Milliarden Menschen leben[6]. Bei gleichem Ressourcenverbrauch und gleicher Technologie bedeutet dies eine beträchtliche Erhöhung der Auswirkungen auf das Ökosystem Erde und damit für unser Leben.

Der Ressourcenverbrauch steigt aber ebenfalls pro Person – nicht nur in den Entwicklungsländern und durch das rapide Anwachsen einer kaufkräftigen Mittelschicht in den Schwellenländern, sondern auch in den Industrienationen. Je anspruchsvoller die Menschen, desto geringer die Anzahl, die dem Ökosystem zugemutet werden kann. Der Anspruch der Menschen wird durch das gegenwärtige Wirtschaftssystem künstlich in die Höhe getrieben, weil dem de facto weltweit wirksamen Wirtschaftssystem ein Paradigma des materiellen Wachstums zugrunde liegt. Individuelle Maßlosigkeit oder Gier mag eine Rolle spielen, aber das eigentliche Problem ist auf ein Finanz- und Wirtschaftssystem zurückzuführen, das Wachstum braucht, um stabil zu bleiben. Wie es Victor Lebow 1955 formulierte[7]: *„Unsere enorm produktive Wirtschaft verlangt, dass wir den Konsum zu unserer Lebensweise machen, dass wir den Kauf und den Gebrauch von Waren in Rituale verwandeln, dass wir unsere geistige Befriedigung, unsere Ich-Befriedigung, im Konsum suchen ... Die Dinge müssen immer schneller konsumiert, verbraucht, ersetzt und weggeworfen werden."* Ein klassisches Beispiel sind Fashion Stores, die zu jeder Jahreszeit neue Waren haben, eine Kollektion jagt die andere. Es ist normal geworden, dass immer neue Ware da ist, und dass Kleidung nur eine Saison getragen werden kann, weil dann die Modefarbe und der Stil sich ändern. Kein Wunder, dass es auch nicht mehr auf Qualität in der Produktion ankommt – mehr als ein oder zwei Waschgänge muss das Kleidungsstück nicht überstehen.

Eine Methode, Wachstum sicherzustellen, ist systematisch eingebaute Obsoleszenz: Schwachstellen in Elektrogeräten, für die es keine Ersatzteile gibt; sich ständig ändernde Mode; Produkte minderer Qualität, deren Plastikteile beispielsweise in kurzer Zeit verspröden oder die Nutzung nicht lange aushalten, Möbel – früher vom Tischler für ein ganzes Leben gemacht, jetzt in wenigen Jahren irreparabel. Dass solches ungebremstes, ungelenktes Wachstum angesichts der multiplen Krisen im ökonomischen, sozialen und ökologischen Bereich als problematisch erkannt wurde, hat zu Konzepten der „grünen Ökonomie" geführt: Sie sollen dem zunehmenden Ressourcenverbrauch entgegenwirken und mehrere Krisen – Energiekrise, Finanzkrise, Klimakrise, usw. – gleichzeitig lösen. Im Grunde geht es darum, Wachstum auf eine effizientere und umweltfreundlichere Art herbeizuführen. Es wird auf Markt und Technologie gesetzt, angeleitet durch einen gestaltenden Staat. In diese Kategorie fällt der Green New Deal der EU mit allen zugehörigen Richtlinien und Programmen. Auch die Agenda 2030 der UNO mit den 17 Nachhaltigen Entwicklungszielen ist aus diesem Geist geboren. In diese Kategorie fallen auch das Konzept der Kreislaufwirtschaft sowie das Cradle-to-cradle-Konzept von Braungart, wenn nicht zusätzliche Randbedingungen gesetzt werden. Beide Konzepte helfen zunächst Ressourcen zu sparen, wenn aber die Botschaft lautet, dass im Rahmen dieser Konzepte unbegrenzt konsumiert werden kann, dann ist das irreführend: Kein Kreislauf ist vollständig geschlossen und jede Umwandlung eines Produktes kostet Energie. Je mehr Produkte, auch wenn sie noch so effizient, abbaubar und umweltfreundlich sind, desto höher der Ressourcenverbrauch.

Das Konzept der *Imperialen Lebensweise*[8] geht von einer anderen Analyse aus: In der industrialisierten Welt hat sich eine Lebensweise entwickelt, bei der die Natur bedenkenlos geplündert wird und Abgase, radioaktive und toxische Substanzen abgelagert werden, ohne Rücksicht auf die Begrenztheit der Ressourcen und der Aufnahmefähigkeit des Ökosystems. Was im eigenen Land, am eigenen Kontinent nicht verfügbar ist, wird von anderen Staaten und Kontinenten beschafft. Die Vorteile, die aus dieser imperialistischen Aneignung erwachsen, kommen jedoch nicht allen zugute, sondern nur wenigen Ländern bzw. Personen. Diese erkaufen sich Akzeptanz bei der Mittelschicht durch das Angebot einer breiten Palette verführerischer Produkte, die das Leben erleichtern und verschönern. Das Geniale ist jedoch, dass Produkte nicht nur wegen ihres Wertes im Sinne von Nützlichkeit gekauft werden, sondern wegen des Status, den sie den Besitzer:innen verleihen. Der Vorteil dieses Kaufmotivs ist, dass ständig neue Produkte gekauft werden müssen, um den Status zu wahren, oder Besserstellung sichtbar zu machen, unabhängig davon, ob die „alten" Produkte noch funktionsfähig sind. Je ungleicher die Vermögensverhältnisse sind, desto wirksamer jener Ansatz, der ganz im Sinne der Konsumgesellschaft von Victor Lebow (s. o.) wirkt. Auch Entwicklungsländer haben sich diese imperialistische Lebensweise angeeignet. Auch dort ist eine Mittelschicht entstanden oder entsteht, die auf das angenehme Leben, vor allem aber auf Status nicht mehr verzichten möchte. Die Wachstumsmaschine schnurrt weiter. Das Konzept kann aber nicht beliebig ausgeweitet werden, es läuft sich tot, wenn es keine imperial ausbeutbaren Ressourcen mehr gibt, wenn etwa die Länder des globalen Südens ihre Ressourcen selber nutzen wollen.

Der Ausstieg aus dem derzeitigen System kann nur über Suffizienz gelingen, das heißt reduzierte Ansprüche, die sich in einem geänderten Selbstverständnis und einer geänderten Haltung zur Natur ausdrückt – erhöhte Effizienz und Kreislaufwirtschaft reichen nicht.

Die Frage, ob ein Wirtschafts- oder Gesellschaftskonzept, das auf Wirtschaftswachstum angewiesen ist, in der ökologischen Dimension nachhaltig sein und die Klimakrise lösen kann, spaltet derzeit die Ökonomen. Leider dreht sich die Diskussion zu sehr um Wirtschaftswachstum ja oder nein – es wird schon fast als Selbstzweck gesehen – statt um konstruktive Konzepte, mit denen die multiplen Krisen tatsächlich bewältigt werden können. Ideen liegen vor – viele unter dem Sammelbegriff „degrowth" – aber keine hat sich bisher breit durchsetzen können.

Hinsichtlich der IPAT-Gleichung ist festzuhalten: Die technologischen Innovationen der letzten Jahrzehnte haben zweifellos Fortschritte hinsichtlich Effizienz der Ressourcennutzung erzielt, doch zeigen die empirischen Daten, dass diese Verbesserungen bei Weitem nicht ausreichen, um den Anstieg der Weltbevölkerung und des Ressourcenverbrauches der Einzelnen zu kompensieren. Auch die Hoffnungen, die in die Digitalisierung gesetzt werden, sind mit Vorsicht zu betrachten. Während Digitalisierung theoretisch zweifellos großes Potenzial zur Effizienzsteigerung hinsichtlich Ressourcen, einschließlich Energie, hat, ist jenes für erhöhten Ressourcenbedarf fast grenzenlos. Ohne regelnde Eingriffe zur Sicherstellung einer umfassenden Nachhaltigkeit und Suffizienz verpflichteten Entwicklung könnte die Situation in ökologischer und sozialer Hinsicht verschlimmert werde, und letztlich möglicherweise an ihrem Ressourcenverbrauch scheitern.

Wendet man die IPAT-Gleichung auf den Klimawandel an, so hat der Umstieg von fossilen zu erneuerbaren Brennstoffen noch keine Reduktion der Treibhausgaskonzentrationen bewirkt, nicht einmal einen gebremsten Anstieg. Vom technologischen Fortschritt allein ist die Lösung der Klimakrise daher nicht zu erwarten.

Was sagt uns das Treibhausgasbudget?

Auch bei der Betrachtung des Ausmaßes der notwendigen Treibhausgasreduktion wird sehr rasch deutlich, dass Emissionsreduktionen nicht losgelöst von anderen Veränderungen gesehen werden können.

Wissenschaftlich betrachtet hängt der Anstieg der globalen Mitteltemperatur von der Gesamtmenge an Treibhausgasen ab, die in die Atmosphäre über die „natürliche" Konzentration hinaus eingebracht wird. Da auch die natürliche Konzentration erdgeschichtlich starken Schwankungen unterlag, muss man von einer einigermaßen willkürlichen Referenzkonzentration ausgehen. Typischerweise wird – nicht sehr präzise – jene der vorindustriellen Zeit gewählt. Angesichts anderer Unsicherheiten spielt diese Ungenauigkeit aber keine wesentliche Rolle. Die Erwärmung wird dann ebenfalls auf jenes vorindustrielle Niveau bezogen. Das IPCC definierte in seinem 2018 publizierten Bericht den Zeitraum 1850 bis 1900 als vorindustriell[9].

Der Zusammenhang zwischen dem Netto-Treibhausgaseintrag (Emissionen in die Atmosphäre abzüglich Speicherung durch Ozeane, Pflanzen und Böden) und dem Temperaturanstieg kann für die Vergangenheit aus Messdaten, für die Zukunft aus Klimamodellen ermittelt werden. Er erweist sich als einigermaßen linear, die Unsicherheit nimmt allerdings mit zunehmender Treibhausgasmenge bzw. wachsendem Temperaturanstieg zu. Man kann sich das etwa so vorstellen wie bei einer Wanderung: Legt man in einer Viertelstunde ein Viertel des Weges zurück, so wird man in 30 Minuten die halbe Wegstrecke hinter sich und in einer Dreiviertelstunde nur mehr das letzte Viertel vor sich haben. Nun könnte es natürlich sein, dass man sich aufhält, um ein Tier zu beobachten, um mit anderen Wanderern zu sprechen, eventuell auch eine Rast zu machen. Die Wahrscheinlichkeit, dass einer dieser Aufenthalte eintritt, steigt mit der Weglänge. Dennoch kann man, will man jemanden unterwegs treffen, einigermaßen genau sagen, wann man an der Stelle wahrscheinlich vorbeikommen wird – auch wann frühestens und wann spätestens. Je später am Weg man die Person trifft, desto größer muss man das mögliche Zeitfenster angeben. Genauso kann man ermitteln, welche Menge an Treibhausgasen insgesamt in die Atmosphäre eingebracht werden dürfen, wenn man 1,5 °C mit einer gewissen Wahrscheinlichkeit nicht überschreiten möchte. Die Treibhausgase sind ein Gemisch sehr unterschiedlich klimawirksamer Gase – Kohlendioxid, Methan, Lachgas etc. – und natürlich muss man bei der Berechnung der zulässigen Mengen deren jeweilige Klimawirksamkeit berücksichtigen. Darauf soll aber hier nicht weiter eingegangen werden. Der Einfachheit halber beschränken sich die Ausführungen zunächst auf Kohlendioxid, CO_2.

Gemessen an den derzeit emittierten CO_2-Mengen, nehmen die Ozeane etwa 23 Prozent auf, und die Landökosysteme, also Pflanzen und Böden etwa 31 Prozent. Bei den Ozeanen führt das zur zunehmenden Versauerung, mit unangenehmen Folgen für das marine Ökosystem, die Pflanzen und Böden nutzen CO_2 als Dünger. Sie alle sind Senken für das emittierte CO_2. Knapp unter 50 Prozent der von Menschen verursachten Emissionen bleiben in der Atmosphäre. Diese Verhältnisse sind seit etwa einem Jahrzehnt unverändert, obwohl die Emissionen ständig steigen. Es ist aber absehbar, dass die natürlichen Senken zurückgehen werden, denn mit zunehmender Temperatur sinkt die Aufnahmefähigkeit des Wassers, und auch bei den Landökosystemen werden möglicherweise noch in diesem Jahrhundert Prozesse überwiegen, die das Land von einer Kohlenstoffsenke zu einer -quelle machen könnten. Diese Senken muss man berücksichtigen, wenn man berechnet, wie viel CO_2 noch in die Atmosphäre eingebracht werden darf, denn es geht um den Netto-Eintrag.

Zieht man von der zulässigen Netto-Menge ab, was bisher schon eingebracht wurde, so bleibt ein sogenanntes Klimabudget, d.h. eine Netto-Menge, die global insgesamt noch aus Schornsteinen, Auspuffen, etc. in die Atmosphäre eingebracht werden darf. Es geht bei diesem Budget nicht um Geldeswert, sondern um Treibhausgase.

Die noch verfügbare Menge hat Ende 2020 global 500 Gigatonnen (Gt) CO_2 betragen – bis Ende 2022 ist sie auf etwa 420 Gt geschrumpft. Sollten die Emissionen weiter auf gleicher Höhe bleiben, wird dieses Budget etwa 2032 aufgebraucht sein. Alle darüber hinausgehenden Emissionen bedeuten dann eine größere Wahrscheinlichkeit des Überschreitens der 1,5°C-Grenze und höhere Temperaturwerte. Reduziert man hingegen die Emissionen um 50 Prozent bis 2030, hätte man bis etwa 2050 Zeit, um die schwierig zu reduzierenden Emissionen, wie etwa solche aus der Stahl- oder Zementproduktion, die technologische Neuerungen erfordern, loszuwerden.

Auf Österreich kann man diese Zahl anhand des Anteils der Bevölkerung herunterbrechen. Hier lebt etwa Tausendstel der Weltbevölkerung, daher betrug der uns 2020 zukommende Anteil des Budgets 500 Megatonnen (Mt). Das ist die Menge an CO_2, die Österreicher:innen rechnerisch höchstens emittieren dürfen, um ihren Beitrag zur Erreichung des 1,5°C-Zieles zu leisten. Allerdings sind sich alle einig, dass den Entwicklungsländern mehr als ihrem Bevölkerungsanteil entspricht zugeteilt werden muss, denn sie sind am bisherigen Klimawandel kaum beteiligt, brauchen aber mehr Spielraum, um ihrer Bevölkerung ein Minimum an Entwicklung im Sinne von Strom, sauberem Wasser etc. zu ermöglichen. Unter Berücksichtigung dessen stehen Österreich mit Beginn 2022 noch rund 430 Mt CO_2 an Emissionen zu – ein Betrag, der in etwa sieben Jahren aufgebraucht sein wird bei derzeitigen Jahresemissionen. Halbiert man die Emissionen ab 2023 alle vier bis fünf Jahre, hätte Österreich bis 2040 Zeit, aus den CO_2-Emissionen bis auf etwa fünf Prozent auszusteigen. Dies entspricht etwa dem, was Pflanzen und Böden jährlich aufnehmen, sofern die Versiegelung von Grün- und Ackerflächen nicht im derzeitigen Ausmaß fortschreitet. Die Herausforderung ist daher immens und nicht nur durch Umstieg auf erneuerbare Energien bewältigbar.

Emissionen lassen sich auch reduzieren, indem die Effizienz erhöht wird, indem im Nicht-Energiebereich, vor allem im land- und forstwirtschaftlichen Bereich, Emissionen eingespart oder Senken verstärkt werden, und durch Suffizienz, also Genügsamkeit – vor allem eine Lebensstilfrage. Am wirksamsten und theoretisch am raschesten umsetzbar sind Lebensstiländerungen – der Fleischkonsum könnte z. B. schon ab morgen, ohne jede Gesetzesänderung, nur durch individuelle Bereitschaft eingeschränkt werden – am aufwändigsten ist der Umstieg auf erneuerbare Energien. Real werden alle Wege beschritten werden müssen, und das möglichst schnell.

Sind Netto-Null-Emissionen in globalem Maßstab erreicht, so steigen die Treibhausgaskonzentrationen nicht weiter an, es sei denn, die dann erreichten Temperaturen lösen Emissionen in der Natur aus, etwa durch das Auftauen von Permafrostböden und damit verbunden Methanfreisetzungen. Das heißt, auch wenn wir den Treibhausgasausstoß maximal reduzieren, können Vorgänge in Gang gesetzt worden sein, die zu weiterer Erwärmung führen. „Netto-Null" heißt also nicht, dass eine klimaneutrale Lösung des Klimaproblems gefunden ist. Die Treibhausgaskonzentrationen werden auf jenem Niveau stabilisiert, das zu dem Zeitpunkt erreicht ist. Selbst wenn „Netto-Null" für alle Treibhausgase erreicht wird, nicht nur CO_2, wird die Temperatur weiter zunehmen, Eis schmelzen und der Meeresspiegel steigen, bis neue Gleichgewichte gefunden sind; beim Meeresspiegel wird das Jahrtausende dauern.

Netto Null – auf menschliche Aktivitäten bezogen – kann also kein Endziel sein, sondern ist nur ein dringend zu erreichendes Etappenziel. Anschließend muss die Treibhausgaskonzentration in der Atmosphäre sinken. Die Natur kann helfen – aber nur, wenn wir keine Treibhausgase mehr einbringen, und das schnell genug, damit die Wirksamkeit selbstverstärkender Prozesse nicht alle Bemühungen zunichtemacht.

Inwiefern helfen die Nachhaltigen Entwicklungsziele?

Die Agenda 2030 für nachhaltige Entwicklung mit 17 Nachhaltigen Entwicklungszielen (SDGs)[10] kommt – bei aller berechtigten Kritik an den Zielen – einer von allen Staaten der Welt gemeinsam getragenen Vision einer positiven Zukunft wohl am nächsten. Klimaschutz ist als SDG 13 in diese Ziele eingebettet und ist, das zeigen Analysen der Wechselwirkungen zwischen den Zielen, ein sehr zentrales Ziel. Weitere Ziele sind etwa die weltweite Bekämpfung von Armut und Hunger, der Zugang zu hochwertiger Bildung, zu sauberer, leistbarer Energie oder der Schutz des Lebens an Land und unter Wasser. Auch Gesundheit und Geschlechtergerechtigkeit, weniger Ungleichheit, menschenwürdige Arbeit, die Entwicklung von Städten, Frieden und starke Partnerschaften zur Erreichung der Ziele werden angestrebt.

Das UNO-Dokument lässt keinen Zweifel daran, dass alle 17 Ziele gleichzeitig zu verfolgen sind, dass eine Auswahl, welche man erreichen will, nicht zulässig ist. Aber ist es nicht illusorisch, 17 Ziele gleichzeitig verfolgen zu wollen? Beginnt man, die Ziele gemeinsam zu denken, so zeigt sich bald, dass sich der Handlungsspielraum erweitert, dass die Komplexität der Ziele die Lösung leichter macht.[11] Was in Verfolgung eines Zieles an scheinbar unüberwindbaren Barrieren scheitert, gelingt, weil ebendiese Barrieren in Verfolgung anderer Ziele abgebaut werden. Die Nachhaltigen Entwicklungsziele sind nicht ohne Widersprüche und sie tragen zahllose Interessenkonflikte in sich – ein klassischer ist der Konflikt zwischen Naturschutz und Energiegewinnung –, aber sie können beim Austragen der Konflikte und beim Aushandeln von für alle tragbaren Lösungen sehr hilfreich sein, weil sie die verschiedenen Interessen anerkennen und zugleich dazu anhalten, systemisch zu denken.

Fasst man die 17 Ziele zu zwei wesentlichen Forderungen zusammen, so geht es um das Gute Leben für alle, innerhalb der ökologischen Grenzen. Zwei Agenden, die synergistisch, nicht konsekutiv zu verfolgen sind, und die nicht gegeneinander ausgespielt werden dürfen. Komplementär zu den Grenzen, die das Ökosystem vorgibt, sind daher Ziele zu betrachten, die es im sozialen Bereich zu erreichen gilt. Die Befriedigung menschlicher Grundbedürfnisse ist mit Ressourcenverbrauch verbunden: Letzterer steigt mit der Zahl der Menschen und dem Anwachsen ihrer Ansprüche. Kate Raworth[12] hat die neun Resilienzgrenzen des Ökosystems nach Steffen et al.[4] durch zwölf soziale Zielwerte ergänzt, die für ein gutes Leben erreicht werden sollen. Dazu zählen z. B. Zielwerte für Ernährung, Wasser, Energie, Gesundheit, Bildung, Arbeit, Frieden und Gerechtigkeit. Raworth wählt zur Darstellung zwei konzentrische Kreise: Der innere gibt den Mindestressourcenverbrauch zur Befriedigung menschlicher Grundbedürfnisse wieder, der äußere die ökologischen Grenzen des Planeten. Nach Raworth liegt der Spielraum der Wirtschaft innerhalb des donutförmigen Ringes zwischen den beiden Grenzen; ihr Ansatz wird dementsprechend auch als Donut-Ökonomie bezeichnet. Dieser Ansatz setzt voraus, dass die sozialen Grundbedürfnisse der Menschen innerhalb planetarer Grenzen erfüllbar sind – das scheint noch der Fall zu sein. Bisher erreichen die Industriestaaten eher die sozialen Ziele, überschreiten aber die ökologischen Grenzen, während die Entwicklungsländer eher die ökologischen Grenzen einhalten, aber bei der Erreichung der sozialen Ziele Defizite haben. So wird in Bangladesch nur eines der sozialen Ziele erreicht, aber keine der ökologischen Grenzen überschritten, während Österreich nach den Analysen der Universität Leeds[13] alle sozialen Zielwerte erreicht, aber fünf der hier betrachteten sieben ökologischen Grenzen deutlich überschreitet und sich den anderen beiden gefährlich nähert. Kein Staat befindet sich derzeit tatsächlich innerhalb der Donut. Das bedeutet aber nicht, dass ein gutes Leben für alle innerhalb der ökologischen Grenzen nicht möglich ist. Die Lebensqualität steigt nach Deckung der Grundbedürfnisse nur mehr in geringem Ausmaß mit zunehmendem Einkommen, Ressourcen- und Energieverbrauch. Auf diesen zusätzlichen Verbrauch könnte daher ohne wesentliche Einbußen verzichtet werden, würde nicht das Wirtschafts- und Finanzsystem ständig wachsenden Konsum und damit Ressourcenverbrauch benötigen, um stabil zu bleiben. Innerhalb der Donut zu bleiben erscheint durchaus möglich, wenn man diesem Ziel Priorität einräumt und die erforderlichen systemischen Veränderungen vornimmt.

Zu einem ähnlichen Ergebnis gelangt man, stellt man den ökologischen Fußabdruck dem Human Development Index (HDI) gegenüber. Über die Zeit betrachtet zeigt sich, dass Schwellen- und Entwicklungsländer mit zunehmendem HDI zugleich auch ihren ökologischen Fußabdruck erhöhen, während kein einziger Industriestaat sich aus dem Bereich überschießenden Fußabdruckes zurück unter ein akzeptables Maß begeben hat.

Gibt es keinen anderen Ausweg? Adaptation und Geoengineering

Grundsätzlich kann man auf drei Arten versuchen, die Klimakrise zu meistern: Die erste und vernünftigste ist, die Ursache auszuschalten, also Treibhausgasemissionen reduzieren bzw. einstellen.

Eine zweite Möglichkeit ist, den Klimawandel in Kauf zu nehmen und sich daran anzupassen. Bei geringfügigen Veränderungen geht das, aber es gibt Grenzen der Anpassung. Je heißer es z. B. schon ist, desto weniger weitere Erwärmung wird vertragen. Angesichts des bereits stattfindenden Klimawandels kommt man ohne Anpassung nicht aus, sie ist also ergänzend zu den Minderungsmaßnahmen jedenfalls notwendig. Anpassungsmaßnahmen können sehr vielfältig sein, von der Außenjalousie zur Kühlung des Wohnraumes oder den Beschneiungsanlagen in Skigebieten, über den Wechsel von Weißwein- zu Rotweinanbau und Hochwasserschutzmaßnahmen bis zur großflächigen Umsiedelung von Menschen. An den Meeresspiegelanstieg wird sich etwa der Großteil der Betroffenen nur durch Umsiedlung anpassen können.

Lange gab es unter Ökonomen Diskussionen, ob Anpassungsmaßnahmen nicht wirtschaftlich günstiger seien als Emissionsminderungsmaßnahmen – nicht zuletzt, weil die Kosten für die Anpassung nicht gleich, sondern nach und nach, teils erst weit in der Zukunft anfallen.

(Die Ökonomie optimiert nach finanziellen Kosten, andere Aspekte wie Heimatverlust gehen in die Überlegungen typischerweise nicht ein.) Wegen der Abzinsung fallen die Kosten für Anpassung dann nicht so sehr ins Gewicht: Weil man das Geld gut anlegen kann, können sogar höhere Kosten später leichter bezahlt werden. Spätestens mit der Finanzkrise 2008 und dem Sinken der Renditen und Zinsen hat sich diese Diskussion aufgehört. Auch ist immer deutlicher geworden, wie rasch die Kosten des Nicht-Handelns steigen, das heißt wie teuer es wird, keine Emissionsminderungsmaßnahmen zu setzen. Für Österreich wurde beispielsweise berechnet[14], dass für Klimawandelanpassung (=Vorbeugung) von öffentlicher Seite rund eine Milliarde Euro jährlich ausgegeben wird und trotzdem wetter- und klimabedingte Schäden aktuell bei wenigstens zwei Milliarden Euro im Jahresdurchschnitt liegen. Letztere werden um 2030 im Bereich von zumindest drei bis sechs Milliarden erwartet, um 2050 im Bereich von rund sechs bis zwölf Milliarden Euro – jeweils im Schnitt über mehrere Jahre. In einzelnen Jahren können sie deutlich höher liegen.

Die dritte Möglichkeit, auf die Klimakrise zu reagieren, wäre, mit großtechnologischen Maßnahmen ins Klimasystem einzugreifen. Zwei verschiedene Arten des Eingriffes werden derzeit diskutiert: Die technologische Entfernung von Kohlendioxid aus der Atmosphäre und Eingriffe in den Strahlungshaushalt. Zu Ersteren gehören Eingriffe in die Biosphäre, wie etwa das Düngen des Meeres mit Eisenverbindungen, um ein Wachstum von Plankton herbeizuführen, das dann CO_2 aufnimmt, Kohlenstoff in Kalkskeletten speichert und beim Absterben auf Dauer am Meeresboden ablagert. Oder durch chemische Absaugung von CO_2, entweder aus Abgasfahnen der Industrie oder direkt aus der Luft, um die atmosphärische Konzentration zu senken. Damit wird derzeit viel experimentiert, wobei zwei Probleme zu lösen sind: erstens das Gas wirksam und energiearm einzufangen und zweitens, etwas mit diesem Gas zu tun. Bei kleinen Anlagen kann das CO_2 in Gewächshäuser als Düngemittel eingeschleust werden, aber in großen Mengen geht das nicht. Ein Vorschlag ist, das in Wasser gelöste CO_2 in einigen Kilometern Tiefe in den basaltischen Boden Islands zu injizieren, wo es innerhalb von etwa zwei Jahren zu Fels werden soll. Andere Gruppen versuchen, den Kohlenstoff bei etwa 100°C im Beisein von

Metallen ausflocken zu lassen. Ölfirmen hoffen mit aus der Luft abgeschiedenem CO_2 noch mehr Öl aus dem Boden pumpen zu können, und das CO_2 im Boden zu belassen. Sie bezeichnen so gewonnenes Öl als CO_2-neutral, weil mehr CO_2 im Boden bleibt als durch die Verbrennung des neu gewonnen Öls freigesetzt wird.

Alle diese Methoden sind aufwändig, können schwer auf den erforderlichen Maßstab skaliert werden und sind extrem langsam. Die USA-Regierung hat z. B. 3,5 Milliarden Dollar zur Verfügung gestellt, um vier Zentren zur chemischen Absaugung von CO_2 aus der Atmosphäre zu entwickeln, die im Endausbau je eine Million Tonnen CO_2 pro Jahr verarbeiten sollten. Jährlich werden etwa 40 Milliarden Tonnen CO_2 in die Atmosphäre eingebracht. Bei dieser Emissionsrate hätte jedes der vier Zentren, wenn voll in Betrieb, die Erde hinsichtlich der Emissionen 13 Minuten im Jahr zurückversetzt. Während der Zeit, die benötigt wurde, um die 13 Minuten zu gewinnen, wäre eine ganze Jahresemission an CO_2 dazugekommen. Es ist klar, dass „Absauge"-Lösungen erst dann einen spürbaren Beitrag leisten können, wenn die Emissionen dramatisch gesunken sind[15]. Ähnliches gilt übrigens für das Pflanzen von Bäumen: Auch wenn jeder Mensch auf der Erde einen Baum pflanzte, würde das, wenn die Bäume eine gewisse Größe erreicht haben, die Welt nur um 43 Stunden pro Jahr zurückversetzen. Das spricht nicht gegen das Pflanzen von Bäumen – sie spenden zudem Schatten, stärken die Psyche, bieten Lebensraum für Tiere und liefern Früchte oder Rohstoffe – man soll nur die Klimawirkung über die CO_2-Aufnahme nicht überschätzen.

Eingriffe in den Strahlungshaushalt wirken schneller. Sie können im Weltraum, in der Atmosphäre oder auf der Erde erfolgen. Ins Weltall lassen sich Spiegel oder Sonnensegel setzen, um die Sonnenstrahlung, welche die Erde erreicht, zu dämpfen. Statt der Spiegel wäre es auch möglich, lichtstreuende Aerosole, z. B. Schwefelaerosole, in die Atmosphäre einzubringen. Sie würden mit der Zeit in die tieferen Atmosphärenschichten absinken und mit dem Regen ausgewaschen werden, müssten also etwa alle zwei Jahre nachgeliefert werden. Kostenmäßig wäre das lösbar, die Teilchen würden allerdings als saurer Regen niedergehen und entsprechende Schäden auslösen – etwa so wie das Waldsterben in den 1980er-Jahren. Diskutiert wird auch, mit Meersalz-Aerosolen das Reflexionsvermögen niedriger Wolken über dem Meer zu erhöhen oder Zirruswolken durch Impfen mit Aerosolen auszudünnen, damit sie für Infrarotstrahlung durchlässiger werden.

Angesichts der weiter steigenden Treibhausgasemissionen ist zu befürchten, dass der Druck auf die Politik, eine Notbremse zu ziehen, groß werden könnte und unzureichend erforschte Methoden, wie die oben angeführten, eingesetzt werden könnten. Da wäre es wohl besser, jetzt beschleunigt, transparent und gemeinsam, nationen- und fächerübergreifend zu forschen, um zu verstehen, ob es sich bei diesen Methoden um eine vertretbare Notbremse oder die nächste Katastrophe handelt, wie dosiert werden müsste, mit welchen Nebenwirkungen zu rechnen wäre, und wie man aus der Manipulation des Strahlungshaushaltes der Erde wieder aussteigen könnte. Auch rechtliche Fragen wären zu klären.

Zusammenfassend kann man sagen, dass sowohl Minderungs- als auch Anpassungsmaßnahmen unverzichtbar sind, während der Einsatz von Geoengineering-Methoden nach Möglichkeit vermieden werden sollte. Forschung auf dem Sektor ist wünschenswert, auch eine Diskussion um rechtliche Aspekte, um im Notfall, wenn ernste Anstrengungen zur Minderung gemacht wurden, aber ein kleiner Rest an Emissionen nicht rechtzeitig abgestellt werden kann, eine Zwischenlösung zu kennen. Als Ersatz für verantwortungsvolle Klimapolitik und Reduktionsanstrengungen taugen die bisher bekannten Methoden alle nicht.

Was bedeutet Transformation? Wie läuft sie ab?

Gesellschaften unterliegen stets einem Wandel, und es gibt keine klaren Kriterien, ab wann man von Transformation spricht. So hat das Mobiltelefon einen spürbaren Wandel in der Gesellschaft verursacht, unter anderem dahingehend, dass die Verbindlichkeit von Terminzusagen dramatisch zurückgegangen ist. Als Transformation wird das aber nicht bezeichnet. Von gesellschaftlicher Transformation spricht man, wenn tiefgreifende Veränderungen in der Gesellschaft vor sich gehen, die deren gesamtes Gefüge verändern. Dass Transformation mit Mangel oder der Verfügbarkeit von neuen Materialien oder Technologien in Zusammenhang steht oder auf geänderte innere oder äußere Rahmenbedingungen zurückzuführen ist, dürfte gesichert sein, die konkreten Auslöser lassen sich aber oft nicht festmachen.

Die Neolithische Revolution, der Übergang von den Jägern und Sammlern zu sesshaften Bauern, war eine der wesentlichen Transformationen der Menschheitsgeschichte. Sie begann nach dem Ende der letzten großen Eiszeit, vor etwa 12.000 Jahren, und fand an unterschiedlichen Orten der besiedelten Welt zeitlich versetzt statt. Einige wenige Völker hat sie bis heute nicht erreicht. Wodurch sie jeweils ausgelöst wurde, ist immer noch umstritten. Möglicherweise wurde durch die Entwicklung besserer Waffen und durch besser organisiertes Jagen das Wild knapp, sodass ein immer größeres Territorium bejagt werden musste, das aber nicht immer zur Verfügung stand. Vielleicht machten etwa im fruchtbaren Mesopotamien Züchtungserfolge wilder Getreidesamen in dem milden, stabileren Klima des beginnenden Holozäns das Verbleiben an einem Ort attraktiver. Jedenfalls traten andere körperliche und charakterliche Eigenschaften der Menschen in den Vordergrund, Arbeitsteilung zwischen Mann und Frau gewann an Bedeutung, und die Gesellschaft musste sich anders organisieren. Vorratshaltung und Tauschgeschäfte wurden wichtig – manche Wissenschaftler führen die Entwicklung der Schrift und der Mathematik auf diese Veränderungen zurück.

Auch die industrielle Revolution brachte ab der zweiten Hälfte des 18. Jahrhunderts eine tiefgreifende und dauerhafte Umgestaltung der wirtschaftlichen und sozialen Verhältnisse, sowie der Arbeitsbedingungen und Lebensumstände mit sich. Innerhalb von nur eineinhalb Jahrhunderten erfasste sie von England ausgehend ganz Europa, die USA und weite Teile Asiens. Aus der vorherrschenden Agrargesellschaft wurde eine Industriegesellschaft. Die festgefügten hierarchischen Verhältnisse auf dem Land wichen freieren Gesellschaften in der Stadt. Zugleich entstand mit den Fabriksarbeiter:innen ein in anderer Weise geknechtetes Proletariat. Wesentliche Teile der Familiengefüge und damit auch der sozialen Absicherung gingen verloren. Auch hier gibt es keine klare Antwort auf die Frage, was diese Transformation auslöste, und warum sie gerade in England begann. Eine Hypothese ist, dass es die fortschrittliche Gesetzgebung zum Schutz der Arbeiterschaft war, die die Mechanisierung der Manufakturen vorantrieb.[16]

Die beiden Transformationen folgten offenbar einem Schema, bei dem sich unter der Oberfläche des alten, dem Untergang geweihten System, das neue bereits herausbildet, und wenn es stark genug ist, das alte verdrängt.

Das muss aber nicht so sein. Es gibt genug Beispiele, dass das Alte zuerst zusammenbricht, und aus dem Chaos des Zusammenbruches erst das Neue hervorgehen kann. Möglicherweise kann sich das Neue nur entwickeln, weil die Dominanz des Alten gebrochen ist; betrifft das Zivilisationen, so muss das Neue nicht unbedingt am selben Ort entstehen.

Natürlich sind beide Formen des Übergangs nicht unvereinbar, denn auch in der ersten zeichnet sich der Niedergang bereits ab. Auch zeigen historische Beispiele, dass Transformation räumlich, zeitlich und auch sektoral versetzt passieren kann. So vollzog sich z. B. in der Textilwirtschaft die Industrialisierung der Baumwollweberei deutlich früher als die der Leinen- und Wollverarbeitung.

Wenn heute eine Transformation der Gesellschaft gefordert wird, dann geht es darum, die Zerstörung der eigenen Lebensgrundlagen zu beenden. Das erfordert die Nutzung anderer Energiequellen sowie veränderte Wirtschafts- und Finanzkonzepte. Es mag auch bei der Neolithischen Revolution um die Erhaltung der Lebensgrundlagen gegangen sein, es ist jedoch anzunehmen, dass die Transformation der Not gehorchend erfolgte, nicht auf Basis einer vorausschauenden Überlegung oder eines vorgezeichneten Plans. Bei der industriellen Revolution mögen einzelne unternehmerische Geister wesentlich zur Transformation beigetragen haben, von einem gesamthaften, geplanten und gezielten Konzept ist jedoch nichts bekannt. Insofern betreten wir derzeit Neuland: Wir wollen eine Transformation zu einer nicht genau definierten, aber doch mit „nachhaltig" hinreichend beschriebenen Entwicklung herbeiführen, und das wesentlich schneller als frühere Transformationen und nicht nur regional, sondern weltumspannend.

Neben gelungenen Transformationen sind aber auch nicht gelungene von Interesse – solche, die zum Ende der jeweiligen Zivilisation geführt haben. Aus ihnen können möglicherweise wichtige Lehren gezogen werden.

Was lernen wir von vergangenen Zivilisationen?

Zivilisationen kommen und gehen. Es ist wichtig, sich dies vor Augen zu führen, denn es ist für die meisten von uns schwer vorstellbar, dass unsere Zivilisation bedroht und möglicherweise dem Untergang geweiht sein könnte. Aber warum sollte unsere Zivilisation eine Ausnahme sein? Dass ganze Gesellschaften oder Zivilisationen ausgelöscht werden können, lehrt die Geschichte – die Osterinsel-Kultur und die Wikinger auf Grönland zählen zu den bekanntesten Beispielen.

Versteht man unter einer Zivilisation eine Gesellschaft mit Landwirtschaft, mehreren Städten, militärischer Vorherrschaft in ihrer geografischen Region und einer kontinuierlichen politischen Struktur, so sind zwischen 3000 vor und 1000 nach Christi Geburt etwa 80 Zivilisationen aufgeblüht und wieder verschwunden, das heißt sie haben Bevölkerung, Identität und sozioökonomische Komplexität verloren. Öffentliche Dienstleistungen sind zusammengebrochen[17]. Die durchschnittliche Lebensdauer lag bei etwa 300 Jahren, die längsten überdauerten 1000 Jahre. Eine Analyse dieser Zivilisationen ergab zwar kein klares Muster hinsichtlich der Ursachen für deren Kollaps, aber es ließen sich neben Zufällen und äußeren Einwirkungen (insbesondere Krieg, Naturkatastrophen, Hungersnöte und Seuchen) vier wiederkehrende Faktoren ausmachen, die einzeln oder in Kombinationen zum Kollaps führten: Klimawandel, Umweltzerstörung, große Kluft zwischen Arm und Reich bzw. Entstehen von Oligarchien und zunehmende Komplexität des politisch-ökonomischen Systems. Indikatoren zur Beschreibung der zeitlichen Entwicklung dieser vier Faktoren gestatten keine optimistische

Interpretation für unsere gegenwärtige Zivilisation. Es gibt zwar gute Gründe, warum die Zusammenhänge der Vergangenheit nicht auf die Gegenwart übertragbar sind, allerdings gibt es auch solche, wie etwa die Existenz von Nuklearwaffen, die darauf hindeuten, dass die Situation derzeit noch gefährlicher ist, als sie es früher war.

Jared Diamond[18] untersuchte Kulturen, die am Rande potenziell existenzieller Katastrophen standen. Er fand, dass das Aussterben von Zivilisationen häufig mit Problemen der Überbeanspruchung der Natur in Zusammenhang stand. Verlust natürlicher Habitate, wildwachsender Nahrungsmittel, von Biodiversität und Böden oder Mangel an Süßwasser und anderen Rohstoffen sind einige Beispiele. Dazu kommen Probleme infolge invasiver Spezies, toxischer Chemikalien sowie Bevölkerungswachstum und Auswirkungen der steigenden Bevölkerungszahl. All diese Probleme sind der heutigen Zeit nicht fremd. Teilweise sind sie Auswirkungen klimatischer Veränderungen.

Laut Diamond verhalfen vor allem zwei Ansätze bedrohten Zivilisationen zu überleben: Langfristige Planung und Bereitschaft, Werte zu hinterfragen. Der erste ermöglicht Lösungen, die erst nach vorübergehender Verschlechterung der Situation zu einer Verbesserung führen. Von besonderer Bedeutung erscheint dies heute in der Wirtschaft, deren Ausrichtung auf Jahresbilanzen und Quartalserfolge kaum zulässt, Investitionen oder Umstrukturierungen, die erst längerfristig Vorteile bringen, zu tätigen, und in der Politik, wo der Zyklus von Wahlen alle drei bis fünf Jahre langfristige politische Konzepte sehr erschwert.

Das Hinterfragen von Werten kann einem grundlegenden Umdenken vorausgehen. Denn, wie oben ausgeführt, mag der Klimawandel derzeit das dringendste Problem sein, es geht aber offensichtlich nicht nur um Klimaschutz. Je länger versucht wird, grundsätzliches Umdenken zu vermeiden, desto mehr verschärft sich das Problem durch den resultierenden Zeitverlust. Die Werte, an denen die Menschen am hartnäckigsten festhalten, sind jene, die ihnen die größten Erfolge gebracht haben[19], zugleich aber nicht selten auch jene, die zu der kritischen Situation geführt haben. Das Wirtschaftswachstum etwa hat vielen Menschen weltweit Wohlstand gebracht, zerstört aber nun die ökologische Grundlage des Lebens. Dies veranschaulicht das bekannte Zitat von Albert Einstein: „Probleme kann man niemals mit derselben Denkweise lösen, durch die sie entstanden sind."

Wie geht die Kunst mit Transformation um?

Wie lösen die verschiedenen Romane und Filme, die den kritischen Zustand der Welt beschreiben, das Problem? Wie kommen sie zu ihrem Happy End?

Nachdem der Teufel in „Der Tanz mit dem Teufel"[20] den Protagonisten vor Augen geführt hat, dass die Menschen umgarnt sind, dass er die Menschen nicht zwingt, sondern verführt, und sie wohl jeden, der sie aus ihrem bequemen Leben und ihrem Fortschrittswahn wecken will, als Narren, als Verbrecher, als Menschenfeind (heute würde man hinzufügen: als Verschwörungstheoretiker) anprangern und lynchen würden, steht der Dichter auf und sagt trotzdem „Nein". *„Sie mögen alle Bezirke des Lebens verteufelt haben: Solange in Millionen reiner Menschenherzen die Liebe, die Güte, die fromme Sehnsucht lebendig sind, hat der Satan kein Recht auf die Welt."* In der folgenden Diskussion stellt sich die junge Ärztin auf die Seite des Dichters, die Seite des Guten und der Hoffnung. Wie in den griechischen Tragödien greift jetzt Gott ein: In größter Not führt gemeinsames Gebet, mit umfassendem Schuldbekenntnis der Vergehen der Menschen, zu einem einzigen großen Knall, in dem Teufelei und die Welt untergehen. Die einzigen überlebenden beiden Menschen, Dichter und Ärztin, erwachen als neuer Adam und neue Eva zu einer neuen Welt, um zu versuchen, auf den Trümmern der alten eine bessere aufzubauen.

Im Film „The Day After Tomorrow" von Roland Emmerich missachten Politiker die ernsten und dringenden Warnungen von Wissenschaftlern, sodass der Treibhauseffekt (im Zeitraffertempo) zu einer neuen Eiszeit führt, der Millionen Menschen zum Opfer fallen. Da das Eis, sich rasch vom Nordpol ausbreitend, auch große Teile der USA bedecken wird, müssen die Bürger der nördlichen Staaten geopfert, die der südlicheren nach Mexiko evakuiert werden. Das Entwicklungsland vergilt nicht Gleiches mit Gleichem, sondern öffnet seinen Grenzen den flüchtenden US-Bürgern. Auch der zynische Präsident der Vereinigten Staaten, gesteht seinen fatalen Irrtum ein und sieht die Wissenschaft, aber auch die Flüchtlingsfrage plötzlich mit anderen Augen.

Naomi Oreskes und Erik Conway[21] lassen in ihrer aus dem Jahr 2300 im Rückblick erzählten Geschichte über den *„Kollaps der westlichen Zivilisation"* nach namenlosem Leid und Verlust eines Großteils der Bevölkerung eine japanische Mikrobiologin eine Mischung aus Flechten und Pilzen entwickeln und bewusst freisetzen (mit oder ohne Billigung der Regierung bleibt offen), die das überschüssige CO_2 aus der Atmosphäre bindet und innerhalb weniger Jahren zur Senkung der Treibhausgaskonzentration und damit der Temperaturen führt. So wird ein Fortbestand des Lebens und eine Neugestaltung der Welt möglich – allerdings mit dem schalen Beigeschmack, dass es nicht die freien, demokratischen Regierungen waren, die am besten mit der Krise umgegangen sind, sondern autokratische. Solche haben daher (vorübergehend?) die Oberhand.

In „Don't Look Up", einer 2021 vorgestellten amerikanischen schwarzen Komödie des Regisseurs Adam McKay, geht es vor allem um das Ignorieren wissenschaftlicher Erkenntnisse, das letztes Endes zur Kollision mit einem Asteroiden und zum Ende der Welt führt. Auch Fluchtversuche der Elite ins Weltall scheitern. Im Nachspann zeigt sich dann doch ein Überlebender, dessen weiteres Schicksal allerdings ungewiss bleibt.

Wiewohl dies nur ein kleiner Auszug der reichhaltigen einschlägigen Literatur ist, wird offenbar, dass fast immer Chaos und Zusammenbruch der Transformation vorausgeht. Das mag Gesetzen der Kunst zuzuschreiben sein, die dramatische Handlungen bevorzugt, aber es ist schade, dass die Romane uns so selten einen erfreulicheren Weg in eine gute Zukunft weisen.

Eine Ausnahme ist Markus Kasper, im Thriller „Eisenhuthummel". Er lässt die Führer der G20-Länder von einer NGO entführen, um auf einer Insel zur Vernunft gebracht zu werden. Totaler Zusammenbruch wird solcherart noch rechtzeitig verhindert und die Transformation in Angriff genommen. Die Geschichte setzt aber mit der Entführung der Spitzenpolitiker einen dramatischen Eingriff voraus – kollektive Einsicht wird auf dramatische Weise erzwungen.

Welche möglichen Zukünfte sind zu betrachten?

1972 präsentierte Pierre Wack der Führung des Shell-Konzerns Szenarien zukünftiger Entwicklung, darunter auch eines, das er „Stromschnellen" nannte. Das Ölgeschäft war in den letzten Jahren wie ein ruhiger Strom dahingeflossen und dabei gewachsen – die allgemeine Meinung war, es werde so weitergehen. Sorgfältige Analysen der politischen Entwicklungen im arabischen Raum ließen Wack aber die Möglichkeit politischer Turbulenzen und einer damit verbundenen wesentlichen Preissteigerung von Öl in Betracht ziehen. Die plötzlichen Preissteigerungen würden den Ölmarkt zusammenbrechen lassen. Diese Möglichkeit war allen Ölfirmen irgendwie bewusst, aber keine reagierte darauf. Mit einiger Mühe überzeugte Wack die Konzernführung, dass sie sich auch auf „Stromschnellen" vorbereiten solle. Als dann 1973 der Ölpreis tatsächlich dramatisch anstieg, war Shell besser vorbereitet als die Konkurrenz, meisterte die Krise deutlich besser und avancierte zu einer der beiden größten Ölfirmen. Seither gehören Szenarienmethoden zum Standardrepertoire nicht nur bei Shell, sondern bei vielen Firmen.

Es gibt inzwischen zahlreiche andere Beispiele für die segensreiche Wirkung der Befassung mit Szenarien – auch solchen, die zunächst als wenig wahrscheinlich eingestuft wurden. Voraussetzung für erfolgreiche Szenarienentwicklung, wie von Wack beschrieben, ist allerdings, dass die gegenwärtigen Schlüsseltrends solide recherchiert werden und bestimmt wird, welche vorhersehbar und welche ungewiss sind. Geschichten über die Zukunft werden um den einflussreichsten der ungewissen Trends entwickelt. Die Auswirkungen jener Geschichten werden fantasievoll durchgespielt und anhand dieser wird das Szenarium von vorne wieder aufgerollt, bis sich ein Gefühl für die bevorstehenden Überraschungen entwickelt, das sich nicht ignorieren lässt.

In diesen Prozess werden Informationen von unkonventionell Denkenden eingespeist und Undenkbares zugelassen[22]. Es gibt eine Fülle von Anleitungen zur Erstellung von sogenannten Foresights – erfolgversprechend sind sie aber nur, wenn eine solide Auseinandersetzung mit der politischen, gesellschaftlichen oder wirtschaftlichen Situation mit einem guten Gespür für Entwicklungen und unkonventionellem Denken zusammentreffen.

Wenn die Szenarien entwickelt sind, müssen Pläne erstellt werden, wie mit der jeweiligen Situation umzugehen ist, damit – wenn schnelles Handeln erforderlich wird – nicht irgendein Zufallskonzept, sondern ein vorher durchdachtes zur Umsetzung kommt. Die Realität mag dem Szenario nicht vollständig entsprechen, aber vorbereitete Konzepte sind bessere Ausgangspunkte, als zufällige.

Um aber wirksam zu werden, muss auch die Bereitschaft vorhanden sein, sich auf jene als unwahrscheinlich betrachteten Szenarien einzulassen und die daraus resultierenden Vorsichtsmaßnahmen einzuleiten. Hieran krankt es oft in der Praxis. Das ist bei Wirtschaftskonzernen nicht anders als in der Wissenschaft und in der Gesellschaft.

Tatsache ist, und darin sind sich alle einig, dass unsere Zukunft eine ungewisse ist. Nicht nur die einer Firma, einer Branche oder einer Weltgegend, sondern auch im globalen Maßstab. Deswegen ist es wichtig zu erkunden, was im schlimmsten Fall droht, um diese Entwicklung zu verhindern oder sich darauf so gut es geht vorzubereiten und was im besten Fall erzielbar ist, um darauf ausgerichtet Schritte zu setzen.

In meiner Vorstellung befinden wir uns an einer Gabelung des Stroms der Entwicklung, und die Strömung trägt uns in einen Zweig, der durch nicht kartierte Stromschnellen führt. Es gibt Vorstellungen davon, wie sie aussehen könnten – Katerakte, Felsen, kleine Wasserfälle, Untiefen, Verwirbelungen –, und es macht Sinn, sich auf deren Meisterung so gut es geht vorzubereiten. Das darf aber nicht davon abhalten, alles in Bewegung zu setzen, um – gegen die Strömung – den anderen Zweig zu erreichen, auch wenn es schon spät und der Erfolg nicht garantiert ist. Auch der Verlauf dieses Zweiges ist nicht kartiert, aber er leuchtet uns hell und freundlich entgegen. Sich auszumalen, was im besten Fall gelingen kann, gibt uns Mut, Schwierigkeiten zu überwinden, an der Sache dranzubleiben, auch wenn die Kurskorrektur schwieriger ist als erwartet, und der Weg weiter als erhofft. Das Tröstliche ist, dass die Vorbereitungen für das Schlimmste sich in vieler Hinsicht decken mit den Anstrengungen um Kurskorrektur.

Wie Eduard O. Wilson die Antwort auf seine Frage: „Is humanity suicidal?" schuldig bleibt[23], so muss ich auch die Frage offenlassen, ob die Kurskorrektur, ob die Transformation gelingen wird, aber gerade deswegen müssen wir mindestens zwei möglichen Zukünfte erforschen: eine sehr pessimistische und eine sehr optimistische.

Warum handeln wir nicht?

Warnungen häufen sich

In der fachlichen Literatur, in Aufrufen von Wissenschaftler:innen, vor allem aber in der darauf aufbauenden, populärwissenschaftlichen Literatur häufen sich die Warnungen vor extremen Klimaverhältnissen, auf die wir zustreben, und vor deren nicht ganz absehbaren Folgen. Nun gibt es viele, die sagen – „Eben: Es sind die Journalist:innen, die den Weltuntergang an die Wand malen, nicht die Wissenschaftler:innen. Den IPCC-Berichten[1] ist das so nicht zu entnehmen. Es wird also so schlimm nicht sein." Dieser Schluss ist aber nicht zulässig. Zum einen gibt es zahlreiche Warnungen seitens der Wissenschaft, in Einzelpublikationen oder auch gemeinsamen Aufrufen, wie etwa die 1992 erstmals publizierte und seither mehrfach aktualisierte „Warnung an die Menschheit"[2], die insgesamt von einigen zehntausend Wissenschaftler:innen unterschrieben wurden. Zum anderen ist bekannt, dass derartige Themen in der wissenschaftlichen Literatur aus systemischen Gründen unterrepräsentiert sind, denn zu den praktizierten wissenschaftlichen Normen gehören Zurückhaltung, Objektivität, Skepsis, Rationalität, Sachlichkeit und Mäßigung.[3] Wissenschaftliche Arbeiten sind daher in der Regel sachlich abgefasst, Dramatik war bis vor Kurzem nicht Teil des Repertoires in der Wissenschaftskommunikation. Diesen Warnungen wird daher häufig weniger Aufmerksamkeit geschenkt. Außerdem werden Fehlprognosen der Wissenschaft unterschiedlich scharf beurteilt[4]. Wenn extreme Ereignisse eintreten, die nicht vorhergesagt wurden, ist die Kritik milde: Die Wissenschaft ist eben noch nicht so weit, das konnte niemand wissen usw. Bei vorhergesagten, aber nicht eingetretenen Katastrophen wird hingegen unterstellt, dass man Aufmerksamkeit erringen wollte, oder es wird von unzulässiger Panikmache geredet. Das führt zu dem, was Hansen als „wissenschaftliche Zurückhaltung" (scientific reticence) kritisiert[5] und was schon länger als „Irren auf der Seite des geringsten Dramas" (erring on the side of least drama, ESLD) bekannt ist[6]. Es gibt auch institutionelle und psychologische Hemnisse, Katastrophen wahrhaben zu wollen, v. a. bei Institutionen und Menschen, die zwar Probleme aufzeigen, sich aber vor allem als Lösungsbringer verstehen[7]. Das IPCC ist in einer besonders schwierigen Lage, weil die Texte konsensual verabschiedet werden müssen. Konsens erreicht man auch unter Wissenschaftler:innen natürlich am ehesten, wenn Ecken und Kanten fehlen, wenn extreme Daten, Lagen, Positionen und kritische Probleme nicht erwähnt werden – wenigstens nicht in den Zusammenfassungen, die in der Regel das Einzige sind, das Journalist:innen und Politiker:innen lesen[8]. Die von Wissenschaftler:innen approbierten, zusammenfassenden IPCC-Texte werden anschließend noch mit Politiker:innen abgestimmt und dabei weiter verwässert. Schon vor Jahren schrieb ein Journalist, auf einen der führenden Klimawissenschaftler der USA Bezug nehmend: *„Wenn Sie wissen wollen, was heute Konsens unter Klimawissenschaftler:innen ist, lesen Sie die IPCC-Berichte. Aber wenn Sie wissen wollen, was der Konsens in zehn Jahren sein wird, lesen Sie die Arbeiten von Jim Hansen!"*[9]

Auf der persönlichen Ebene spielt natürlich auch bei Wissenschaftler:innen das „Nicht-wahrhaben-Wollen" eine Rolle. Ich erinnere mich noch sehr genau an einen meiner ersten Orientierungslauf-Wettkämpfe: Ich war schon recht müde und konnte meinen Standort nicht mehr mit Sicherheit auf der Karte lokalisieren. Ich lief in die vermutet richtige Richtung, aber der Weg ging bergab, statt wie auf der Karte bergauf. Es war mir völlig klar, dass etwas falsch sein musste, lief aber trotzdem weiter, weil Laufen angesagt war – immerhin war es ein Wettkampf – und bergauf zu laufen viel anstrengender gewesen wäre. Ich hatte schon viele Höhenmeter verloren, bevor das Bewusstsein, dass ich meine Situation nur verschlimmerte, mich letztlich zum Anhalten und Neuorientieren brachte und ich mich dann doch den Berg hinauf mühte. Die Literaturwissenschaftlerin Eva Horn spricht davon, dass Klimawissenschaftler:innen (und nicht nur diese) endlich glauben sollten, was sie wissen[10]. Aber dieses Glauben hat eben Konsequenzen: Man muss sein Verhalten ändern, und dazu ist nicht jede:r bereit. Ein Kollege, der die Klimadaten Österreichs wie kein anderer im Lande kannte, sagte mir einmal sinngemäß: Ich werde trotzdem weiter Kiwis aus Australien essen, bis der Staat es mir verbietet. Die Befragung führender Manager über ihren Umgang mit Undenkbarem ergab, dass die Augen oft verschlossen werden, entweder weil der Wille fehlt, den Zeichen Glauben zu schenken, oder weil man es aktiv vorzieht, sie zu leugnen und sich nicht engagieren zu müssen.[11]

Ein anderer Aspekt führte kürzlich unter den Scientists for Future (S4F) Deutschland wieder zu Debatten: Ob „die Wahrheit" – im Konkreten ging es um die wissenschaftlichen Erkenntnisse über die notwendigen Maßnahmen zur Erreichung der Pariser Klimaziele – der Öffentlichkeit und der Politik zumutbar seien. Ob das Ausmaß der notwendigen Treibhausgasemissionsreduktionen und das Tempo, in dem diese erforderlich sind, nicht eher abschreckend und handlungshemmend wirken würden. Die grundsätzliche Frage ist nicht neu und wurde durch die Jahrhunderte von unterschiedlichen Denkern unterschiedlich beantwortet[12]. Erstaunlich viele Kolleg:innen meinten, derartige Informationen sollten nicht vermittelt werden. Mir scheint, dass Wissenschaftler:innen nicht das Recht haben, der Öffentlichkeit und Politiker:innen Ergebnisse vorzuenthalten, wenn sie mit der nötigen wissenschaftlichen Sorgfalt ermittelt wurden. Es beraubt die Betroffenen der Möglichkeit einer ihnen angemessen erscheinenden Reaktion und impliziert überlegene Lösungskompetenz der Wissenschaftler:innen, die bei komplexen Problemen eindeutig nicht gegeben ist. Voraussetzung ist allerdings, dass die Ergebnisse zuerst unter Fachleuten diskutiert und Annahmen, Datenbasis sowie Methoden gründlich überprüft wurden.

Trotz dieser Hemmnisse kommen in letzter Zeit auch von Wissenschaftler:innen sehr klare Botschaften – etwa Johan Rockström, Direktor des Potsdam-Instituts für Klimafolgenforschung (PIK): *„Wir sind die letzte Generation, die es in der Hand hat, einen relativ stabilen Planeten zu hinterlassen. Der Einsatz könnte nicht höher sein. Weltweit müssen wir die Treibhausgasemissionen um die Hälfte reduzieren und bis zum Jahr 2030 eine Entwicklung anstreben, die im Einklang mit der Natur steht."* Er ergänzt aber auch: *„Wir können es schaffen. Eine sichere, gerechte und faire Welt ist in greifbarer Nähe."*[13] In einer Rede in Davos,

2023, verschärfte er die Aussage noch: *„Wissenschaftlich gesehen handelt es sich nicht um eine Klimakrise. Wir stehen jetzt vor etwas Tieferem. Massenaussterben. Luftverschmutzung. Untergrabung der Ökosystemfunktionen. Die Zukunft der Menschheit ist wirklich in Gefahr. Dies ist eine planetarische Krise.“*[14]

Oder Sir David Attenborough, der sich als Wissenschaftler vor allem der Wissensvermittlung verschrieben hat, vor dem UN-Sicherheitsrat (23.2.2021): *„Wir werden mit dem Zusammenbruch all dessen konfrontiert sein, was uns unsere Sicherheit gibt: Nahrungsmittelproduktion, Zugang zu Süßwasser, bewohnbare Umgebungstemperatur und Nahrungsketten in den Ozeanen. Und wenn die natürliche Umwelt nicht mehr in der Lage ist, die grundlegendsten unserer Bedürfnisse zu befriedigen, wird ein Großteil der übrigen Zivilisation rasch zusammenbrechen.“*[15]

Die Beiträge von Journalist:innen sollten aber auch nicht leichtfertig vom Tisch gewischt werden. Viele von ihnen haben fachlich einschlägige Studien hinter sich und lesen Fachliteratur. Sie beherrschen aber auch die Kunst, in allgemeinverständliche, zugleich auch eindringliche Form zu übersetzen, was Wissenschaftler:innen verklausuliert ausdrücken. Natürlich gibt es auch Übertreibungen und Unsinn, doch in etlichen Fällen tun die Journalist:innen das, woran es in der Wissenschaft leider immer noch fehlt: Sie tragen die Ergebnisse verschiedener Wissenschaftler:innen und unterschiedlicher Disziplinen zusammen. Das ist sehr verdienstvoll und notwendig, möchte man ein einigermaßen vollständiges Bild der Entwicklungen bekommen. Werden dabei jeweils die schlimmsten der möglichen Entwicklungen übernommen, ergeben sich Weltuntergangsszenarien verschiedener Ausprägung. Auch wenn die Wahrscheinlichkeit derartiger Szenarien nicht quantifizierbar ist, sollte man sie im Sinne eines gesunden Umgangs mit Risiko ernst nehmen; nicht zuletzt um zu verhindern, dass sie Realität werden.

Die kombinierte Wirkung von wachsender Weltbevölkerung, anhaltender Ressourcenverschwendung und dem damit einhergehenden Klimawandel führe zu einer Erde, die heiß, flach und überfüllt[16] sei, schrieb der US-Amerikanische Journalist und Bestsellerautor Thomas L. Friedman schon 2008. Er sah im Zusammenwirken von Klimawandel (heiß), der Globalisierung (flach) und dem Bevölkerungswachstum, insbesondere der wachsenden Mittelschicht (überfüllt) eine Situation voraus, die Handeln nahelegen, wenn nicht erzwingen würde. Für die USA sah er im Kampf gegen diese Entwicklung, insbesondere gegen den Klimawandel, die große Chance, als Nation gemeinsam ein Ziel zu verfolgen – aus seiner Sicht eine grüne technologische Revolution, die das Land wieder zusammenführen und seine Rolle in der Welt stärken könnte. Wenn er recht hatte, so haben die USA diese Chance bisher jedenfalls nicht ergriffen.

Gernot Wagner und der angesehene Ökonom Martin L. Weitzman widmeten den ökonomischen Folgen eines heißeren Planeten ein ganzes Buch[17]. Der Grundtenor: Wir können gar nicht abschätzen, welche unerwünschten Folgen der Klimawandel oder Bemühungen, dem Klimawandel z. B. mit Geoengineering, also großtechnologischen Lösungen, zu begegnen, haben werden. Es geht darum, dass wir – in Sinne von Donald Rumsfeld – von vielen Dingen gar nicht wissen, dass wir sie nicht wissen[18], obwohl wir sie wissen müssten, um die Folgen abschätzen zu können. Wir sollten aber das globale Risiko „Klimawandel" mindestens genauso gewissenhaft behandeln wie private Risiken. Der persönlichen Versicherung gegen Krankheit, Feuer etc. entspricht in Zusammenhang mit Klimawandel das Ausrichten des täglichen Handelns auf allen Ebenen im Einklang mit Klimaschutz.

Der Investment Banker Grantham sah die Situation als Wettlauf zwischen – primär technologischen – Neuerungen und der Katastrophe[19]. Soziale Innovation, so seine Sicht, wäre im politischen, finanzwirtschaftlichen und individuellen Bereich nur erzielbar in Kombination mit technologischen Neuerungen. Verzicht sei einfach keine Option. Bezüglich der Dekarbonisierung war er relativ optimistisch, seine Sorge galt vor allem dem Bodenverlust sowie der schwindenden landwirtschaftlichen Produktion. Noch 30 bis 70 Ernten könnten auf konventionelle Weise erzielt werden, dann würden Auslaugung, Erosion und Vergiftung die Erträge einbrechen lassen. Da man dies aber wisse, könne man auch gegensteuern – allerdings müsste das schnell erfolgen.

Besonders tiefsinnig setzen sich die beiden Australier Spratt & Dunlop mit der Problematik der unterschätzten Risiken auseinander[20] und meinen: *Das Versagen sowohl der Forschungsgemeinschaft als auch der Politik, ein existenzielles Risikomanagement zu erwägen, befürworten oder umzusetzen, ist ein Versagen der Vorstellungskraft mit katastrophalen Folgen.*

Wallace Wells[21] betrachtete 2019 in dem Beitrag „Uninhabitable Earth"[22] die am oberen Rand angesiedelten „Business as usual"-Klimaprojektionen, weil er meinte, dass die Öffentlichkeit das Ausmaß des Risikos nicht verstanden habe. Die daraus resultierende allgemeine Selbstgefälligkeit schätzt er gefährlicher ein als Panik. Ähnlich wie die schwedische Klimaaktivistin Greta Thunberg bestätigte er: Ja, sein Beitrag sei alarmistisch, aber wir sollten alarmiert sein.

→ Die fehlenden oder nur zögerlich einsetzenden Maßnahmen sind nach Risikoforscher Ortwin Renn[23] die Folge einer systemischen Unterschätzung der Risiken und das Fehlen geeigneter Governance-Strukturen. Diese tragen bereits das Scheitern der Menschheit in sich, gelingt es nicht durch Bewusstseinsbildung und strukturellen Änderungen die Katastrophe zu vermeiden – ein Wettlauf mit der Zeit, dessen Ausgang ungewiss bleibt.

Und schließlich gibt es eine zunehmende Fülle von Literatur jener, die, wie Jem Bendell, der Ansicht sind, dass wir einer Selbsttäuschung unterliegen, wenn wir davon reden, es noch schaffen zu können. Er ließ 2017 mit einem Artikel „Deep Adaptation: A Map for Navigating Climate Tragedy" aufhorchen[24] und publizierte 2023 eine ausführlich recherchierte Fassung in Buchform[25]. Inhaltlich wird auf seinen und ähnliche Ansätze im nächsten Kapitel eingegangen.

Warum ich? Untätigkeit hat Gründe

Was ist, wenn wir wegschauen – einfach den Kopf in den Sand stecken, hoffen, dass alles gut geht und warten, was passiert? Das ist keine so seltene oder abwegige Haltung – Menschen nehmen sie bei vielen Problemen ein und begründen das vor sich selbst auf unterschiedliche

Weise. Die Psychologie kennt und benennt diese verschiedenen Strategien, die unter bestimmten Umständen überlebenswichtig sind, aber gerade beim Klimaschutz leider auch hinderlich sein können[26].

Zum einen haben wir alle nur ein begrenztes Verständnis: Ein Gutteil unseres Gehirns ist evolutionär betrachtet sehr alt. Es ist darauf ausgelegt, unmittelbare Gefahren und Beutetiere, also die Gegenwart, wahrzunehmen und darauf zu reagieren – etwa mit Flucht oder Kampf als Reaktion auf Gefahr – aber es macht sich keine Sorgen über den nächsten Tag oder gar das nächste Jahr. Der Löwe legt sich kein Lager erlegter Beute an, sondern geht auf die Jagd, wenn er Hunger hat. Unser altes Gehirn ist zwar in der Lage, mit dem globalen Klimawandel umzugehen, aber es fällt ihm nicht leicht. Unter anderem neigen wir auch dazu, zukünftige Übel als weniger schwerwiegend einzuschätzen als gegenwärtige. Die Ökonomen machen das übrigens systematisch: Sie diskontieren. Unter der Annahme, dass zwischen jetzt und der Zukunft unsere Ersparnisse anwachsen, können wir in der Zukunft größere Ausgaben bzw. Schäden bewältigen. Statt heute 100 Euro für Klimaschutz auszugeben, nehmen wir 500 Euro Schäden in zehn Jahren in Kauf. Zahlen die Banken keine Zinsen mehr oder wirft der Betrieb keinen Gewinn ab, bleiben wir auf dem Schaden sitzen – aber eben erst irgendwann. Und ich mache es natürlich auch: Einen langen, herausfordernden Textbeitrag, der erst in einem Jahr fällig wird, sage ich leicht zu, aber bei einem kurzen, leichten Beitrag, der diese Woche abgegeben werden muss, wäge ich meine Zeitressourcen sorgfältiger und realistischer ab.

Wir haben auch nur begrenztes Wissen – vor allem fehlt es uns an umsetzbarem Wissen: Wer weiß schon, vor einem Regal im Supermarkt stehend, welche Tomate klimafreundlicher ist – die aus dem österreichischen Glashaus stammende oder jene sonnengereifte, aus Spanien importierte? Abgesehen von den verursachten CO_2-Emissionen – darf man als Tomaten verkleidetes Wasser aus einer an Wassermangel leidenden Gegend importieren, wenn bei uns Wasser (noch) reichlich vorhanden ist? Und den sozialen Aspekt der Nachhaltigkeit will man auch nicht außer Acht lassen – über die Ausbeutung der sogenannten Erntehelfer in Spanien war doch neulich Fürchterliches in den Medien zu lesen? Bei all diesen Unsicherheiten greift man dann doch zu den schönsten oder den billigsten Tomaten und möchte gar nicht wissen, wie es um ihre Produktionsbedingungen steht. Deswegen bräuchten wir Konsument:innen Hilfen – einfache Regeln oder Zertifikate und Aufkleber, die uns bei der Wahl helfen. Bis dahin sind Fehlentscheidungen vorprogrammiert.

Eines der häufigsten Argumente, das ich höre, ist: Wir („Guten") sind ja so wenige, was können wir schon ausrichten? Österreich ist so klein, trägt so wenig zum Klimawandel bei – da muss man schon mit China anfangen! Es gibt viele Antworten darauf: Sie gehen ja auch wählen, obwohl Sie nur eine von 6,3 Millionen Stimmen haben (zum Vergleich: Österreich emittiert zwei von tausend CO_2-Molekülen). Oder: Bei einer Rettungsgasse müssen auch alle Autos mitmachen[27] – ein kleiner, unkooperativer Mini blockiert die Rettungsfahrzeuge genauso wie ein 18-Tonner. Oder sachlicher: Alle Staaten, die weniger als zwei Prozent der globalen Emissionen verursachen, verantworten gemeinsam doch 25 Prozent der gesamten Emissionen. Auch dass wir pro Person mehr emittieren als die Chinesen, ist richtig. Aber da es bei dem Verweis auf die eigene Kleinheit eigentlich nur um eine Ausrede geht, kommt man ihm mit sachlichen Antworten nicht bei. Für Menschen, die solche Argumente bringen, muss Klimaschutz attraktiv oder Mainstream werden.

Viele unserer Entscheidungen sind auch vorbestimmt durch Ideologien oder Religionen. Die politischen Führer in den USA, die den Klimawandel leugnen, tun dies in der Regel nicht aus Unwissenheit. Sie tun dies, weil sie genau wissen, dass das Problem ohne staatliche Eingriffe nicht lösbar ist. Solches Dazwischentreten können aber insbesondere Republikaner nicht zulassen, weil nach ihrer Ideologie der Staat in die Wirtschaft und Gesellschaft nicht eingreifen soll[28]. Sie müssen daher das Problem leugnen[29]. Naomi Klein, eine amerikanische Journalistin, meint sogar[30], dass gerade die sogenannten Klimaleugner in den USA die Tragweite des Problems viel besser erkannt hätten als manche wohlmeinende Klimaschützer:innen, und dass sie sich gerade deswegen so vehement und unerbittlich gegen die wissenschaftlichen Erkenntnisse stellen.

Man kann die Verantwortung auch abschieben: Auf Technik – die Menschen haben bis jetzt immer noch Lösungen gefunden – oder auf Gott – sein Wille geschehe, die Gottesfürchtigen haben nichts zu befürchten –, oder ... Diese Ansätze erinnern an die Geschichte von dem Menschen, der aus dem zehnten Stockwerk stürzt und sich, als er bei der zweiten Etage vorbeifällt, tröstet: Bis jetzt ist alles gut gegangen.

Beliebt ist auch das Argument: Warum soll ich mich einschränken, wenn andere es nicht tun? Die gefühlte Ungleichheit hindert viele daran, aktiv zu werden. Dieses Argument hält natürlich nur, solange Klimaschutz als Verzicht verstanden wird, denn geht es um Vorteile, ist man in der Regel nicht so zimperlich. Wenn wir es also schaffen, dass die notwendigen Gewohnheitsänderungen nicht als Verzicht, sondern als Gewinn verstanden werden, kommt wirklich etwas in Bewegung!

In manchen Fällen geht es auch darum, dass man gerade investiert hat – beispielsweise in eine neue Ölheizung – und sich nicht eingestehen will, dass das eine Fehlinvestition war, die sich nicht mit den Ansprüchen an sich selbst hinsichtlich des Klimaschutzes vereinbaren lässt. Eher als sich diesen Fehler einzugestehen, redet man sich ein, dass Erneuerbare Energien noch nicht hinreichend weit entwickelt sind, im konkreten Fall auch gar nicht besser wären usw. Das tun übrigens nicht nur Individuen, sondern auch ganze Staaten: So wäre es in den 1990er-Jahren für die Slowakei wirtschaftlich günstiger gewesen, in Gaskraftwerke zu investieren, als die ein Jahrzehnt vorher mit russischer Hilfe begonnenen ersten beiden Blöcke des Kernkraftwerkes Mochovce, inzwischen veraltet und teilweise verrostet, fertigzubauen. In der Auseinandersetzung mit Österreich wurde u. a. damit argumentiert, dass schon so viel in diese beiden Blöcke investiert worden sei; das Geld wäre vergeudet, sollte man jetzt auf ein Gaskraftwerk umsteigen. Viele Menschen lassen sich durch derartige Überlegungen überzeugen, obwohl doch offensichtlich sein sollte, dass ausschließlich der Vergleich der noch anfallenden Kosten ausschlaggebend ist und die Wahl der teureren Lösung nur zu noch größerer Geldverschwendung führt.

Besonders schwierig fällt das Eingeständnis, wenn es um Investitionen in das eigene Leben geht, das heißt wenn z. B. eine Berufswahl getroffen wurde oder sich ein Beruf ergeben hat, der aus späterer Sicht oder aus dem Blickwinkel anderer als „schädlich" angesehen wird. Insofern wäre es sehr wichtig, bei Bewertungen zu unterscheiden zwischen der Industrie bzw. der Sparte und den Menschen, die darin arbeiten, denn der Großteil ist ohne direkten Einfluss auf die Aktivitäten ihres Arbeitgebers. Denkt man an die umgekehrte Situation, wir sofort klar:

→ Nicht alle Menschen, die in einem zukunftsfähigen, „ökologischen" Betrieb arbeiten, handeln selbst auch klima- und zukunftsbewusst. Sie sind ebenso wenig automatisch die „Guten", wie jene die „Bösen" sind. Es wäre jedenfalls wichtig, Umschulungs- und Ausstiegsmöglichkeiten anzubieten, für Menschen, die sich in ihrem beruflichen Umfeld aus grundsätzlichen Erwägungen nicht mehr wohlfühlen.

Bereitschaft zu Veränderung erfordert auch Vertrauen – Vertrauen, dass die Änderung notwendig ist, dass es dabei fair zugeht und man nicht übervorteilt wird. Stellt man die Höhe der CO_2-Steuer dem Vertrauen in die Politik gegenüber, so zeigt sich[31], dass jene Staaten die höchste und daher auch wirksamste CO_2-Bepreisung haben, bei denen das Vertrauen in die Politik groß ist. Grundsätzliche Skepsis gegenüber Politiker:innen bzw. Wissenschaftler:innen, oder wenig überzeugende Klimaschutzprogramme führen mitunter sogar dazu, dass das Klimaproblem grundsätzlich geleugnet wird.

Auch befürchtete Risiken können das Handeln einschränken oder verhindern: Würde eine neue, solar-getriebene Heizung auch im Winter hinreichend gut funktionieren? Wäre das Elektroauto auch bei einem Unfall sicher? Kämen unerwartete Kosten auf mich zu? Wer garantiert mir, dass eine Solaranlage über meinem Feld nicht mehr Kosten verursacht, als sie Gewinn einbringt?

Sehr oft stößt man aber auf Argumente wie „Ich habe ohnehin schon alle Glühlampen durch LED ersetzt" oder „Ich kaufe nur Second-hand-Kleidung" als Begründung, warum man Anderes, Klimafreundliches, wie z. B. nicht mehr zu Fliegen, weniger Fleisch zu essen oder die Wäsche aufzuhängen statt in den Trockner zu legen, nicht tut. Diese Handlungen können reinen Symbolcharakter haben oder substanziell sein – jedenfalls dienen sie als Ausrede, sich nicht um mehr bemühen zu müssen.

Von besonders großer Bedeutung sind soziale Vergleiche: Wir wollen nicht aus der Reihe tanzen. Was würden meine Freund:innen sagen, wenn ich aufhörte, Fleisch zu essen? Wenn alle automatische Rasenmäher haben, brauche ich auch einen, obwohl dadurch die Biodiversität auf meiner Wiese vernichtet wird. Wir kaufen oft nicht sosehr, weil wir das Produkt brauchen, sondern weil das Produkt uns sozialen Status verleiht[32]. Soziale Normen können natürlich auch für den Klimaschutz genutzt werden, wenn einmal ein Anfang gemacht ist, denn es gilt auch: Haben alle PV-Anlagen auf dem Dach, brauche ich sie auch; kommen alle anderen mit weniger Strom aus, kann ich das auch; fliegen meine Nachbarn nicht mehr, fliege ich auch nicht mehr ... Letztlich geht es bei den Bemühungen um die Transformation der Gesellschaft sehr zentral darum, ein neues Moralgefühl zu entwickeln: In der Römerzeit war es akzeptiert, dass man Menschen vor Publikum um ihr Leben kämpfen ließ. Die Sklavenwirtschaft – Menschen als Ware zu behandeln – war weit verbreitet und wurde in den USA erst in den 1860er-Jahren nach einem verlustreichen Bürgerkrieg aufgegeben. Ein veränderter Blick auf Pelzmäntel, aufs Rauchen und Flugscham sind Bespiele für derzeit stattfindenden Wandel. Wenn die Aussagen der deutschen Formel-1-Fahrer Hülkenberg und Glock stimmen, dann wandelt sich in Deutschland auch die Haltung zum Autorennsport.[33] Aber noch gilt klimaschädliches Handeln dem Großteil der Gesellschaft nicht als verwerflich, und es gibt berechtigte Sorge, dass dieser moralische Wandel zu langsam sein wird, um den Klimawandel rechtzeitig zu stoppen.

Wundern Sie sich nicht, wenn eines oder mehrere dieser Argumente bei Ihnen Widerhall gefunden haben. Immer wenn wir zerrissen sind – etwa zwischen dem Anspruch, den wir an uns selbst stellen (z. B. ich verhalte mich klimafreundlich), und einem Wunsch oder Gefühl (z. B. ich möchte dazugehören, also mitreden können, wenn meine Freund:innen von Vietnam schwärmen), dann sucht unser Gehirn eine Möglichkeit, den Widerspruch aufzulösen. Es begründet also, warum eine Urlaubsreise nach Vietnam in meinem Fall doch kompatibel ist mit dem klimafreundlichen Leben (z. B. der Flieger fliegt auch ohne mich; das ist heuer die einzige Flugreise; die Vietnamesen brauchen die Tourismuseinnahmen). In vielen Fällen ist diese Fähigkeit für unsere psychische Gesundheit essenziell – etwa wenn Sie in der Nähe eines Kernkraftwerkes wohnen, nicht ohne große Opfer übersiedeln könnten, aber gleichzeitig Angst vor einem Unfall haben. Wenn es Ihrem Gehirn nicht gelingt, Sie zu überzeugen, dass Radioaktivität in geringer Dosis sogar gesundheitsfördernd ist, Kernkraftwerksunfälle an sich sehr unwahrscheinlich sind und dieses konkrete Kernkraftwerk besonders gut geführt und daher sicher ist oder dass der Wind fast nie in Ihre Richtung bläst, werden Sie zu einem Nervenbündel, das ständig mit einem Ohr bei den Nachrichten und mit einem Auge beim Kühlturm des Kernkraftwerkes und seiner Dampfwolke ist. Verdrängung und kognitive Dissonanz haben also durchaus ihre Berechtigung. Es ist aber wichtig, diese Strategie unseres Gehirns zu durchschauen und sie, wo sie nicht gerechtfertigt ist, zu durchbrechen.

→ Alle hier beschriebenen realen und vorgeschobenen Hemmnisse liegen zunächst auf der individuellen Ebene. Weil Menschen aber darauf gut ansprechbar sind, werden viele davon auch von Firmen, Institutionen oder Staaten als Grund vorgegeben, warum Handeln ihrerseits nicht sinnvoll oder nicht notwendig ist. Die wahren Gründe sind aber meist anders gelagerte Interessen – etwa Profit, Machterhalt, politische Unterstützung durch zahlungskräftige Akteure, vermutete Wählerpräferenzen u. a.

Es gibt also sehr viele Gründe, nichts zu tun oder jetzt nicht zu handeln, daher ist es vielleicht gar nicht so verwunderlich, dass im Klimaschutz so wenig weitergeht, trotz der langjährigen und immer drastischer werdenden Warnungen.

So tun, als ob: Das Handeln verzögern

Auch ohne den Klimawandel zu leugnen, gelingt es, mit vier Typen Argumenten, die sich teilweise mit den oben angeführten überlappen, das politische Handeln zu verzögern[34]: Die Verantwortung wird auf andere verschoben, nicht transformative Lösungen werden propagiert, die Nachteile von Klimaschutzmaßnahmen in den Vordergrund gestellt oder jedes Handeln als zu wenig und zu spät dargestellt. Fälle, in denen solche Argumente wissentlich als Verzögerungsmaßnahmen vorgebracht oder unwissentlich in gutem Glauben nachgeplappert werden, nehmen zu, während das Leugnen des menschengemachten Klimawandels seltener wird.

Für das gegenseitige Zuspielen von Verantwortung ist die Diskussion zwischen Politik und Individuen ein gutes Beispiel: Muss die Politik zuerst die Rahmen setzten oder müssen die Individuen einsparen, was ihnen im gegenwärtigen Rahmen möglich ist? Das kann etwa heißen: Ich kann erst dann mit dem Rad zur Arbeit fahren, wenn der Weg auf ausgebauten Radwegen sicher ist und bei der Firma verschließbare, überdachte Radständer existieren. Und auf der Seite der Gemeinde und der Firma: Wir können Radwege und Abstellplätze nicht für die wenigen Personen ausbauen, die derzeit mit dem Rad fahren – das verursacht unverhältnismäßig hohe Kosten.

Sehr bekannt ist natürlich auch das Spiel: Warum wir, wenn doch andere viel mehr emittieren – China, der Verkehrssektor, die Städte, die andere Firma etc.? Die Sorge, die auf Firmen- oder Staatsebene oft mitschwingt, lautet, dass andere aus den eigenen Klimaschutzmaßnahmen unerlaubte Vorteile ziehen. Ganz krass hat das Donald Trump zum Ausdruck gebracht: Im Pariser Klimaabkommen gehe es weniger um das Klima und mehr darum, anderen Ländern einen finanziellen Vorteil gegenüber den USA zu verschaffen.

Für die Beschränkung auf nicht transformative Lösungen ist das Fördern von E-Fuels durch den österreichischen Bundeskanzler Nehammer und letztlich auch durch die EU im Jahr 2023 ein schönes Beispiel: Das Mobilitätssystem muss sich nicht ändern, die Fahrzeuge können bleiben – geändert wird nur der Treibstoff, wenn er dann einmal verfügbar sein wird. Keine Rede davon, dass Mobilität ganz anders gedacht werden muss, dass von der Raumplanung angefangen (sind Grundversorgung, Post, Apotheke, Arzt im Kern oder am Ortsrand angesiedelt?) über die Verkehrsmittelwahl (mehr zu Fuß, mehr Rad, mehr Öffis) auch das Denken (Was kann ich unterwegs erledigen? Kann ich jemandem etwas mitbringen und so einen Weg ersparen?) angepasst werden müssen. Das heißt aber umgekehrt: Wir können weiter Straßen bauen, Parkplätze vorhalten usw. – all das, was sich die Bau- und die Pkw-Lobby wünscht.

In diese Kategorie gehören auch das Vertrösten auf eine noch nicht existente technologische Lösung (z. B. kleine, sichere, billige, atommüllfreie Kernkraftwerke/SMR oder gar Wasserstoff aus Fusionsenergie), das Übertragen der Lösung an die Verursacher des Problems (die fossile Wirtschaft ist Teil der Lösung) oder das Zufriedengeben mit Erreichtem in Kombination mit ambitionierten Zielen, aber ohne konkreten Maßnahmenplan (in Österreich „Netto-Null" 2040 im Regierungsprogramm, aber kein Klimaschutzgesetz zur Überprüfung des Fortschrittes).

Gut gelungen ist es der Automobilindustrie, den Fleischproduzenten/-bauern und der Bauwirtschaft, reale oder vermeintliche Nachteile fortschrittlicher Lösungen in das öffentliche Bewusstsein zu rücken und so Maßnahmen zu verzögern. Es gibt kaum einen Vortragsabend, bei dem ich nicht nach den Umweltnachteilen der Elektrobatterien für Autos gefragt werde. Der Lithium Abbau, so wie er derzeit betrieben wird, verursacht zweifelsfrei inakzeptable Umweltzerstörung, aber die Ölgewinnung für fossile Kraftstoffe nicht minder. Beides könnte mit einem strengen Lieferkettengesetz, das soziale und Umweltstandards umfasst, wesentlich verbessert werden. Allerdings müssten wir dann höhere Preise für Batterien und Treibstoff in Kauf nehmen, billig, sozial und umweltfreundlich geht bei Extraktion nicht. Und wer hat noch nicht gehört, dass vegane Ernährung ungesund sei? Bei allen Ernährungsformen kommt es darauf an, eine ausgewogene Diät sicherzustellen, einschließlich der notwendigen Spurenstoffe. Man kann sich auch ohne Vegetarier oder vegan zu sein ungesund ernähren – wie auch ein nicht unwesentlicher Teil der Bevölkerung es tut. Die verbreitete Fettleibigkeit – etwa die Hälfte der österreichischen Bevölkerung gilt als übergewichtig oder gar adipös[35] – spricht eine klare Sprache. Und dass man in Plus-Energiehäusern die Fenster nicht öffnen könne und das Wohnen darin ungemütlich sei, ist schlichtweg falsch.

Soziale Argumente werden besonders gern vorgeschoben: Ökosteuern belasten vor allem jene, die es ohnehin schwer haben, war im österreichischen Wahlkampf 2019 besonders oft zu hören – auch von jenen, denen diese Wählergruppe in der Regel kein Anliegen ist. Das hat sich nach Einführung der CO_2-Steuer noch verschärft. Ich erinnere mich an eine TV-Diskussion mit einer Dame, die dankenswerterweise und mit viel Empathie Haushalte berät, die nicht mehr wissen, wie sie mit dem Geld auskommen sollen. Sie hat die Klimaproblematik ernst genommen, aber sie war darüber entsetzt, dass ihre Klient:innen jetzt auch noch durch eine Ökosteuer belastet werden sollen. Dabei ist die CO_2-Steuer – eine Form der CO_2-Bepreisung – eine der wenigen Maßnahmen, die eine finanzielle Umverteilung von den Wohlhabenderen zu den Ärmeren bewirkt, wenn sie mit einem Klimabonus verbunden wird. Ein Beispiel: Eine „arme" Familie wohnt in einem Zimmer und braucht einen Kohlesack, um diesen Raum im Winter zu beheizen. Eine „reiche" Familie mit einer Sechs-Zimmer-Wohnung benötigt neun Säcke Kohle, weil sie mehr und größere Räume hat und es auch etwas wärmer haben will. Durch die Steuer auf CO_2 kostet jetzt jeder Sack Kohle um 20 Euro mehr, das bedeutet, die „arme" Familie zahlt 20 Euro mehr, die „reiche" Familie 180 Euro. Beide bekommen 100 Euro Klimabonus. Der „armen" Familie bleiben 80 Euro „übrig", nachdem sie den höheren Preis bezahlt hat, die „reiche" Familie muss 80 Euro zuschießen – was ihr nicht schwerfällt. Die „arme" Familie hat daher von der sozial-ökologischen Steuer profitiert, die „reiche" hat draufgezahlt. Der Staat hat 200 Euro eingenommen und 200 Euro ausgezahlt, war also nur Vermittler. Dieses Modell kann natürlich abgeändert werden, der Staat kann noch weitere Bedingungen an den Klimabonus knüpfen, wie das in Österreich passiert ist – man hat etwa versucht, den Zugang zum öffentlichen Verkehr bei Bemessung der Höhe des Bonus zu berücksichtigen. Man könnte auch einen Deckel auf Einkommen setzen, sodass höhere Einkommen einen geringeren Bonus erhalten usw. Jedenfalls gibt es viele Formen, auch eventuell dennoch auftretende Härten sozial auszugleichen. Das Argument der Verzögerer – es würden vor allem jene belastet, die es ohnehin schwer hätten – stimmt in dieser pauschalen Form jedenfalls nicht.

Schließlich wird oft noch so getan, als ob alle Klimaschutzmaßnahmen von heute auf morgen passieren würden, und es müssten auch die Industrien und vor allem deren Arbeiterschaft geschützt werden. Statt ein

Konzept für einen Übergang und für Umschulungen zu erstellen oder neue, zukunftsfähige Betriebe anzusiedeln, eventuell auch eine Bewusstseinskampagne zu starten, werden notwendige Maßnahmen abgewehrt.

Manchmal wären aber auch sehr kurzfristige Ankündigungen vorteilhaft: Nachdem in Österreich festgelegt wurde, dass ab 2023 Ölheizungen nur mehr durch erneuerbare Heizsysteme ersetzt werden dürfen, haben sich viele, vor allem ältere Menschen entschlossen, ihren etwas älteren Ölofen vorzeitig durch einen neuen zu ersetzen, obwohl der alte noch funktionstüchtig ist. Sie wollen sich den organisatorischen und finanziellen Aufwand, auf eine neue Heizungsart umzusteigen, ersparen. Das ist aus individueller Sicht verständlich, aber da die neue Ölheizung jedenfalls bis 2035 halten wird, wenn alle fossilen Heizungen getauscht werden müssen, haben sie damit einen Lock-in-Effekt für zwölf Jahre erzeugt und das zeitgerechte Erreichen der Klimazielen erschwert. Es läge an der Politik, unkompliziert Hilfen für den Umstieg anzubieten, um Angst und Sorgen zu nehmen.

Natürlich tragen die Verzögerungstaktiken – ob sie bewusst oder unbewusst eingesetzt werden - dazu bei, dass Menschen den Glauben daran verlieren, dass die Klimaziele noch erreichbar sind. Auf das vierte Argument, dass es ohnehin schon zu spät sei, wird im nächsten Kapitel noch ausführlich eingegangen.

→ Es kommt aber in letzter Zeit noch eine anders gelagerte Taktik hinzu, die nicht nur verzögert, sondern sehr schädlich sein kann: Klimaschutz wird missbraucht zur Förderung alter Wirtschaftsinteressen. So etwa spricht man von der Notwendigkeit, Genehmigungsverfahren für Windkraftanlagen zu beschleunigen, aber von den vereinfachten oder beschleunigten Verfahren profitieren nicht nur Windkraftanlagen, sondern viele andere Vorhaben, die nichts mit Klimaschutz zu tun haben, möglicherweise sogar kontraproduktiv sind. Auf diese Weise werden Schutzbestimmungen für die Natur oder Anrainer:innen unter dem Deckmantel des Klimaschutzes geschmälert und nicht selten der Klimaschutz konterkariert.

Ich habe dafür den Begriff „Klimatrojaner" vorgeschlagen, nach dem Trojanischen Pferd, das nach außen hin eine Gabe an die Götter zur Sicherung der Heimreise der abziehenden griechischen Armee war, innen aber voller Krieger, um die jahrelang belagerte Stadt Troja durch List einzunehmen. Ähnlich wie beim Greenwashing ist für den nicht Eingeweihten nicht immer auf Anhieb erkennbar, was das eigentliche Ziel einer Maßnahme ist.

Leider entsteht solcherart auch Widerstand gegen Klimagesetzgebung, weil der oft nicht unbegründete Verdacht besteht, dass der Klimaschutzaspekt nur Schein ist, oder weil vermutet wird, dass die Lasten der Gesetzgebung die „Kleinen" treffen, die „Großen" aber ausgenommen seien oder ihnen gar Vorteile zugutekommen. Auch dafür gibt es zahlreiche Beispiele. Kleinere Betreiber von Privatjets sind vom europäischen Emissionshandel befreit, der eigentlich für Luftverkehrsunternehmen obligatorisch ist, obwohl die Treibhausgasemissionen pro Flugkilometer und Person bei den kleinen Jets ein Zehnfaches jener einer voll besetzten Großmaschine ausmachen und in Deutschland etwa dreiviertel aller Flüge Kurzstreckenflüge unter 500 Kilometer Distanz sind[36], Tendenz steigend. Das Verbot von Kurzstreckenflügen schlechthin, wie in Frankreich 2023 in sehr gemäßigter Form beschlossen[37], ist hingegen transparent und gerecht.

Verbote mögen nach Diktatur klingen, aber das sind sie nur, wenn sie nicht von demokratisch legitimierten Gremien beschlossen werden. In ihrer Wirkung erweisen sie sich als wesentlich demokratischer als jede Steuer oder Abgabe, weil sie für alle gleichermaßen gelten, von berechtigten, überprüfbaren Ausnahmen – im konkreten Fall etwa Rettungsflüge – abgesehen. Als gerecht wahrgenommene Bestimmungen werden leichter akzeptiert als solche, bei denen Schlupflöcher vermutet werden. Im Übrigen gibt es zu jedem Verbot die Kehrseite, die Ermöglichung: Das Verbot von SUVs in der Stadt macht sauberere Luft, mehr Platz für Bäume etc. möglich; das Verbot von Geschwindigkeiten über 80 km/h auf Landstraßen gestattet zahlreichen Menschen ein gesundes, langes Leben, die sonst Opfer von Verkehrsunfällen geworden wären.; das Verbot von insektenvernichtenden Pestiziden lässt die natürliche Bestäubung unserer pflanzlichen Nahrungsmittel und gesündere Produkte zu. Darüber nachzudenken, statt unreflektiert in den Chor der Stimmen gegen Verbote einzustimmen, lohnt sich!

Endlich hinschauen: Klimapolitik ist Umverteilungspolitik

Meinem Vater hat sein Lehrer in der Schule erklärt, dass der Kaiser Geld für den Krieg brauche, und jede Familie spenden müsse. Wenn jeder der vielen armen Schlucker auch nur einige Kreuzer spende, käme mehr zusammen, wie wenn die wenigen Reichen viel gäben. Eine gewisse Ähnlichkeit hat das mit jetzigen Appellen an die allgemeine Bevölkerung, Treibhausgasemissionen einzusparen: Mehr zu Fuß gehen und Rad fahren, weniger Fleisch, Deckel auf den Kochtopf, Stand-by abschalten usw. Aber die Rechnung, dass der Beitrag der Vielen wirksamer wäre als jener der Wenigen, hat für die Kriegsfinanzierung nicht gestimmt, und sie stimmt auch heute nicht: Wenn alle Menschen in Österreich gleichermaßen zehn Prozent ihrer Emissionen einsparen, dann haben die ärmsten 50 Prozent nur 26 Prozent zur zehnprozentigen Reduktion der österreichischen Emissionen beigetragen, die reichsten zehn Prozent aber 30 Prozent. Weltweit fällt der Unterschied noch deutlicher aus. Dabei ist außer Acht geblieben, dass es den Reichsten aufgrund des aufwändigeren Lebensstils ein Leichtes wäre, mehr als zehn Prozent einzusparen.

Global gesehen, waren 2019 die obersten zehn Prozent auf der Einkommens- und Vermögensskala für 48 Prozent der Emissionen verantwortlich, die untersten 50 Prozent aber nur für zwölf Prozent. Die obersten ein Prozent waren für 23 Prozent der Zunahme an Emissionen seit 1990 ausschlaggebend, die untere Hälfte lediglich für 16 Prozent.[38] Eine Schätzung der Emissionen sehr Reicher[39] auf der Basis einiger weniger, analysierter Haushalte, für die Daten zugänglich waren oder abgeschätzt werden konnten, führt zu den etwa zehnfachen konsumbasierten Emissionen des globalen Durchschnittes, wobei etwa die Hälfte auf Flugreisen zurückzuführen ist. Insgesamt werden die Emissionen der reichsten 0,54 Prozent der Weltbevölkerung auf etwa 14 Prozent der globalen Emissionen geschätzt, während die ärmere Hälfte der Weltbevölkerung bloß zehn Prozent der Emissionen verursacht.

Eine etwas anders orientierte Studie[40] schätzt, dass ohne deutliche Reduktion der Emissionen der reichsten zehn Prozent der Menschen die

Pariser Ziele nicht erreichbar sind. Der Kohlenstoff-Fußabdruck der reichsten ein Prozent der Weltbevölkerung wird im Jahr 2030 um 25 Prozent höher sein als 1990, 16-mal höher als der weltweite Durchschnitt und etwa 30-mal höher als jenes globale Pro-Kopf-Niveau, das mit dem 1,5°C-Ziel vereinbar ist. Die reichsten zehn Prozent werden einen Fußabdruck haben, der neunmal so hoch ist, während der Fußabdruck der ärmsten Hälfte der Weltbevölkerung noch weit darunter liegen wird. Auch diese Studie kommt zu dem Ergebnis, dass es vor allem Luxusjachten und Privatflugzeuge sind, die zu den exorbitanten Emissionen beitragen.[41] Neuerdings muss man wohl auch private Weltraumflüge einbeziehen.

In Österreich verursachen die obersten zehn Prozent etwa ein Drittel aller Emissionen, während die untere Hälfte der Bevölkerung nur etwa 26 Prozent der Treibhausgasemissionen verantwortet[42]. Wer zählt zu den obersten zehn bzw. den untersten 50 Prozent? Weltweit gesehen, zählen Jahres-pro-Kopf-Einkommen – summiert über verschiedenen Einkommensquellen – über 40.000 Euro zu den zehn Prozent Wohlhabendsten, alle bis zu einem Jahres-pro-Kopf-Einkommen von 7.000 Euro zur unteren Hälfte. Überträgt man diese globalen Grenzen auf die Einkommen in Österreich, befinden sich etwa 25 Prozent bei den zehn Prozent reichsten und elf Prozent bei der ärmeren Hälfe der Welt. Innerhalb Österreichs liegen die Jahres-pro-Kopf-Einkommensgrenzen für die zehn und 50 Prozent bei 35.000 bzw. 74.000 Euro.[43] Diese Zahlen können aber nur eine ganz grobe Orientierung geben, denn es kommt auch auf darauf an, wie viele Menschen im Haushalt von diesem Einkommen leben, was an Vermögen vorhanden ist, insbesondere ob Miete gezahlt werden muss etc.

Der eingangs gemachte Vergleich hinkt aber in anderer Hinsicht: Der eigene Beitrag zum Klimaschutz kommt uns selbst auch direkt zugute – wir leben gesünder, wir sparen Kosten – und in Summe uns allen, hauptsächlich unseren Kindern; es ist also ein Beitrag zu einer positiven Veränderung. Der Krieg, für den in den Schulen damals um Spenden geworben wurde, hat allein in Österreich-Ungarn über eine Million Tote gefordert und den Kindern nicht nur Hunger beschert, sondern oft auch den Vater oder Brüder genommen[44]. Spendenaufrufe für den Frieden wären wohl eher gerechtfertigt gewesen, und wären eher vergleichbar mit den heutigen Klimaschutz-Appellen.

Dass Appelle an die vielen, Treibhausgase einzusparen, trotzdem gerechtfertigt sind, hängt damit zusammen, dass nur so der Politik signalisiert werden kann, dass Klimaschutz erwünscht ist. Das darf aber nicht darüber hinwegtäuschen, dass Klimaschutz ohne Umverteilung – zwischen Ländern ebenso wie zwischen Menschen – zum Scheitern verurteilt ist. Spricht man dieses Thema an, kommt man leicht in den Ruf, den „Reichen" ihren Reichtum zu missgönnen. Aber darum geht es nicht – es geht um die Sicherung der Zukunft auch deren Kinder und um Grundvorstellungen von Gerechtigkeit. In Zusammenhang mit Nachhaltigkeit geht es u. a. um die Frage, wer wie viel von den allen zugedachten Gütern für sich beanspruchen darf. Das betrifft sowohl die natürlichen Quellen, das heißt die „Güter", die wir der Natur entnehmen, wie etwa Wasser, Fische, Wildpflanzen, Fläche, als auch die natürlichen Senken, also wie viel „Abfälle" wir der Natur zumuten, etwa Treibhausgase oder Umweltgift etc.

Die obigen Zahlen zeigen, dass die höchsten Einkommens- und Vermögensgruppen einen weit überdurchschnittlichen Anteil an den Emissionen haben. Die einschlägigen Daten sind allerdings dürftig und die Zahlen daher unsicher, denn gerade über die Vermögens- und Einkommensverhältnisse der besonders Wohlhabenden liegen kaum Daten vor. Aber die direkten Emissionen, die mit dem Lebensstil jener Menschen einhergehen, sind nur ein Teil des Problems. Da sehr Reiche immer wieder ins Rampenlicht gestellt werden, tragen sie durch ihr Beispiel zu Emissionen anderer bei, die versuchen, deren Luxus und Lebensstil nachzuahmen. Die Medien unterstützen diesen Prozess durch ihre Berichterstattung: Wer hat welche Jacht mit welcher Ausstattung bauen lassen? Welchen Hobbys frönen die Superreichen? Es ist eigentlich erstaunlich, dass es einen Markt für diese an sich völlig nebensächlichen Geschichten gibt. Offenbar ersetzen solche Geschichten in gewissem Maße die Märchen, welche uns früher eine Fluchtmöglichkeit aus einem beschwerlichen oder deprimierenden Alltag boten. Aber die Märchen waren erdacht worden und enthielten Lebensweisheiten, die für den Alltag nützlich waren. Hier handelt es sich aber um keine

Märchen, sondern um Blitzlichter aus Leben, über die sonst wenig bekannt ist, von denen man wenig lernen kann; nachträglich besehen oft auch gescheiterte Lebensentwürfe, überforderte Menschen. Jedenfalls aber eine Manifestation einer ungerechten Welt, die kein Schicksal, sondern veränderbar ist.

Die obersten zehn Prozent, mehr noch die obersten ein Prozent, tragen auch nicht ihren fairen Anteil zum Staatshaushalt bei, und damit auch nicht zu staatlich geförderten Klimaschutzmaßnahmen. Einkommen aus Dividenden und langfristigen Kapitalgewinnen sind zu einem viel niedrigeren Satz besteuert als normale Einkünfte, und fürstlich bezahlte Steueranwälte nutzen jedes rechtliche Schlupfloch, um Vermögenswerte zu verschleiern oder der Steuerbehörde zu entziehen. Warren Buffett, einer der reichsten Männer der Welt, hat darauf hingewiesen, dass seine Sekretärin in Relation mehr Steuern zahle als er: Er habe unter seinen Angestellten erhoben, dass diese im Durchschnitt 32,9 Prozent Steuern zahlen, er aber nur 17,7 Prozent[45].

Erste Anflüge von Widerstand, nicht gegen den Reichtum, aber gegen die damit einhergehenden CO_2-Emissionen, zeigen sich. Mit Privatjets oder Jachten zu protzen löst zunehmend Kritik aus, auch in den sozialen Medien[46]. Weil es möglich ist, auch die Flüge der Privatjets im Internet zu verfolgen, werden die zahlreichen, selbst kurzen Flüge der Superreichen entsprechend kritisch kommentiert von Menschen die sich selbst bemühen, klimafreundlich zu leben und sich Sorgen über die Zukunft machen. Aber für Betroffene gibt es einen Ausweg: Nein – nicht weniger fliegen, sondern statt mit dem eigenen Jet mit einem gemieteten zu fliegen. Dann sind die Flüge nicht mehr verfolgbar und können keine lästigen Postings mehr nach sich ziehen.

Das fehlende Kapitel: Machtstrukturen, Missbrauch und Demokratie

In der Klasse meines Vaters hat niemand den Lehrer gefragt, warum es überhaupt Krieg gibt – wem der wohl nützt – und warum es so wenige unermesslich Reiche und so viele fürchterlich Arme gibt? Diese und ähnliche Fragen muss sich aber eine Gesellschaft gefallen lassen, und da es wohl weder für den Krieg, bzw. in unserem Fall die Klimakrise, noch für die Vermögensunterschiede zufriedenstellende Begründungen gibt, auch Antworten finden, wie diese Missstände behoben werden können.

Der eigentliche Kern des Klimaproblems liegt in einem Wirtschafts- und Finanzsystem, das die starken Vermögensunterschiede ständig anwachsen lässt. Zudem verleiht Geld Macht. Auch die Macht, durch gesetzliche Maßnahmen sicherzustellen, dass das eigene Vermögen wächst oder wenigstens nicht schrumpft. Das ist Machtmissbrauch.

Ich führe häufig mit Studierenden ein kleines Spiel durch[47], bei dem es um Handel und den Erwerb von Reichtum geht. Das Spiel ist so aufgesetzt, dass die Schere zwischen den Ärmeren und den Reicheren im Laufe des Spiels immer weiter aufgeht. Zu einem gewissen Zeitpunkt im Spiel dürfen die Reicheren wesentliche Spielregeln nach ihrem Belieben ändern. Obwohl Studierende, die meine Vorlesungen besuchen, in der Regel eher sozial denkende Menschen sind, hat bisher nur eine einzige Gruppe die Spielregeln so geändert, dass sie ihre eigene Machtposition aufgegeben haben. In den meisten Fällen war das Ziel der neuen Regeln zwar eine Annäherung zwischen den Gruppen, aber gleichzeitig haben sie sichergestellt, dass ihre eigene Position als die Reichsten nicht gefährdet wird. Einige Male wurde durch die Regeländerungen sogar die bevorzugte Stellung ausgebaut. Weil die Zuteilung zu den einzelnen Gruppen zufällig ist, das Ergebnis sich im Kern aber immer wiederholt, handelt es sich offenbar um ein Verhalten, das wenig mit den persönlichen Eigenschaften der jeweiligen Studierenden zu tun hat, sondern das vom System gesteuert wird. In der Nachbesprechung drücken die Studierenden immer wieder ihr Erstaunen aus, wie selbstverständlich sie in diese Rolle geraten sind, wie rasch Angst vor Verlust einsetzt und wie wenig Bereitschaft da ist, auch nur den Überfluss abzugeben.

Leider ist das Spiel diesbezüglich ein getreues Abbild der realen Welt. Das ist nicht neu und kein Geheimnis. Daran ändert auch nichts, dass viele Superreiche nennenswerte Vermögen für gute Zwecke spenden. Der Politologe und Journalist Anand Giridharadas[48] hat aufgezeigt, wie die Reichen und Mächtigen auf jede erdenkliche Weise für Gleichheit und Gerechtigkeit kämpfen – nur nicht auf eine Weise, die die soziale Ordnung und ihre Position an der Spitze bedroht. Sie treten als Retter der Armen auf; sie belohnen großzügig „Vordenker", die den „Wandel" in einer Weise neu definieren, die den Status quo bewahrt; und sie versuchen ständig, mehr Gutes zu tun, aber niemals weniger Schaden anzurichten[49].

Wenn meine Studierenden bei der Nachbesprechung erfahren, dass ihr Zuwachs an Reichtum keineswegs auf ihr Verhandlungsgeschick, sondern auf Manipulation des Zufalls durch die Spielleiterin zurückzuführen ist, sind sie fast beschämt. Die Erzählung, dass man seines Glückes Schmied ist, ist so allgegenwärtig, dass alle – Erfolgreiche und Erfolglose – daran glauben. Entlarvung tut weh. Das bedeutet natürlich nicht, dass man nicht auch durch Geschick oder Fleiß zum Erfolg beitragen kann, aber sich alles selbst zuzuschreiben – Erfolg wie Misserfolg – ist vermessen. Leider müssen sich die Betroffenen im realen Leben keiner „Nachbesprechung" stellen, und das Buch von Giridharadas mag man zwar lesen, aber muss man sich angesprochen fühlen und Konsequenzen ziehen?

Solange die Studierenden die Spielregeln nur befolgen, nicht gestalten, ist das Ergebnis – das Aufgehen der Schere zwischen Arm und Reich – eine Folge eines Systems, das einer Änderung bedarf, aber die Verantwortung liegt nicht bei den Spieler:innen. Wird aber die eigene Position genutzt, um dieses System aufrechtzuerhalten oder gar zu stärken, beginnt der Machtmissbrauch. Der Übergang zur Korruption ist fließend, wobei es hier manchmal um persönliche, vorwiegend aber um institutionelle Korruption geht. Institutionelle Korruption liegt vor[50], *„wenn ein systemischer und strategischer Einfluss, ohne gegen bestehende Gesetze oder gerade übliche ethische Richtlinien zu verstoßen, die Wirksamkeit einer Institution schwächt oder die Erfüllung der ihr anvertrauten Aufgaben behindert. Dazu gehört auch, soweit für die Aufgabenerfüllung relevant, ein Verlust öffentlichen Vertrauens oder interner Vertrauenswürdigkeit."*

Natürlich gibt es auch genügend Personen unter den Gestaltenden, die die Missstände erkennen und benennen, und die auch warnen, dass das Ignorieren dieser letztlich auch den jetzt Privilegierten schaden wird. So wie Warren Buffett für höhere Steuern auf Vermögen und hohe Einkommen eintritt, weist z. B. Edzard Reuter, ehemaliger Vorstandsvorsitzender der Daimler-Benz AG darauf hin, dass es ohne staatliche Regelungen in der Wirtschaft nicht gehen wird[51]. Der Zweck eines guten Unternehmens könne nicht sein, so schnell wie möglich so viel Geld wie möglich zu verdienen, ohne Rücksicht auf die Beschäftigten, die Umwelt, das Klima oder die Steuergerechtigkeit, sondern Güter zu erschaffen, die für die Allgemeinheit wichtig sind. Im Mittelpunkt sollten das Gemeinwohl und das Denken über Generationen hinweg stehen. So sei das auch gewesen, bis der Neoliberalismus mit Reagan und Thatcher das Gemeinwohl infrage gestellt habe. Laut Thatcher gibt es ja die Gesellschaft nicht, nur einzelne Akteure. Wenn jeder für sich das Optimum erreicht, geht es daher allen am besten.

Diese Analyse bedeutet aber, dass die Entscheidungsträger:innen großer Wirtschaftsunternehmen eine doppelte Verantwortung haben: Einerseits innerhalb der derzeitigen Gesetze und Wirtschaftskultur so nachhaltig wie möglich zu agieren, ohne das Unternehmen wirtschaftlich in Gefahr zu bringen, andererseits aber auch daran zu arbeiten, dass die Gesetze und Rahmenbedingungen so geändert werden, sodass nachhaltiges Wirtschaften nicht nur möglich wird, sondern die Voraussetzung für Erfolg ist. Das wäre durchaus erzielbar, denn gerade diese Personen haben relativ leichten Zugang zu Politiker:innen und könnten auch positiven Einfluss auf klima- oder steuerpolitische Maßnahmen nehmen, aber es ist naiv, anzunehmen, dass die Transformation so in Gang gesetzt werden kann.

→ Derzeit verhält es sich eher so, dass an der Spitze großer Unternehmen stehende Menschen und Superreiche ihre Einflussmöglichkeiten nicht für, sondern gegen Klimaschutz nutzen. Ihre Vermögenswerte, und damit ihre Interessen, sind eng verwoben mit bestimmten Wirtschaftszweigen, die reichlich Mittel für Lobbying-Tätigkeit einsetzen.

Öl- und Gasfirmen, die Immobilienbranche sowie Banken und Waffenproduzenten werfen seit Jahren die höchsten Renditen ab; in letzter Zeit sind noch Firmen aus Silicon Valley dazugekommen und – wenn man Freude an finanziellem Risiko hat und sich dieses auch leisten kann – Kryptowährungen. Klimafreundlich ist keine dieser Branchen, und sie profitieren alle davon, dass viele Formen von Vermögenseinkommen, v. a. Zinsen, Dividenden und Ausschüttungen aus Anteilen an Kapitalgesellschaften oder Investmentfonds, lediglich mit einem niedrigen fixen Zinssatz besteuert werden und daher Kapital anziehen und Wachstum ermöglichen, während Arbeitseinkommen einer progressiven Besteuerung unterliegen. Diese Geldanlagen in fossile oder andere treibhausgasintensive Branchen richten mehr Schaden an als die direkten, aus dem Konsum entstehenden Emissionen der Reichsten[52].

Dass die Wirtschaft auch in Demokratien eng verflochten ist mit der Politik, zeigt sich nirgends deutlicher als in den USA: Wahlkampfspenden haben direkte Auswirkungen auf Gesetzesmaterien, die aufgegriffen oder verhindert werden, und auf deren Ausgestaltung. Es bedurfte angeblich nur eines Anrufes von Präsident Clinton beim britischen Premierminister Blair um einen Wissenschaftler einer Universität im Schottland zu entlassen, dessen Forschungsergebnisse zu gesundheitlichen Wirkungen genmanipulierter Erdäpfel das Potenzial hatten, die Gewinne der Firma Monsanto zu schmälern[53]. Es ist nicht anzunehmen, dass Clinton oder Blair sich um die Qualität der Wissenschaft sorgten. Auch die vom ehemaligen Finanzminister Griechenlands, Yanis Varoufakis, geschilderten Erfahrungen mit europäischen Politikern in dem Bemühen um eine gute Lösung für das hochverschuldete Land zeigen krasse Missstände auf. Nicht das Gemeinwohl steht im Vordergrund, sondern Partikularinteressen – nationale und solche der Finanzwirtschaft sowie von einflussreichen Wirtschaftssektoren.[54] Während die sogenannte Troika der Europäischen Union, ohne demokratische Legitimation, Griechenland einen extremen Sparkurs verordnete, Sozialleistungen eingestellt oder stark gekürzt wurden, durfte, ja musste dieser Staat weiterhin seine Militärausgaben auf hohem Niveau fortsetzen, um Kriegsgerät von deutschen Produzenten zu beziehen.

In Europa, einschließlich Österreich, verbindet die bekannte „Drehtür" die beiden Bereiche, und Politiker:innen finden sich nach ihrem Ausscheiden aus der Politik oft in gut bezahlten Stellungen in der

Wirtschaft, und CEOs der Wirtschaft sind nicht selten in Positionen mit politischer Funktion zu finden. Vorgeschriebene Abkühlungsphasen machen die Sache nicht wesentlich besser.

Die Demokratie hat durch die enge Verflechtung von Politik und Wirtschaft Schaden genommen, wird aber auch durch die imperiale Lebensweise untergraben. Colin Crouch spricht von einer postdemokratischen Phase[55]. Die Demokratie ist nur mehr formal und rechtlich abgesichert, in der Praxis aber stark geschwächt, weil die relevanten Entscheidungen nicht mehr von demokratisch legitimierten, politischen Vertreter:innen, sondern von einer kleinen politischen bzw. wirtschaftlichen Elite gefällt werden[56]. Dabei wird sie zunehmend ausgehöhlt. Der Ökonom und Nobelpreisträger Joseph Stiglitz bezeichnet die Frage nach dem Erhalt der Demokratie daher auch als die Hauptfrage des 21. Jahrhunderts.

Die Frage, wie diesen und vielen anderen Missständen wirkungsvoll begegnet werden kann, müssen Politikwissenschaftler:innen und Ökonom:innen beantworten. In zahlreichen Büchern finden sich Analysen und viele verschiedene Ansätze für (Teil-)Lösungen, aber einen überzeugenden, wissenschaftlich abgesicherten Weg kenne ich nicht. Deswegen kann dieses Kapitel nicht geschrieben werden – jedenfalls nicht von mir. Ideen dazu entwickle ich im Kapitel „Visionen".

Um die Pariser Ziele zu erreichen, wird die Politik aber jedenfalls ihre Möglichkeiten nützen müssen, die unverhältnismäßig hohen Emissionen der Superreichen einzuschränken, Investitionen in nicht zukunftsfähige Wirtschaftssektoren unattraktiv und jeden ungebührlichen, undemokratischen Einfluss auf die Politik transparent zu machen sowie möglichst zu verhindern. Das ist eine der wichtigsten, aber auch schwierigsten Aufgaben, vor denen nicht nur die Politik, sondern wir als Gesellschaft heute stehen.

Too little, too late[1] – die Apokalypse

Verzögerte Wirkungen

Ein Grund, warum es auch für Klimawissenschaftler:innen nicht leicht ist, zukünftige Entwicklungen verlässlich zu erfassen, ist, dass in das komplex Klimasystem und seine Subsysteme selbstverstärkende Prozesse, Verzögerungen und Kipppunkte eingebettet sind, die das Verständnis der Vorgänge und präzise Berechnungen erschweren. Diesen seien einige Anmerkungen gewidmet.

Unser Eingriff in das Klima der Erde hat Folgen über sehr unterschiedliche Zeitskalen. Manche Veränderungen hören innerhalb von Jahren nach Ende des Eingriffs auf, und der ursprüngliche Zustand stellt sich wieder ein. Der Strahlungshaushalt etwa stellt sich sehr rasch auf die jeweils herrschende Treibhausgaskonzentration in der Atmosphäre ein. Andere Auswirkungen klingen nur sehr verzögert ab oder sind gar irreversibel in menschlichen Zeiträumen.

Bisher steigen die Treibhausgasemissionen von Jahr zu Jahr, nur die zur Bekämpfung der Corona-Pandemie gesetzten, einschneidenden Maßnahmen haben einen kurzfristigen Rückgang nach sich gezogen. Die Werte waren 2021 schon wieder auf dem Vor-Corona-Niveau. Das Pariser Klimaabkommen sieht explizit eine Wende hin zu abnehmenden Emissionen in der ersten Hälfte dieses Jahrhunderts vor, implizit muss diese Trendumkehr praktisch sofort erreicht werden, um die Einhaltung der 2°C- bzw. 1,5°C-Grenze zu ermöglichen. Leider ist auch mit dem Rückgang der Emissionen das Klimaproblem noch nicht gelöst.

Die Treibhausgaskonzentration kann trotz Rückgang der Emissionen weiter steigen. Sie hört erst auf zu steigen, wenn nicht mehr Treibhausgase in die Atmosphäre eingebracht werden, als daraus wieder entfernt werden. Zusätzliche Senken können z. B. durch zusätzliche Wälder oder durch Übergang zu biologischer Landwirtschaft geschaffen werden. Die Bezeichnung für diesen Gleichgewichtszustand zwischen hinein und hinaus lautet üblicherweise „Netto-Null". Er wird als Ziel in zahlreichen politischen Papieren, kombiniert mit einer Jahreszahl, angeführt. In der Regel beschränkt sich das Netto-Null dort jedoch auf CO_2, über die anderen Treibhausgase sagen sie nichts aus. Die Industriestaaten haben typischerweise Zieljahre zwischen 2040 und 2050, die großen Player des globalen Südens solche zwischen 2050 und 2070. Viele südliche Staaten haben sich noch nicht festgelegt. Das Regierungsprogramm 2020–2024 für Österreich sieht „Netto-Null" bis 2040 vor. Da hierzulande geschätzt etwa fünf bis zehn Prozent der CO_2-Emissionen von Pflanzen und Boden aufgenommen werden, bedeutet jenes Ziel eine Reduktion der Emissionen um 90–95 Prozent der Ausgangswerte bis 2040.

Bei dieser Art der Betrachtung werden, wie bereits dargelegt, Auswirkungen der Erwärmung nicht berücksichtigt – etwa das Auftauen von Permafrost und die damit verbundene zusätzliche Freisetzung von Methan. Auch andere selbstverstärkende Prozesse in der Natur führen zu erhöhten Treibhausgasemissionen oder verminderter Aufnahmefähigkeit des Ökosystems. Das heißt, dass trotz Erreichen von Netto-Null die Emissionen weiter steigen können – einerseits wegen der nicht begrenzten Emission anderer Treibhausgase, andererseits wegen temperaturabhängiger Emissionen in der Natur.

Lassen wir diese Aspekte außer Acht, so bedeutet „Netto-Null", dass die Konzentrationen auf dem dann erreichten Niveau verbleiben. Geht man von einem globalen „Netto-Null" bis 2050 aus – das entspräche der Forderung der Wissenschaft auf Basis des Budgetansatzes, sollen 1,5°C mit einer Wahrscheinlichkeit von 50 Prozent nicht dauerhaft überschritten werden –, dann ist davon auszugehen, dass die CO_2-Konzentrationen nach derzeitigem Trend bei etwa 450 bis 470 ppm liegen. An solche Konzentrationen muss sich die Temperatur erst anpassen. Das dauert einige Jahrzehnte; sie steigt also noch weiter. Die steigende Temperatur spiegelt sich in der Meerestemperatur und dem weiteren Schmelzen des Eises wider; damit steigt der Meeresspiegel weiter. Derartige Anpassungen der Ozeane oder gar der Eiskörper an die neuen Temperaturverhältnisse können Jahrhunderte ja, sogar Jahrtausende in Anspruch nehmen. Das bedeutet, dass eine beträchtliche Verzögerung zwischen menschlichem Handeln (Reduktion der Emissionen) und der Reaktion der Natur auftreten kann.

Im Übrigen sind keineswegs alle Veränderungen rückgängig zu machen, sollten wir tatsächlich wieder Treibhausgaskonzentrationen vorindustrieller Zeit erreichen. So werden sich die polaren Gletscher oder die großen Permafrostgebiete bei den dann herrschenden Temperaturen nicht wieder ausformen. Dazu müssten ganz andere Effekte, wie etwa kosmische Faktoren, wirksam werden, die dem reinen Treibhausgas-Temperatur-Prozess überlagert sind. Ausgestorbene Pflanzen- oder Tierarten kehren auch nicht zurück.

Selbstverstärkende Prozesse

Was den Klimawandel besonders zeitkritisch macht, ist die Gefahr der Verstärkung durch klimatische Rückkopplungsschleifen. Eine verstärkende oder positive[2] Rückkopplung auf die globale Erwärmung ist ein Prozess, bei dem eine anfängliche Veränderung als Folge der Erwärmung eine weitere Veränderung auslöst, die zu einer noch stärkeren Erwärmung führt. Derselbe Prozess funktioniert häufig auch in der Gegenrichtung – eine einmal ausgelöste Abkühlung führt zu weiterer Abkühlung. Rückkoppelungsschleifen kommen im Alltag ständig vor: Sie sind schlecht gelaunt und schnauzen ihren Partner nicht ganz gerechtfertigt an, er erwidert heftig – auch nicht ganz gerechtfertigt. Das verschlechtert ihre Stimmung und ergibt eine weitere Attacke und so schaukelt sich eine kleine Differenz zu einem großen Streit auf. Ein einfaches Beispiel im Klimasystem ist die zunehmende Verdunstung aus den Ozeanen als Folge der Erwärmung. Der in die Atmosphäre eingebrachte Wasserdampf wirkt als Treibhausgas und verstärkt damit seinerseits wieder die Erwärmung und in Folge die Verdunstung und so fort. Ein anderer, sehr bekannter Rückkoppelungseffekt ist die sogenannte Eis-Albedo-Rückkopplung: Schmelzendes Eis gibt Wasser- oder Felsoberflächen frei, die dunkler als Eis sind und sich daher stärker erwärmen; dies bring ein weiteres Abschmelzen mit sich usw.

Erfreulicherweise existieren auch stabilisierende Rückkopplungsprozesse (negative Rückkoppelungen) im Klimasystem: Mehr Feuchte in der Atmosphäre erhöht nicht nur die Treibhauswirkung, sondern erleichtert auch die Wolkenbildung. Wolken reflektieren Sonnenstrahlen und tragen damit zur Abkühlung bei. Weil dadurch weniger Wasser verdunstet, nimmt der Treibhauseffekt ab, es wird kühler und weniger Wasser verdunstet, es gibt weniger Wolken, die Strahlung nimmt wieder zu und der Zyklus beginnt von vorne. In Summe haben Wissenschaftler:innen 41 solche Rückkoppelungsprozesse identifiziert[3], von denen 27 zu einer allmählichen oder raschen Verschlimmerung des Klimawandels führen, während sieben das Klima stabilisieren und bei den verbleibenden sieben nicht ganz klar ist, wie sie sich verhalten.

Nicht nur innerhalb des Klimasystems selbst gibt es Rückkoppelungsschleifen, auch über die Pflanzendecke und die Biosphäre können sich solche sich abspielen. Zu den stabilisierenden Prozessen gehört beispielsweise die wachstumsfördernde Wirkung von Kohlendioxid auf Pflanzen. Mehr, größere oder kräftigere Pflanzen nehmen ihrerseits wieder mehr CO_2 auf, das reduziert den CO_2-Gehalt in der Atmosphäre, die fördernde Wirkung nimmt ab, der Biomasseaufbau in Folge ebenfalls. Damit steigt wieder der CO_2-Gehalt.

Schließlich spielen auch in der Gesellschaft Rückkoppelungen eine große Rolle. Sie können schädlichen oder positiven Entwicklungen Vorschub leisten. Wenn man versucht, Verkehrsstaus durch mehr oder breitere Straßen zu beheben, lockt man erwiesenermaßen mehr Fahrzeuge an, die wieder zu Staus führen. Auch noch mehr und breitere Straßen lösen das Problem nicht, weil zunehmend mehr Menschen, die zuvor ihre Wege anders erledigt haben, verlockt werden, sich ins Auto zusetzen. Ähnlich hebt aber das Angebot von Fahrradwegen auch die Zahl derer, die mit dem Rad fahren, was zum Ausbau der Radwege führt usw. – eine positive Rückkoppelung, die dem Klimaschutz entgegenkommt.

Manche Wissenschaftler:innen glauben, dass es wegen der Rückkoppelungseffekte im Klimasystem nicht mehr möglich ist, einen stabilen Klimazustand herbeizuführen, sei es, weil sie keinen politischen und gesellschaftlichen Willen zu radikalen Maßnahmen erkennen können, sei es, weil sie meinen, es sei einfach schon jetzt zu spät, wesentliche Kipppunkte seien überschritten und es werde systematisch immer wärmer werden. Dieser Zustand wird als „hothouse earth" bezeichnet. Dieser Entwicklung ist ein eigener Abschnitt gewidmet.

Kipppunkte im Klimasystem

In einer hoffnungsfrohen Phase nach Unterzeichnung des Pariser Klimaabkommens beschäftigten sich wissenschaftliche Studien vor allem mit der Frage, wie sich das Klima bei 1,5°C gestalten würde. Das wird im nächsten Kapitel behandelt. Mittlerweile deuten aber die ständig steigenden Emissionen keineswegs auf die Erreichung des 1,5°C-Zieles hin, selbst die Einhaltung des 2°C-Ziel wird zunehmend schwieriger. Die wissenschaftlichen Untersuchungen wenden sich daher immer mehr auch der Frage zu, was Temperaturanstiege über 2°C bedeuten.

Von besonderem Interesse sind dabei jene Studien, die Kipppunkte[4] in die Überlegungen einbeziehen. Es gibt im Klimasystem Grenzwerte, jenseits derer ein Zurück zu dem früheren Zustand innerhalb des bestehenden Systems nicht möglich ist. Ähnlich wie Schnee bei steigenden Temperaturen immer wärmer wird, bei Überschreiten der Nullgradgrenze aber schmilzt, gibt es auch andere Kipppunkte in der Natur, die sich – nach Überschreiten – nicht mehr rückgängig machen lassen. Sollten nach der Schneeschmelze wieder Temperaturen unter null Grad auftreten, entsteht aus dem Tauwasser Eis, nicht aber wieder Schnee.

Das gesamte Klimasystem der Erde wird von etwa 16 neuralgischen Systemen gesteuert, die sich auf Kipppunkte zubewegen. Dazu gehört beispielsweise die Lage und Intensität des Golfstromes als ein Motor und Teil der weltumspannenden Ozeanzirkulation, der Amazonaswald als wichtiges Feuchtereservoir, das Monsunsystem, ferner Eisschilde am Süd- und Nordpol, einschließlich Grönland. Vier davon können ihren Kipppunkt schon bei weniger als 1,5°C Erwärmung überschreiten: der Westantarktische Eisschild, die Grönlandgletscher, die borealen Wälder der Nordhemisphäre sowie die Korallenriffe im australischen

Südpazifik. Manche Kipppunkte sind möglicherweise bereits überschritten, etlichen nähert sich die Entwicklung bedrohlich. So wird davon ausgegangen, dass der Westantarktische Eisschild nicht mehr zu retten ist, weil sich die Grundlinie, an der Fels, Eis und Meereswasser zusammentreffen, schon sehr weit zurückgezogen hat. Der Zerfall wird voraussichtlich dominoartig erfolgen, sich mit der Zeit beschleunigen, und noch Jahrhunderte andauern. Beim Grönlandeis beschleunigt sich der Prozess durch starkes oberflächliches Schmelzen, da die Eisoberfläche dadurch in immer tiefere, wärmere Luftschichten gerät. Möglicherweise sind zukünftige Generationen schon dazu verdammt, mit ständig steigendem Meeresspiegel zu leben; etwa zehn Meter nur durch den Westantarktischen und den Grönland-Eisschild zusammen. Nur die Geschwindigkeit kann noch gesteuert werden. Bei Temperaturen über 2°C kann der Anstieg in etwa 1000 Jahren erfolgen, aber bei 1,5°C benötigt der Prozess möglicherweise 10.000 Jahre![5] Selbstverstärkende Prozesse im Klimasystem machen das Überschreiten der klimatischen Kipppunkte wahrscheinlicher.

Die globale Mitteltemperatur, bei der seitens Forschender erwartet wird, dass gefährliche Folgen des Klimawandels einsetzen, hat sich im Laufe der Zeit immer weiter nach unten verschoben. Man musste feststellen, dass die Natur empfindlicher auf Temperaturzunahmen reagiert als erwartet. Während der Übergang von moderatem zu hohem Risiko, die Kipppunkte zu überschreiten, im IPCC-Sachstandsbericht 2001 noch bei 5°C angesetzt wurde, ist er mittlerweile auf 1,5°C abgesunken. Die Auswirkungen, die als gerade noch akzeptabel angesehen werden, entsprechen viel niedrigeren Temperaturzunahmen und treten daher auch früher ein als angenommen[6]. Wobei ich nach einem Vortrag von einem Diskutanten mit Recht gefragt wurde, auf der Basis welcher Überlegungen Wissenschaftler:innen von „akzeptabel" sprächen. Was uns hier in Österreich akzeptabel erscheine, mag für einen Bauern in Pakistan, der von Überschwemmungen heimgesucht wird, oder einen Landarbeiter auf einem Ananasfeld in Südamerika schon längst existenzbedrohend und daher völlig inakzeptabel sein.

Noch erschreckender wird die Situation dadurch, dass die Kipppunkte sich gegenseitig verstärken können. Johan Rockström hat das im

World Economic Forum 2023 in einer knappen Präsentation[7] mit dem am besten erforschten Beispiel auf den Punkt gebracht: Beschleunigtes Schmelzen des Grönland-Eisschilds, Erwärmung viermal schneller als der Planet als Ganzes → Freisetzung von kaltem Süßwasser → Verlangsamung der Umwälzung des Nordatlantiks → Verlagerung des gesamten Monsunsystems weiter nach Süden → Auslöser für Dürren und Waldbrände im Amazonas-Regenwald (ein weiteres Kippelement des Systems) → Rückhaltung von warmem Oberflächenwasser im Südpolarmeer → Beschleunigung des Schmelzens des westantarktischen Eisschildes. Der Nordpol ist bei der Regulierung der Stabilität des gesamten Erdsystems mit dem Südpol verbunden.

Hothouse earth

Betrachtet man die Klimaentwicklung der letzten etwa 800.000 Jahre, so zeigt sich ein wiederholter Wechsel zwischen zwei einigermaßen stabilen Zuständen – den Eiszeiten und den Warmzeiten, wie derzeit eine herrscht. Die einzelnen Zyklen dauerten etwa 100.000 Jahre. Der Wechsel von einem einigermaßen stabilen Klimazustand zum anderen wurde ausgelöst durch das Pulsieren der Erdbahn um die Sonne, moderiert durch Änderungen der Erdachsenneigung. Durch die Zunahme der Treibhausgaskonzentrationen wird das Klima aus dem bisherigen Zustand zu höheren Temperaturen verschoben. In der geologischen Vergangenheit – weiter als drei Millionen Jahre zurück – war es schon wesentlich wärmer, als es heute ist; ob es aber Zeiträume gab, in denen ein wärmerer Zustand in einem dem menschlichen Leben zuträglichen Temperaturbereich einigermaßen stabil war, ist ungewiss. Es gelingt nämlich nicht, die notwendige zeitliche Auflösung zu erzielen. Es ist daher jetzt zu befürchten, dass selbstverstärkende Prozesse und Kipppunkte im Klimasystem wirksam werden, sodass ab einer gewissen Temperaturerhöhung eine Rückkehr in den einigermaßen stabilen Zustand der letzten 10.000 Jahre und auch die Stabilisierung jenseits dieses Bereiches nicht mehr möglich sind. Zum Zeitpunkt der Verabschiedung des Pariser Klimaabkommens galten 2°C Erwärmung noch als sichere Grenze – mittlerweile besteht die Sorge, dass 1,5°C schon grenzwertig sein könnten. Daraus ergibt sich der Schluss, dass die Menschheit derzeit vor einer Entscheidung steht, entweder das Klima bei 1,5 °C zu stabilisieren oder zu riskieren, dass man es nicht mehr stabilisieren kann und eine ständige Erwärmung einsetzt.

Ein Autorenkollektiv, dem einige der führenden Klimawissenschaftler:innen angehörten, hat 2019 dazu gemeint, dass der Punkt des Übergangs zu *hothouse earth* wegen großer wissenschaftlicher Unsicherheiten nicht festgemacht werden kann, ja, dass nicht einmal gesichert sei, ob dieses Verständnis einer möglichen Entwicklung richtig sei. Das Risiko sei aber zu groß, es auf einen Versuch ankommen zu lassen[8]. *Hothouse earth* würde – auch angesichts der nuklearen Waffenarsenale – eher früher als später zum Ende unserer Zivilisation führen. Dass das Ende unserer Zivilisation keineswegs undenkbar und historisch gesehen keineswegs ungewöhnlich wäre, wurde bereits dargelegt.

Da 1,5 °C voraussichtlich in den frühen 2030ern dauerhaft überschritten werden, sind dringlich Maßnahmen zu setzen, die noch in dieser Dekade wirksam werden. Diese Dimension macht die Klimafrage besonders. Die Biodiversitätsfrage ist möglicherweise ähnlich dringend, wird aber noch weniger gut verstanden. Zugleich ist es dieser extrem knappe Zeitrahmen, der es unerlässlich erscheinen lässt, sich auch mit der Möglichkeit eines Versagens zu befassen.

Auf dem Weg zum Untergang: Was bedeutet welche Erwärmung?

Womit müssen wir auf dem Weg zu *hothouse earth* rechnen? Was passiert, wenn eine Stabilisierung des Klimas nicht mehr möglich ist?

Relativ gut abgesichert sind die klimatischen Änderungen, auf die die Erde bis zum Ende des Jahrhunderts zustrebt, wenn nichts oder zu wenig zur Minderung der Treibhausgasemissionen getan wird. Laut IPCC steigen die Temperaturen in diesem Jahrhundert im globalen Mittel um über 4 °C, das sind Temperaturen, die zuletzt etwa vor drei Millionen Jahren aufgetreten sind. Da die Auswirkungen der Temperaturerhöhung nicht-linear sind, dass folglich Temperaturerhöhungen um ein Zehntelgrad bei +1 °C deutlich weniger Auswirkungen haben als ein Zehntelgrad Erwärmung bei +2 °C oder gar +3 °C und +4 °C, wird die bisherige Erwärmung als „fast kostenlos" beschrieben[9]. Jedes weitere Zehntel Grad kommt uns teurer zu stehen als die vorhergegangenen.

Genaue Angaben, bei welchen Temperaturen was passiert, sind schwer zu machen, begeben wir uns doch bei diesen Temperaturen aus jenem Bereich heraus, für den abgesicherte, gut verstandene Zusammenhänge bekannt sind. Naturwissenschaften sind empirische Wissenschaften, das heißt, alle Gesetze, alle Zusammenhänge werden aus der Empirie, also aus der Erfahrung abgeleitet. Wo es uns an Erfahrung fehlt oder an hinreichender Datengrundlage, um diese Erfahrungen zu ersetzen, werden die Aussagen unsicher. Es könnten auch selbstverstärkende Prozesse einsetzen, die wir noch nicht quantifizieren können, oder an die derzeit niemand denkt. Die folgende Darstellung, gegliedert nach Temperaturanstieg, soll helfen, die Steigerung der Auswirkungen bei zunehmender Erhitzung zu verstehen. Es wäre aber durchaus möglich, dass manche Effekte früher oder später oder – hoffentlich – auch gar nicht eintreten.

Es kommt aber nicht nur auf den Wert der Temperaturerhöhung an, sondern auch auf die Geschwindigkeit, mit der die Änderung vor sich geht, denn die Fähigkeit zur Anpassung sowohl in der Natur als auch in der Wirtschaft ist – bleibt alles andere gleich – umgekehrt proportional zum Tempo des Wandels. Das bedeutet, bei langsamer Änderung ist Anpassung viel wahrscheinlicher als bei schneller. Die derzeit stattfindende Erwärmung verläuft etwa zehn Mal schneller als die natürliche Erwärmung von der Eiszeit ins Holozän[10], das sind die letzten, klimatisch eher stabilen 10.000 Jahre. Bei einer Erwärmung von 0,3°C pro Jahrzehnt, das sind 3°C pro Jahrhundert, werden etwa 15 Prozent der Ökosysteme sich nicht anpassen können. Bei mehr als 0,4°C pro Jahrzehnt werden alle Ökosysteme, folglich das Zusammenwirken der Pflanzen und Tiere untereinander und miteinander, zerstört werden und opportunistische Arten – das sind Generalisten, die nicht auf ganz spezielle klimatische Bedingungen oder spezielle andere Lebewesen für ihre Nahrung oder Fortpflanzung angewiesen sind – dominieren. Der Abbau der dabei absterbenden Biomasse führt zu noch höheren Treibhausgasemissionen.[11]

+2°C werden geringfügig überschritten, wenn alle bisherigen politischen Zusagen umgesetzt werden.

Das Pariser Klimaabkommen enthält, anders als vielfach kolportiert, nicht ein 2°C-Ziel, sondern weist die Verpflichtung auf, den Temperaturanstieg deutlich unter 2°C gegenüber vorindustrieller Zeit zu begrenzen. Dieses „deutlich unter" ist nirgends definiert, weil das Abkommen aber auch die Verpflichtung zu Anstrengungen enthält, 1,5°C nicht zu überschreiten, galten bis zum Abkommen von Glasgow etwa 1,75°C als konform mit dem Pariser Abkommen. Seit der COP26 in Glasgow 2021 gelten +1,5°C als Obergrenze der zulässigen Erwärmung. 2°C ist also mehr als international vereinbart. Würden alle bisher gemachten politischen Zusagen eingehalten, würden 2°C nur geringfügig überschritten. Die diesen Berechnungen zugrundliegende Annahme, dass die Emissionen ab etwa 2020 nicht mehr steigen, entspricht nicht dem realen Verlauf der letzten Jahre.

Schon bei einem globalen Temperaturanstieg von +2°C werden Städte wie Karachi in Pakistan mit rund 15 Millionen Einwohner:innen zeitweise nahezu unbewohnbar sein. Mit höheren mittleren Temperaturen gehen unweigerlich höhere Extrema einher. Der bisherige Klimawandel zeigt, dass die Spitzenwerte der Temperatur schneller steigen als die Mittelwerte. So entspricht in der Mittelmeerregion einem Anstieg von 1,5°C im Mittel eine Zunahme von über 2°C bei den Maximalwerten. In den Polarregionen ist dies noch ausgeprägter: Jedem Grad Erwärmung im Mittel entsprechen drei Grad höhere Extremwerte. Die Fläche jener Gebiete, in denen die Bevölkerung tödlicher Hitze ausgesetzt ist, würde sich verdoppeln, und insgesamt würde eine derartige Hitze etwa 350 Millionen Menschen betreffen.[12]

Der menschliche Körper ist darauf angewiesen, dass er Wärme abführen kann – wenn es sehr warm ist, durch Schwitzen. Die Verdunstungswärme, die dabei entsteht, kühlt den Körper ab. In welchem Maße Verdunstung stattfinden kann, hängt von der Lufttemperatur und der Luftfeuchte ab, und natürlich von der Flüssigkeit, die für Schweiß zur Verfügung steht. Deswegen ist Trinken bei Hitze so essenziell. Trockene Hitze wird viel besser ertragen als feuchte. Die Belastungsgrenze des menschlichen Körpers liegt bei einer anhaltenden Feuchtthermometertemperatur von 35°C. Das entspricht z. B. bei einer relativen Feuchte von 70 Prozent einer Lufttemperatur von 40°C, bei 50 Prozent Feuchte, 45°C. In den Tropenwäldern von Südamerika mit etwa 90 Prozent relativer Feuchte kann Bewegung im Freien bei 40°C bereits tödlich sein. Aber schon bei niedrigeren Temperaturen kann es bei körperlicher Betätigung oder fehlender Flüssigkeitszufuhr gefährlich werden. In der Hitzewelle 2003 in Europa traten Feuchtthermometertemperaturen[13] von „nur" 28°C auf, und doch starben an die 70.000 Menschen aufgrund der Hitze.

Während Menschen in den Industriestaaten sich einigermaßen gegen die Hitze schützen können, sind Menschen in Behausungen mit Wellblech- und Asbestdächern, in Gebieten ohne schattenspendende Bäume, wo überdies die Stromversorgung zum Betrieb von Ventilatoren unverlässlich ist, der Hitze schutzlos ausgeliefert, wie in Indien, Pakistan und Teilen der arabischen Welt während der wochenlang anhaltenden Hitzewelle 2022. Mütter bleiben des Nachts auf, um ihren Kindern Kühle zuzufächeln und Schlaf zu ermöglichen. Andere stellen ihr Bett zwischen Fahrbahnen stark befahrener Straßen, um vom Luftzug vorbeifahrender Autos zu profitieren. Ein 70-jähriger Arbeiter einer Ziegelbrennerei wird zitiert mit: *„Es ist schwer zu atmen, aber wenn ich eine Pause mache – wovon soll meine Familie leben?"*

Mit der Hitze sinkt die Luftqualität wegen der hohen, „Schönwetter"-bedingten Ozon- und Staubkonzentrationen – Letzterer aufgewirbelt vom ausgetrockneten Boden.

All jenen, die argumentieren, dass zwar zunehmend mehr Menschen an Hitze sterben, aber immer noch viel mehr erfrieren, sei erwidert, dass es zwar richtig ist, dass deutlich mehr Personen bei niedrigen Temperaturen sterben als bei hohen[14], dies aber in erster Linie mit saisonalen Erkrankungen wie Atemwegserkrankungen, Grippewellen, schwächerer Immunabwehr und daher rascher Verbreitung viraler und bakterieller Infektionen sowie schlechterer Luftqualität zusammenhängt. So zählen etwa Lungenentzündungen zu den häufigen Todesursachen in der kalten Jahreszeit. Tatsächliche Erfrierungen sind wesentlich seltener. Insgesamt geht die Sterblichkeit bei niedrigen Temperaturen in den letzten Jahren zurück, während die Zahl der Menschen, die während Hitzewellen sterben, stark steigt[15]. Dem Kältetod kann durch Schutz in Häusern, warme Kleidung, Wärmen an Feuern, Bewegung etc. vorgebeugt werden, während man der Hitze viel schwerer entgehen kann, insbesondere wenn Wasser und Strom knappe Güter sind.

Mit steigender Temperatur werden auf der Nordhemisphäre länger anhaltende Wetterlagen wahrscheinlicher und damit Extremereignisse: Aus heißen Tagen werden Hitzewellen, aus Trockenheit Dürre und aus starken Niederschlägen Überschwemmungen. Ursache hierfür ist eine veränderte großräumige Strömungsdynamik, die eine Verlangsamung des großräumigen Westwindbandes einschließt. Weil sich die Nordpolregion etwa viermal so rasch erwärmt wie die Tropen, nimmt der Temperaturunterschied zwischen Nord und Süd ab, und damit auch der Druckunterschied. Dieser bestimmt aber Lage und Intensität großräumiger Strömungen, u. a. das in Europa dominierende Westwindband, bis hinauf zum sogenannten Jetstream, in acht bis zwölf Kilometer Höhe. Sie schwächen sich ab und bilden verstärkt Mäander, die in manche Regionen mit südlicher Strömung besonders warme und trockene Luft zuführen, in andere mit nördlicher Strömung eher kalte Luft. Inwieweit auch der Rückgang des Meereises in der Arktis verstärkend wirkt, ist noch nicht restlos geklärt. Jedenfalls besteht eine zehn- bis 35-prozentige Wahrscheinlichkeit, dass die Polarregion bei +2°C im Sommer weitgehend eisfrei ist.[16]

Jedes Grad Erwärmung bringt auch eine Verstärkung der tropischen Wirbelstürme, also Hurrikane und Taifune, wie sie in Nordamerika bzw. in Süd- und Südostasien heißen. Es sind nicht unbedingt mehr Ereignisse, aber besonders heftige treten besonders häufig auf und es fällt mehr Niederschlag bei den einzelnen Ereignissen. Der Wirbelsturm „Harvey" in den USA brachte 2017 in vier Tagen 1539 Millimeter Regen, das ist mehr als das Zehnfache des Niederschlages, der die Überflutungskatastrophe im Ahrtal 2021 in Deutschland auslöste.

Das Artensterben verstärkt sich: Die Korallenbleiche erfasst praktisch alle Korallen, wesentliche Teile der Urwälder gehen als Habitat für

Pflanzen- und Tierarten verloren. Es gibt keine Sicherheit, dass *hothouse earth* auszuschließen ist.

+3°C könnten auftreten, wenn die bisher zugesagten Maßnahmen umgesetzt werden.

Sollte die bisherige Klimapolitik weitergeführt werden, ist mit einem Temperaturanstieg zwischen 2,5 und 2,9°C zu rechnen – allerdings hätten auch in diesem Fall die Emissionen ab etwa 2020 nicht mehr deutlich ansteigen dürfen.

Bei einem Temperaturanstieg von 3°C sind in Deutschland und Österreich etwa +6°C zu erwarten. Damit wäre es in Berlin wärmer als in Madrid heute[17]. Die Anzahl von extremen Wetterereignissen, ob Hitzewellen, Überschwemmungen oder Stürme, würde deutlich zunehmen. In den meisten Regionen der Welt brächte dies einen erheblichen Rückgang der Nahrungsmittelproduktion mit sich.

Ein Großteil der gegenwärtig lebenden Pflanzen und Tiere hat sich unter niedrigeren Temperaturen entwickelt, denn derartige Temperaturwerte sind zuletzt im Pliozän, vor etwa drei Millionen Jahren, aufgetreten. Das bedeutet, dass die Lebewesen an derartige Bedingungen nicht angepasst sind und ihre Anpassungsfähigkeit möglicherweise überschritten wird. Die relative Trockenheit der Luft verschärft noch die Temperaturproblematik. Die Luft kann mit jedem Grad Erwärmung um etwa sieben Prozent mehr Feuchte aufnehmen. Da die Natur ständig bestrebt ist, Gleichgewichte herzustellen, bedeutet „fehlender" Wasserdampf in der Luft, dass von Pflanzen, Böden und Wasserflächen Feuchte nachgeliefert wird. In der Folge geben Pflanzen und Böden Feuchte ab, die sie selber dringend brauchen würden; sie drohen in einer Dürre auszutrocknen, die nicht sosehr durch mangelnden Niederschlag verursacht ist wie durch überhöhte Verdunstung bzw. Evapotranspiration.

Auch die Verdunstung der Ozeane erhöht sich, pro Grad Erwärmung um etwa drei Prozent, sodass zunehmend mehr Wasser in der Atmosphäre gespeichert wird. Dadurch kommt es einerseits zur Verstärkung der Erwärmung, denn Wasserdampf ist ein Treibhausgas, andererseits aber auch zu mehr Starkregenereignissen. Vermehrte Starkregenereignisse können bereits jetzt in vielen Teilen der Welt, auch in Mitteleuropa, nachgewiesen werden. Sie gehen einher mit zunehmend langen Perioden der Trockenheit, zwischen den Niederschlagsereignissen.[18] Ernteausfälle haben schon bisher dramatische Folgen gehabt: Nach der Dürre und den Waldbränden von 2010 hat Russland die Getreideexporte reduziert, wodurch die Lebensmittelpreise in Nordafrika wesentlich gestiegen sind – auch ein Auslöser für den „Arabischen Frühling". Selbst der Bürgerkrieg in Syrien wird mit einer langanhaltenden Dürre in Zusammenhang gebracht, wenn auch eine Vielzahl von anderen Faktoren, insbesondere eine verfehlte Agrarpolitik, zu der prekäre Situation der Landwirtschaft beigetragen haben und die politische Situation an sich labil war.[19]

Die Korallen wären tot und würden von Algen überwachsen. 20 bis 50 Prozent aller Arten weltweit wären vom Aussterben bedroht und die Hälfte der Tundra ginge verloren. Es bestünde die Gefahr, dass das globale terrestrische Ökosystem von einer Kohlenstoffsenke zu einer Kohlenstoffquelle würde. Dies wäre eine selbstverstärkende Rückkopplungsschleife und würde zu weiterem Temperaturanstieg führen.

Einige zusätzliche Kipppunkte könnten bei +3°C überschritten werden: Der Permafrost in der Arktis könnte auftauen und beträchtliche Methanemissionen freisetzen, das Ökosystem des Amazonaswaldes könnte zur Kohlenstoffquelle werden, möglicherweise auch die borealen Wälder Nordamerikas, die Atlantikzirkulation könnte kippen und die Polkappen schmelzen, sodass Licht und Wärme der Sonne weniger stark reflektiert würden.

+4°C werden in einem „Business as usual"-Szenario erreicht und überschritten.

Wären keine Emissionsminderungsmaßnahmen getroffen worden oder werden die bereits implementierten aus welchen Gründen auch immer (kriegsbedingte Energieknappheit, Abfederung von Teuerung) verzögert oder zurückgenommen, so werden nach Modellberechnungen +4°C und mehr erreicht.

→ Ein Temperaturanstieg von +4°C bedeutet, dass Zustände wie im Hitzesommer 2003 in Europa hier normal werden, die Spitzenwerte während Hitzeepisoden lägen um 8°C höher als 2003. Spitzenwerte in China lägen um 6–8°C höher als die höchsten in den letzten Hitzeperioden dort gemessenen Werte. In New York würden bei Hitzewellen die Maxima um 10–12°C in die Höhe klettern.[20]

Spitzenwerte der Feuchtthermometertemperatur[21] von über 55°C würden regelmäßig in vielen dicht besiedelten Teilen der Welt auftreten – etwa 47 Prozent der Landfläche und fast 74 Prozent der Weltbevölkerung wären tödlicher Hitze ausgesetzt, was existenzielle Risiken für Menschen und Säugetiere darstellen könnte, wenn keine massiven Anpassungsmaßnahmen durchgeführt werden. Die industrielle Welt käme zum Stillstand.

Bei +6°C wird körperliche Arbeit im Mississippi-Tal nicht mehr möglich sein; alle Menschen östlich der Rockies werden mehr Hitzestress ausgesetzt sein als irgendwer heute; in New York wird der Hitzestress höher sein als derzeit in Bahrain; dort hingegen kann es sogar beim Schlafen zu Hypothermie und damit zum Tod kommen.

Bei den wärmeren Bedingungen der niedrigen Breiten würde ein Temperaturanstieg um 4°C einen Rückgang von 30–40 Prozent in der Produktion wichtiger Basislebensmittel wie Mais und Reis verursachen, bei gleichzeitigem Anstieg der Bevölkerung in Richtung auf neun Milliarden.[22]

Der Temperaturanstieg wäre für die meisten Ökosysteme verheerend, sodass die Weltbevölkerung um 80–90 Prozent reduziert werden könnte.

→ Es gibt keine Gewissheit, dass eine Anpassung an eine 4°C-Welt überhaupt möglich ist, oder noch schärfer: Eine 4°C-Zukunft „ist unvereinbar mit einer organisierten globalen Gemeinschaft". Insofern ist es irrelevant, die Auswirkungen noch größerer Temperaturanstiege zu beschreiben.

Weitere Folgen

Anstieg des Meeresspiegels

Zu den klimabedingten Veränderungen mit sehr großer Wirkung auf die Gesellschaft zählt der Anstieg des Meeresspiegels. Er tritt allerdings zeitverzögert ein und wird sich über Jahrhunderte, wenn nicht Jahrtausende hinziehen, sodass eine direkte Zuordnung zu globalen Mitteltemperaturen voraussetzt, dass diese über entsprechend lange Zeiträume konstant bleiben.

Vor drei Millionen Jahren, bei etwa gleicher Temperatur wie heute, lag der Meeresspiegel um bis zu 25 Meter höher und in den Eiszeiten um bis zu 120 Meter niedriger als heute. Der Meeresspiegel steigt primär, wenn sich das Wasser infolge der Erwärmung ausdehnt und wenn landgebundenes Eis schmilzt. Beide Vorgänge gehen träge vor sich – die oberflächliche Erwärmung der Meere pflanzt sich nur langsam in größere Tiefen fort, und Eisschmelze hängt nicht nur von der Lufttemperatur ab, sondern auch von der Strahlungsabsorption, der Wassertemperatur und von der Dynamik der Gletscher. Gerade diese Schmelzvorgänge und ihre zeitliche Entwicklung werden noch sehr schlecht verstanden. Deshalb gelten die Szenarien für den Meeresspiegelanstieg als vergleichsweise unsicher. Der erwartete Anstieg des Meeresspiegels bis zum Ende des Jahrhunderts wird im letzten IPCC-Bericht[23] mit maximal 80 Zentimeter angegeben. Im Laufe der nächsten 2000 Jahre würde der Anstieg bei einer Eingrenzung der Erwärmung auf 1,5°C zwei bis drei Meter betragen, bei +2°C zwei bis sechs Meter. Werden allerdings wesentliche Eismassen etwa in der Antarktis oder in Grönland instabil, so könnte der Anstieg in diesem Jahrhundert auch mehr als zwei Meter betragen.

Beachtet man, dass die Modellberechnungen den Beitrag der schmelzenden Antarktis auf etwa 0,2 mm/Jahr errechnen, nach Berechnungen aus Beobachtungen dieser aber bei etwa 0,6 mm/Jahr liegt, so könnten die IPCC-Berechnungen die reale Entwicklung deutlich unterschätzen. Analysiert man rezente Schmelzvorgänge in Grönland, so kann im ungünstigsten Fall eine Verdoppelung des Schmelzvolumens alle 10–20 Jahre abgeleitet werden. Legt man diese Schmelzrate globalen Betrachtungen zugrunde, so könnte der Meeresspiegel schon bis 2070 um einen Meter steigen, und bis 2080 um weitere 2,4 Meter[24]. Die Rate des Anstieges steigt jedenfalls etwa proportional dem Temperaturanstieg, das heißt, es geht mit zunehmender Temperatur immer schneller. Bei +3°C muss man mit einem Anstieg um einen Meter pro Jahrhundert rechnen – dauerhafte Küstenstädte wird es dann wohl nicht mehr geben.

Der Klimawandel beschleunigt jedenfalls das Kalben von Eis in der Arktis und Antarktis. Sowohl beim schwimmenden Eis der Arktis als auch bei den weit ins Meer vorgeschobenen Gletscherzungen der Antarktis erfolgt die Destabilisierung auch von unten her. Wenn im Wasser, das üblicherweise eine Temperatur von etwa -2°C aufweist, jetzt +1°C gemessen wird, dann steht zu befürchten, dass der Schmelzvorgang beschleunigt wird. Werden die schwimmenden Gletscherzungen durch Schmelzvorgänge dünner, können sie instabil werden und beschleunigt kalben oder gar abbrechen. Dann fehlt den landgebundenen Gletschern der Widerstand und sie fließen rascher auf den Ozean zu.

Küsten sind beliebte Siedlungsgebiete – über 130 Millionenstädte liegen an derzeitigen Küsten – und auch wichtige Infrastruktur, wie Häfen, Flughäfen, Kraftwerke (darunter etwa 200 Kernkraftwerke) finden sich dort. Für einige bedeutet schon der bisherige Anstieg von etwa 20 Zentimeter ein Problem, da es bei der Flut bereits zu Überschwemmungen kommen kann, wie etwa in einigen Städten an der Ostküste der USA.[25] Venedig versucht sich mit einem Sturmflutsperrwerk zu schützen, kann aber nicht verhindern, dass der Markusplatz immer öfter unter Wasser steht. In New York wird derzeit ein großzügiges Dammprojekt, das zugleich auch Parks und Erholungsräume schafft, errichtet, ausgelöst durch die katastrophalen Folgen des Hurrikans „Sandy", der hinsichtlich des Klimawandels zu einem Umdenken führte. Die Schutzmauer wird so ausgeführt, dass sie sich mit steigendem Meeresspiegel erhöhen lässt.

Der Meeresspiegel in New York steigt rascher als im globalen Durchschnitt, weil die Stadt durch das ungeheure Gewicht der zahlreichen Bauten – vielfach Wolkenkratzer – auch absinkt. Auch Entnahme von

Grundwasser kann zum Absinken von Landmassen führen. In manchen Gebieten tragen solche direkten anthropogenen Eingriffe wesentlich mehr zum Meeresspiegelanstieg bei, als der Klimawandel. Ein extremes Beispiel ist Jakarta, die Hauptstadt Indonesiens, deren nördlicher, küstennaher Teil aufgrund von Grundwasserentnahmen besonders rasch sinkt und teilweise bereits unter Meeresniveau liegt. Da eine dauerhafte Rettung nicht möglich zu sein scheint, hat die Regierung beschlossen, eine neue Hauptstadt auf festem Boden zu errichten.

Unter dem zunehmenden Anstieg des Meeresspiegels leiden auch fruchtbare Flussdeltas und Küstenregionen, weil das Salzwasser weiter ins Landesinnere vordringt, sodass der Boden auch dort, wo er noch nicht überschwemmt ist, unfruchtbar wird.

Bangladesch, wo 50 Prozent der Bevölkerung weniger als fünf Meter über dem Meeresspiegel lebt, verliert fast ein Fünftel seiner Landesfläche bis 2050 durch den Anstieg des Meeresspiegels, wodurch es zu 20 Millionen Klimaflüchtlingen kommen wird. Nicht besser sieht die Situation im Nil-, Mekong- oder Mississippi-Delta aus.

Migration, wenn sie ungeplant vor sich geht oder ein Ausmaß erreicht, das von den Zuzugsländern nicht mehr bewältigt werden kann, führt zu Destabilisierung von Gesellschaften und Staaten und mancherorts zu Bürgerkrieg, Terrorismus und Krieg. Derzeit ist von etwa 200 Millionen Menschen die Rede, die bis Mitte des Jahrhunderts aufgrund von Meeresspiegelanstieg ihre Heimat werden verlassen müssen, noch ohne jene zu rechnen, die kriegsbedingt fliehen. Die Wahrscheinlichkeit für Krieg steigt mit der Temperatur[26], und es werden „Klimakriege" um Wasser, um Nahrung, um Fläche geführt werden.

Atlantik-Zirkulation (Golfstrom)

Die Ozeane der Welt sind durch eine großräumige Zirkulation verbunden, die einen oberflächennahen Ast und einen gegenläufigen in einigen Kilometern Tiefe hat. Im Nordatlantik strömt oberflächennahe warmes Wasser nach Norden. Es wird dabei infolge von Verdunstung salzhaltiger und kühlt sich gleichzeitig auch ab. Auf der geografischen Breite von Island und Grönland sinkt es, dichter geworden, in die Tiefe. Der durch diese Oberflächenströmung (Golfstrom) erzielte Energieausgleich zwischen Äquator und Arktis reduziert die Temperatur- und auch Druckunterschiede, von denen die Intensität des Westwindbandes abhängt. Der vergleichsweise warme Nordatlantik beschert Europa über das Westwindband mildes, feuchtes Klima. Diese Meeresströmung ist erdgeschichtlich schon zusammengebrochen, das bedeutet, die warme Strömung hat ihren Umkehrpunkt schon weiter im Süden erreicht. Ausschlaggebend war bei der letzten Gelegenheit vor etwa 8200 Jahren offenbar die Zufuhr großer Mengen an kaltem Süßwasser, als die großen Seen Nordamerikas, Überreste der Eiszeit, sich plötzlich in den Atlantik entleerten. Das führt dann dazu, dass es in Europa kalt, trocken und stürmisch wird. Die Temperatur könnte in wenigen Jahren um 5–15°C fallen. Das klingt zwar zunächst verlockend – sozusagen ein Ausgleich für die Erwärmung – aber leider können wir mit einer plötzlichen Abkühlung ebenso wenig umgehen, wie mit einer raschen Erwärmung. Eine derartige Änderung der Meeresströmung hätte klimatische Konsequenzen weit über Europa hinaus und könnte auch beschleunigten Meeresspiegelanstieg in manchen Gegenden mit sich bringen.

Es mehren sich nun die Anzeichen, dass ein solcher Zusammenbruch bevorsteht, möglicherweise ausgelöst durch das Schmelzen von Grönlandeis und arktischem Eis.[27] Ein Hinweis darauf ist ein Meeresgebiet südlich von Grönland, das sich anders als der restliche Atlantik abkühlt. Die Strömungsintensität des Atlantikstromes dürfte auch über die letzten Jahrzehnte abgenommen haben und hat nun Werte erreicht, wie sie vermutlich in den letzten 10.000 Jahren nicht mehr vorkamen. Dass die Nordatlantikzirkulation einen Kipppunkt hat, ist wissenschaftlich unbestritten. Unklar ist jedoch, wie nahe dieser Kipppunkt ist. Neuere Studien, mit unterschiedlichen Methoden bzw. Datenmaterial durchgeführt, rücken diesen Zeitpunkt immer weiter nach vorne – zuletzt war von einem Zeitraum zwischen 2025 und 2095 die Rede[28]. Stefan Rahmstorf, einer der führenden Spezialisten für diese Meeresströmung, meint: „Zu nahe, um entspannt sein zu können"[29]. Sicher ist, dass weitere Erwärmung die Wahrscheinlichkeit des Erreichens des Kipppunktes erhöht.

Ozean-Versauerung

Dieselbe Ursache wie der Klimawandel hat die Versauerung der Ozeane. Mit dem Anstieg der CO_2-Konzentration in der Atmosphäre nimmt auch die Versauerung der Ozeane zu. Die Ozeane nehmen etwa ein Drittel des vom Menschen in die Atmosphäre eingebrachten CO_2 auf. Das trägt dazu bei, dass die Konzentrationen in der Atmosphäre weniger schnell steigen, führt aber dazu, dass die Ozeane weniger basisch sind als bisher. Für manche Tier- und Pflanzenarten wird das vor allem im Jugendstadium gefährlich. Insgesamt sind vor allem Arten betroffen, die Kalkgehäuse oder -skelette brauchen, und das vor allem in kalten Gewässern, weil diese mehr Kohlendioxid aufnehmen. Fallen manche Pflanzen und Tiere aus, kann das ökologische Gefüge empfindlich gestört werden. Die Korallenriffe drohen durch Erwärmung und Versauerung abzusterben. 400 Millionen Menschen verdanken bisher intakten Korallenriffen ihre Nahrung und den Schutz vor Sturmwellen.[30]

→ Die Versauerung der Ozeane, verstärkt durch Temperaturanstieg, der sich bis in Tiefen über zwei Kilometer fortsetzt, und Verunreinigung – unter anderem durch Plastik –, wird die Fischproduktivität der Meere um etwa 50 Prozent reduzieren. Etwa drei Milliarden Menschen sind auf Fisch als Nahrungsquelle angewiesen.

Methan-Freisetzung

Methan (CH_4) ist ein wesentlich wirksameres Treibhausgas als Kohlendioxid (CO_2), hat aber mit etwa neun Jahren eine wesentlich kürzere mittlere Aufenthaltsdauer in der Atmosphäre. Das bedeutet, dass sich Minderungen anthropogener Methanemissionen wesentlich rascher auf die Methanbilanz und damit auf die Methankonzentration in der Atmosphäre auswirken können als CO_2-Emissionsreduktionen.

Hingegen führt Erwärmung zu erhöhter Methanfreisetzung aus Permafrost und aus Ozeanen. Der arktische Permafrost ist ein riesiges Lager von Kohlenstoff, der beim Auftauen in mikrobiellen Prozessen zum Teil als Kohlendioxid, zum Teil als Methan freigesetzt wird. Je rascher das Auftauen, desto höher die Methanfreisetzung, weil die im aufgetauten Boden wachsenden Pflanzen den Kohlenstoff nicht schnell genug aufnehmen und zu Biomasse verarbeiten können[31]. Aufsehen haben auch Krater in Sibirien[32] erregt, die offenbar auf Methanexplosionen zurückzuführen sind, und die ebenso wie der scheinbar kochende See in Alaska zu weiterer Erhöhung der Methankonzentration in der Atmosphäre und damit zur Verstärkung des Klimawandels beitragen. Noch ist allerdings wissenschaftlich nicht gesichert, ob diese Freisetzungen klimawandelbedingt sind und es sich daher um selbstverstärkende Prozesse handelt.

Insgesamt wird der Methanhaushalt der Atmosphäre noch nicht hinreichend gut verstanden. Die Unsicherheiten sind bei den anthropogenen Quellen, insbesondere aber auch bei den natürlichen Quellen und Senken sehr groß. Daten über die Emissionen aus den Ozeanen sind spärlich. Die Konzentrationen in der Atmosphäre steigen nach einer Phase relativ geringer Änderungen nach der Jahrtausendwende in der letzten Dekade wieder stark an, ohne dass es dafür bereits eine gesicherte Erklärung gibt. Zu einem wesentlichen Teil scheinen sie jedoch auf anthropogene Quellen, insbesondere die starke Zunahme des Frackings zurückzuführen sein[33]. Sollte die Zuwachsrate in diesem Jahrzehnt ähnlich hoch bleiben, kann das Pariser Klimaziel nicht erreicht werden.[34] Das Potenzial des in den verschiedenen natürlichen Speichern vorhandenen Methans, den Treibhauseffekt zu verstärken und die Temperaturen in die Höhe zu treiben, ist jedenfalls immens.

Welternährung

Die Nahrungsmittelproduktion kann nicht beliebig erhöht werden, weil sich die landwirtschaftlich nutzbare Fläche nur sehr begrenzt erweitern lässt, und die Produktivität möglicherweise bereits eine Grenze erreicht hat. Durch die Erwärmung werden zwar manche, eher nördliche oder höher gelegene Gebiete für die Landwirtschaft gewonnen werden können, aber andere gehen verloren – die Bilanz droht negativ zu sein. Statistiken zeigen, dass der Ertrag pro Hektar und Jahr bei manchen Getreidesorten in den letzten Jahren nicht mehr steigt. Das hängt vermutlich damit zusammen, dass steigende Erträge durch Einsatz von Chemikalien erzielt werden konnten, die Optimierung der landwirtschaftlichen Methoden aber auf Ertragsmaximierung, nicht Erhalt der Bodenqualität ausgerichtet war. Das hat zu einer systematischen Verarmung der Böden geführt. Der Rückgang der Bestäuber, hauptsächlich Insekten, der derzeit global mit 45–70 Prozent angegeben wird, trägt ebenfalls zu Ertragsrückgängen bei. Etwa drei Viertel aller Nahrungsmittelarten sind von Bestäubern abhängig. Die Kapazität der Erde, Nahrungsmittel zu produzieren, nimmt daher eher ab als zu.[35]

Der Klimawandel verschärft dieses Problem, denn die landwirtschaftliche Produktion wird durch Hitze, Dürre und anderes beeinträchtigt. Bis 2050 kommt es nach Modellberechnungen beispielsweise in Indien zu einem Ernterückgang von 23 Prozent bei Weizen; China produziert 2100 etwa 36 Prozent weniger Reis, 11 Prozent weniger Weizen und 45 Prozent weniger Mais.[36] Die deutliche Abnahme an biologischer Vielfalt, v. a. die Einheitlichkeit des Saatgutes bei gentechnisch manipulierten Sorten führt dazu, dass bei Wetterextremen oder Schädlingsbefall nicht nur ein Feld oder ein Landstrich, sondern große Flächen betroffen sein können. Dies führt in Einzeljahren mitunter zu deutlich höheren als den mittleren Produktionseinbußen. Gleichzeitig steigt die Weltbevölkerung und damit der Nahrungsbedarf.

Darüber hinaus wurde durch das Wirtschaftssystem und die Globalisierung die Ernährungssouveränität untergraben, das heißt, die regionale und lokale Selbstversorgung der Bevölkerung hat dramatisch abgenommen und selbst Grundnahrungsmittel werden nur mehr in einer begrenzten Zahl von Gebieten angebaut. Dem Verteilungssystem kommt daher zentrale Bedeutung zu. Treten wetterbedingt Produktionsausfälle in wichtigen Anbaugebieten auf oder sind Verteilungsrouten unterbrochen, zieht dies Versorgungsengpässe und sogar Hungersnöte nach sich. Der Ausfall der ukrainischen Getreidelieferungen nach Afrika ist dafür ein gutes Beispiel. Die Nahrungsmittelversorgung ist also wesentlich störungsanfällig geworden.[37]

Wirtschaftskrisen
Die vielfältigen Veränderungen können ökonomischen Zusammenbruch nach sich ziehen: Eine wärmere Welt ist weniger produktiv. Das gilt für Individuen, für die optimale Temperaturen typischerweise zwischen 20–27°C liegen, und für Volkswirtschaften. Mit Ausnahme einiger Volkswirtschaften in gemäßigten Breiten wie Deutschland lie-

gen die Temperaturen in den meisten Volkswirtschaften schon jetzt jenseits des Optimums[38].

Das bisherige Wirtschaftswachstum könnte sich als historische Ausnahmesituation – den fossilen Energien geschuldet – erweisen[39]. Der Rückgang der globalen Produktivität um 25 Prozent (noch mehr in den wärmeren Ländern), als Folge der deutlichen Erwärmung[40], verstärkt durch Extremereignisse und Meeresspiegelanstieg, kann die Wirtschaft von einer Krise in die nächste taumeln lassen. Die Armut wächst, und 2030 leben voraussichtlich bereits zusätzliche 165 Millionen Menschen in extremer Armut[41].

Unerwartetes und Unbekanntes

Schließlich gibt es auch noch Unerwartetes und möglicherweise auch Unbekanntes: Eine Bedrohung, die lange Zeit für eher unwahrscheinlich galt, die Freisetzung von Krankheitserregern, die in Eis und Permafrost konserviert sind, gilt mittlerweile als wahrscheinlicher. 2016 mussten sibirische Nomaden nach einer Hitzeperiode wegen eines Milzbrandausbruches unter Zurücklassung all ihrer Habe ausgesiedelt werden. Offenbar hatte sich das Bakterium, auch als Anthrax bekannt, aus früheren Zeiten im Permafrost eingefroren gehalten und war nun wegen der hohen Temperaturen aufgetaut und über Rentiere an Menschen übertragen worden.[42] Andere, für besiegt geglaubte Krankheiten könnten ebenfalls vom auftauenden Permafrost oder Eis freigegeben werden.

Krieg

Mit dem Temperaturanstieg gibt es systematisch immer mehr Flächen auf dieser Erde, die nicht mehr bewohnbar sind, weil der Meeresspiegel die Küsten verschlingt und das Salz immer weiter landeinwärts dringt, weil Stürme, Erdrutsche, Überschwemmungen und Dürren an der Tagesordnung sind und keine Landwirtschaft mehr betrieben werden kann.

→ Mit immer weniger Fläche müssen immer mehr Menschen auskommen. Dass das nicht friedlich vor sich gehen wird, ist anzunehmen. Diese Entwicklung birgt den Samen für immer mehr Konflikte, für immer mehr Kriege – regional und international.

2003 wurde für das US-Militär ein Bericht erstellt[43], dessen Zweck es war, sich das Undenkbare vorzustellen – die Grenzen der damals aktuellen Forschung zum Klimawandel zu erweitern, um die möglichen Auswirkungen auf die nationale Sicherheit der Vereinigten Staaten zu verstehen. Bei verspäteter Reaktion bzw. unzureichender Vorbereitung auf die Entwicklung – so die Befürchtung – könnte sich ein erheblicher Rückgang der Tragfähigkeit der Erde (Nahrungsmangel, fehlender Zugang zu Trinkwasser oder Energie) abzeichnen. Ausgangspunkt war die Annahme, dass der Golfstrom ziemlich abrupt zum Erliegen kommt, wie das nach paläoklimatischen Analysen vor 8200 Jahren und vor etwa 12.700 Jahren schon der Fall war. Nach den angenommenen Szenarien würden die jährlichen Durchschnittstemperaturen um bis zu 2,8°C in Asien und Nordamerika sowie um 3,5°C in Nordeuropa sinken, es würde trockener und stürmischer. Die Südhalbkugel erwärmt sich. Die Kälteperiode hielt in 8200 etwa ein Jahrhundert an, bei dem früheren Ereignis etwa ein Jahrtausend. Die Quintessenz des Berichtes: Mit dem Sinken der globalen und lokalen Tragfähigkeit könnten politische Spannungen weltweit zunehmen und zu defensiven oder offensiven Strategien führen. Ressourcenreiche Nationen bauen sich zu Festungen aus, um die Ressourcen für sich selbst zu sichern. Solche, die keine oder zu wenig Ressourcen haben, versuchen, sich den Zugang zu Nahrung, sauberem Wasser oder Energie mit Gewalt zu verschaffen, insbesondere, wenn die Grenzen ohnehin umstritten waren. Aus heutiger Sicht unwahrscheinliche Allianzen könnten gebildet werden, wenn sich die Prioritäten in der Verteidigung verschieben und das Ziel eher Ressourcen zum Überleben sind, als Religion, Ideologie oder nationale Ehre.

Im Übrigen sind „Klimakriege" um Wasser, Nahrung, Fläche etc. nichts Neues, allerdings lassen sich Kriege nur selten direkt auf Klimawandel zurückführen[44]. Es steht aber außer Zweifel, dass Klimawandel, insbesondere extreme Ereignisse, wie anhaltende Dürren oder wiederholte Überschwemmungen, Problemverstärker sind. Wenn in Gesellschaften mit schwacher oder gar keiner Ordnung, den „failed states", durch Dürren Land verloren geht, um das beispielsweise Kleinbauern und Nomaden konkurrieren, entstehen leicht Gewaltkonflikte, und nicht selten eskalieren sie und werden dauerhaft, weil es Milizen, Warlords und andere private Unternehmer gibt, für die Gewaltkonflikte eine fantastische Geschäftsgrundlage bilden.[45] Ein typisches Beispiel ist Darfour im Sudan 2007. Aber auch Großmächte haben mitunter Interesse an Unruhen und dem Sturz von Machthabern, wenn diese den Zugang zu Rohstoffen nicht bereitwillig oder hinreichend wohlfeil anbieten, oder wenn sie sich z. B. der Errichtung von Militärbasen widersetzen. Dies kann zum Aufschaukeln ursprünglich lokaler Unruhen oder regionaler Konflikte führen, zu jahrelang anhaltenden Konflikten, wie etwa in Syrien seit 2011, oder im schlimmsten Fall zu einer nuklearen Auseinandersetzung.

Exkurs: Ein Ende mit Schrecken

Die ursprünglich von Atomphysikern ins Leben gerufene „Doomsday Clock"[46] steht derzeit auf 90 Sekunden vor Mitternacht, näher am „Weltuntergang" als je zuvor seit ihrer Schaffung 1947. Kommentiert wurde diese Position im Januar 2023 von dem interdisziplinär besetzten Wissenschafts- und Sicherheitsgremium damit, dass wir in einer Zeit nie dagewesener Gefahren leben. Die Weltuntergangsuhr spiegele diese Realität wider. Das nukleare Risiko sei durch den Krieg in der Ukraine wesentlich erhöht worden – dies die primäre Ursache für das Vorrücken der Uhr von 100 auf 90 Sekunden vor zwölf. Es gelte aber weiterhin, dass der Klimakrise nicht entsprechend begegnet werde und die globalen Normen und Institutionen, die zur Minderung von Risiken im Zusammenhang mit disruptiven Technologien und biologischen Bedrohungen erforderlich sind, zusammengebrochen seien. Politiker handelten nicht schnell genug und nicht in ausreichendem Umfang, um einen friedlichen und lebenswerten Planeten zu sichern.

Die nukleare Bedrohung im Ukrainekrieg ist eine doppelte. Zum einen findet der Krieg in einem Land statt, das 16 Reaktoren betreibt. Es ist dies einer der ganz seltenen Fälle, in denen Kriegshandlungen in einem Kernenergie-betreibenden Land stattfinden. Jede absichtliche oder auch unabsichtliche Störung des Betriebes eines Kernkraftwerkes kann zu Störungen bis hin zu Unfällen mit massiven Freisetzungen von Radioaktivität führen, die Menschen bis in große Entfernungen verstrahlt und weite Landstriche über Jahrzehnte bis Jahrhunderte unbewohnbar macht. Das ist aus den Kernkraftwerksunfällen von Tschernobyl und Fukushima hinlänglich bekannt. Dabei muss nicht ein Reaktor direkt beschossen werden. Es genügt, wenn kritische Infrastruktur, wie Kühlwasser oder Stromleitungen, zerstört wird oder notwendiges Betriebs- bzw. Erhaltungspersonal keinen Zugang zum Kraftwerk erhält. Das Abschalten der Reaktoren hilft nur begrenzt, denn die Nachzerfallswärme der Reaktoren muss abgeführt werden, sollen Kernschmelze und Austritt von Radioaktivität in die Umwelt verhindert werden. Noch kritischer als Kernkraftwerke sind Brennelemente Zwischenlager: Sie enthalten in der Regel wesentlich mehr radioaktives Material als jeder einzelne Reaktor und sind meist viel weniger gut geschützt. Auch sie müssen gekühlt werden. Die Internationale Atomenergiebehörde sieht in ihren Sicherheitsbestimmungen keinen Kriegsfall vor. Im Kernkraftwerk Saporischschja, mit sechs Reaktoren das größte Kernkraftwerk Europas, im umkämpften Osten der Ukraine gelegen, lagern Brennstäbe von vielen Jahren Kraftwerksbetrieb in schlecht geschützten Abklingbecken und Zwischenlagern.

Gäbe es keine anderen Gründe – humanitäre, umwelt- oder geopolitische Gründe – den Krieg zu beenden, die Tatsache, dass sich Kernkraftwerke im umstrittenen Gebiet befinden, spräche zwingend für Waffenstillstand und Verhandlungen, um Frieden herzustellen. In dieser Region hätten militärische Auseinandersetzungen nie ausgetragen werden dürfen.

Der zweite bedrohliche Aspekt betrifft Nuklearwaffen. Im verbalen Schlagabtausch zwischen der Ukraine bzw. der USA und Russland ist wiederholt vom Einsatz nuklearer Waffen die Rede. Zeitweise scheint deren Einsatz auf des Messers Schneide zu stehen, und man wird an die Kubakrise 1962 erinnert. Damals suchten besonnene Kennedy-Brüder, Präsident und Justizminister, gegen die Empfehlungen der Militärberater das Gespräch mit der Sowjetunion. Auch Nikita Chruschtschow war sich der Tragweite seiner Entscheidungen bewusst. Auf dem Verhandlungsweg konnte die Katastrophe abgewendet werden. Gegenwärtig dürfte es seit über einem Jahr keinen direkten Kontakt zwischen dem Präsidenten der USA und dem Chef des Kremls gegeben haben – damit steigt u. a. die Gefahr fehlinterpretierter Signale, die einen Nuklearkrieg auslösen können. Wie real diese Gefahr ist, ist aus früheren Ereignissen ablesbar. Kein Wunder, dass die Kriegsgefahr beim Stellen der Doomsday Clock als sehr hoch eingeschätzt wird. In einem Kriminalroman, der kurz vor dem Ausbruch des Zweiten Weltkrieges spielt, beschreibt ein englischer Diplomat die Situation so: *„Die Karre wackelt mal dahin, und man denkt: ,Jetzt hat's gekracht'. Und dann wackelt sie in die andere Richtung, und man denkt: ,Alles wieder in Butter'. Und eines Tages wackelt sie ein Stückchen zu weit, und plötzlich sitzt man in der Patsche und weiß gar nicht, wie man da hineingeraten ist."*[47]

Was würde ein nuklearer Schlagabtausch bedeuten? Die Uranbombe, die von den USA am 6. August 1945 auf Hiroshima und die Plutoniumbombe, die am 9. August 1945 auf Nagasaki abgeworfen wurden, entsprechen mit 15 Kilotonnen TNT-Äquivalenten den kleinsten in den derzeitigen Nukleararsenalen. Doch die Folgen waren schon damals verheerend. Atombomben lösen blitzartig eine enorme Hitzeentwicklung aus, einen Feuerball, der sich mit Lichtgeschwindigkeit ausbreitet, alles Leben vernichtet und Infrastruktur in Brand steckt. Die darauffolgende ungeheure Druckwelle, die sich mit Schallgeschwindigkeit ausbreitet, zerstört Gebäude und facht die Feuer weiter an. Werden die Bomben in der Luft gezündet, vergrößert sich ihr Wirksamkeitsradius. Die direkte radioaktive Strahlung ist zwar im Mittelpunkt der Explosion auch tödlich, insgesamt aber von vergleichsweise geringerer Bedeutung für die Kriegsführung. Bei Nuklearwaffen, die am Boden gezündet werden, kann der radioaktive Fall-out beträchtlich sein, und langfristig Folgen nach sich ziehen, weil sich die radioaktiven Substanzen an Bodenmaterial heften und mit diesem verfrachtet und großräumig deponiert werden. Darüber hinaus stellen sich aber über den sogenannten Nuklearen Winter auch Folgewirkungen ein, die von globaler Bedeutung sind.

In den 1980er-Jahren war der Nukleare Winter in aller Munde, hatte doch völlig unerwartet eine Studie über die Zerstörung der Ozonschicht durch Stickoxide einige Wissenschaftler die Frage aufwerfen lassen, mit welchen atmosphärischen Folgen im Falle eines Nuklearkrieges zu rechnen wäre.[48] Diese Studien lösten weitere aus. Eine Gruppe rund um den in der US-amerikanischen Öffentlichkeit sehr bekannten Astrophysiker Carl Sagan errechnete, dass mit dem Abwurf einer Atombombe auf Städte Nebenwirkungen auftreten würden, welche die Primärwirkung bei Weitem übertreffen. Ruß, entstanden aus Bränden in bombardierten Städten, würde in hohe Atmosphärenschichten vordringen und dort verharren, breit vertragen werden und die Sonne verfinstern.[49] Modellberechnungen ergaben, dass bei einem nuklearen Schlagabtausch zwischen den USA und Russland – auch bei Einsatz nur eines Bruchteils der verfügbaren Nuklearwaffen – Getreide nicht mehr reifen würde und Hungersnöte verursacht würden. Angesichts der politischen Brisanz dieses Ergebnisses kam es zu heftigen Diskussionen, sowohl in Wissenschaftskreisen als auch in der Öffentlichkeit.

Das Thema ist aus der wissenschaftlichen Diskussion nie ganz verschwunden – zunächst sah es so aus, als ob nicht ein Nuklearer Winter, sondern „lediglich" ein Nuklearer Herbst auf einen nuklearen Schlagabtausch folgen würde. Dann zeigte sich, dass die ursprüngliche Thematik – die Störung der Ozonschicht – wider Erwarten sehr wohl relevant wäre, und zuletzt wurden die Berechnungen über eine Abfolge von Modellen bis hin zur Feststellung der Zahl der Hungertoten getrieben.[50] Sollten diese neuesten Berechnungen und die ihnen zugrundeliegenden Zahlen und Annahmen stimmen, könnte ein voller Nuklearkrieg fünf von acht Milliarden Menschen das Leben kosten. Selbst bei einem Fehler um eine oder zwei Größenordnungen bleibt das Ergebnis erschreckend!

Eine Befragung der Bevölkerung in den USA und in UK über die Folgen eines nuklearen Schlagabtausches zeigt, dass nur rund 20 bzw. 10 Prozent der Befragten angaben, ein Bewusstsein hinsichtlich der Folgen eines nuklearen Schlagabtausches zu haben[51]. Etwa 20 Prozent der Befragten in beiden Ländern sprachen sich bei einem nuklearen Angriff für einen nuklearen Gegenschlag aus; ein Drittel änderte seine Meinung, nach Kenntnis der Folgen des Nuklearen Winters. Daraus geht hervor, dass gerade in Zeiten extremer nuklearer Bedrohung Information darüber, was ein Nuklearkrieg bedeuten würde, sehr wichtig ist.

In einer nach einem Nuklearkrieg entvölkerten Welt stellt sich die Klimaproblematik völlig anders und über Jahre hinaus in ihrer Bedeutung gegenüber anderen Problemen nachgereiht dar. Wir wollen davon ausgehen, dass dieses Szenarium allen erspart bleibt.

Was dann noch geht

Gedrängt, die Klimakrise anschaulich zu machen, habe ich die Situation einmal so beschrieben: In einigen zehn Jahren von jetzt werden Sie von der Sonne versengt in der Hitze hungern. Sie werden vor Kriegen oder steigendem Meeresspiegel fliehen oder versuchen, was Ihnen noch geblieben ist, vor Klimaflüchtlingen zu schützen. Die Wirtschaft liegt schon längst danieder, von den Finanzkrisen kann sich die Welt nicht mehr erholen, und die Staatsordnung ist weitgehend kollabiert. Es gibt keine Aussicht auf Besserung der Situation – im Gegenteil, die Klimakrise entwickelt sich unaufhaltsam und mit zunehmender Geschwindigkeit.

Und Sie werden sich fragen: Warum hat uns niemand gewarnt? Oder, wenn Sie ehrlicher sind: Was haben wir uns nur dabei gedacht, als wir die Warnungen missachtet haben?

→ Es mag einen exakt definierbaren Punkt – einen Klima-Kipppunkt – geben, jenseits dessen eine Stabilisierung des Klimas nicht mehr möglich ist, aber wir kennen ihn nicht. Die Wahrscheinlichkeit ist hoch, dass er unbemerkt überschritten wird, denn jenseits lauert nicht das abrupte Ende – so ein Nuklearkrieg verhindert werden kann –, sondern eine systematische Verschlechterung der Bedingungen.

Das auch von mir früher öfters verwendete Bild des Zusteuerns eines Bootes auf die Niagara-Wasserfälle, das nicht genau weiß, bis wohin es sich vorwagen darf, trifft die Situation nicht gut. Eher steuern wir bei dem „Too little, too late"-Szenarium auf zunehmend herausfordernde und kritische Stromschnellen zu. Der Fluss der Zukunft ist nicht kartiert, und wir haben nur begrenztes Verständnis für die Art der zu erwartenden Stromschnellen bzw. Herausforderungen, wie im vorigen Abschnitt beschrieben. Wir gehen voraussichtlich nicht alle schlagartig zugrunde. Es geht daher darum, die Stromschnellen möglichst lang und möglichst unbeschadet zu bewältigen. Wie kann das gehen?

Eine erste Voraussetzung wird nach Bendell sein, die Situation anzunehmen[52]. „Die Situation" kann für verschiedene Menschen Verschiedenes bedeuten: Dass man an den Kollaps, an die Katastrophe oder an die Auslöschung der Zivilisation oder der Menschheit „glaubt"[53], und dass man diese für unvermeidbar, wahrscheinlich oder möglich hält. Bendell selber hält z. B. den Kollaps für unvermeidbar, die Katastrophe für wahrscheinlich und die Auslöschung der Zivilisation für möglich. Der Kollaps ist nach seinem Verständnis ein Prozess, kein Ereignis, und da die bereits beobachteten Veränderungen unumkehrbar zu sein scheinen, erscheint ihm der Begriff „Kollaps" ein angemessener Ausdruck, diesen Prozess zu beschreiben. Der Kollaps habe bereits begonnen. Er äußert sich darin, dass die menschliche Gesellschaft in ihren Grundfunktionen gestört wird. Zu diesen Störungen gehören eine Zunahme von Unterernährung, Hunger, Krankheiten, Bürgerkriegen und Kriegen – auch in den wohlhabenden Nationen. Welche Aspekte des Kollapses wo zuerst auftreten, lässt sich etwa anhand der oben geschilderten Entwicklungen bei zunehmender Erwärmung abschätzen, aber wegen der ökonomischen und politischen Verflechtungen nicht mit Sicherheit sagen. Wie schnell sich die Situation dann entwickelt, bleibt angesichts der Komplexität des Systems offen.

Verzweiflung und Hoffnungslosigkeit mögen ein notwendiger Zwischenschritt auf dem Weg zur Akzeptanz sein, aber letztlich geht es darum, zu einer konstruktiven Hoffnungslosigkeit zu finden. Jemand, der eine dramatische körperliche Einschränkung erfährt, kann vermutlich erst dann wieder zu Zufriedenheit und einem befriedigenden Leben finden, wenn er oder sie sich nicht mehr an die Hoffnung klammert, dass die Einschränkung rückgängig gemacht werden kann. Erst dann beginnt er/sie sich in diesem neuen Leben einzurichten, die vorhandenen Möglichkeiten auszuloten und sie nach seinen/ihren Bedürfnissen zu gestalten. Deswegen könnte unsere Gesellschaft sowohl für die Transformation mit ihren neuen

Rahmenbedingungen, als auch für den Fall eines „zu spät" so viel von Menschen mit besonderen Bedürfnissen lernen, insbesondere, wenn deren Behinderung nicht angeboren, sondern erst im Laufe des Lebens eingetreten ist.

Im Gegensatz zur Klimawandelanpassung, die zur gängigen internationalen und nationalen Routine gehört, nennt Bendell die vorbereitende Anpassung an den Kollaps „tiefe Anpassung". Sie geht weiter, als die üblichen Maßnahmen, wie Verschattung von Gebäuden, Bewässerung von Feldern, Hochwasserschutz oder Frühwarnsysteme verschiedenster Art. Das bedeutet nicht, dass konventionelle Anpassung nicht auch verfolgt werden soll, ebenso wie Emissionsminderungsmaßnahmen auch in diesem Szenarium einen wichtigen Platz haben. Erstere werden vielen Menschen wenigstens vorübergehend Leid ersparen, Letztere die Katastrophe möglicherweise verzögern. Aber das genügt bei unvermeidbarem Kollaps nicht. Klassische Anpassung hat zum Ziel, die Resilienz des Betriebes, der Gemeinde, des Landes zu erhöhen, d. h. so gut wie möglich sicherzustellen, dass sie trotz massiver Störungen in ihrer Funktionalität erhalten bleiben bzw. zu dieser zurückfinden. Das Wort Resilienz hat aber in der Psychologie eine andere Bedeutung, eine, die für „deep adaptation" passender ist. Resilienz ist der Prozess und das Ergebnis der erfolgreichen Anpassung an schwierige oder herausfordernde Lebenserfahrungen, insbesondere durch mentale, emotionale und verhaltensbezogene Flexibilität und Anpassung an externe und interne Anforderungen. Das impliziert nicht, dass nach der Störung das Leben weitergeht wie davor. Resilienz als Teil der tiefen Anpassung ist nach Bendell die Fähigkeit, sich an veränderte Umstände anzupassen, um mit wertgeschätzten Normen und Verhaltensweisen zu überleben. Daraus ergibt sich die Frage, welche die erhaltenswerten, wertgeschätzten Normen und Verhaltensweisen sind, bzw. von welchen wir uns trennen müssen, um die Dinge nicht noch schlimmer zu machen. Es liegt nahe, dass etwa Küstenstädte aufgegeben werden müssen, ebenso wie risikoreiche Technologien wie Kernenergie, und wir werden unsere Konsumgewohnheiten ändern müssen. Darüber hinaus geht es darum, gewisse Haltungen, Herangehensweisen, Fähigkeiten etc. wiederzuentdecken, die in unserer von billiger Energie befeuerten Zivilisation verloren gegangen sind. Die arabische Architektur des Nahen Osten beispielsweise hat es verstanden, auf natürliche Weise Luftzug und Kühlung in Gebäude zu bringen. Solches Wissen bekommt wieder Bedeutung. Der Natur erneut Raum und Zeit geben, und mit weniger Aufwand von ihrem Angebot leben. Den Speisezettel an die Jahreszeiten und die Region anpassen, Vergnügen suchen, die ohne Elektronik auskommen usw.

Daraus ergeben sich drei Fragen: Wie können wir bewahren, was wir wirklich bewahren wollen (Resilienz)? Was müssen wir aufgeben, um die Situation nicht zu verschlimmern (Loslassen)? Und was können wir wieder aufgreifen, das uns durch die kommenden Schwierigkeiten und Tragödien hilft (Wiederherstellen)? Stellt man sich diese schon jetzt, unabhängig davon, ob man an den Kollaps, die Katastrophe, den Untergang der Zivilisation oder keines dieser Szenarien „glaubt", so tut man einen wichtigen Schritt in Richtung Vermeidung jener Szenarien. Denn damit beginnt man unweigerlich, sorgfältiger mit der Natur, aber auch den Mitmenschen umzugehen, sich mehr an dem zu freuen, was man hat, statt sich darin zu ergehen, was man noch haben könnte. Kurz – innere Befriedigung gewinnt gegenüber äußeren Erfolgssymbolen an Bedeutung, Sein gegenüber Haben. Darin sehe ich das Tröstliche selbst am apokalyptischen Szenarium: Was getan werden muss, gilt sowohl der Vermeidung der Apokalypse als auch dem Überleben im Ernstfall. Man kann also selbst im Akzeptieren der Katastrophe als etwas Unvermeidliches noch dazu beitragen, es doch zu vermeiden.

Klimaschutz als Schlüssel zu einer guten Zukunft – meine Vision

In diesem letzten Kapitel führe ich die These aus, dass die Geschichte des Klimawandels auch eine Erfolgsgeschichte sein kann. Was gibt im Kampf um Klimaschutz Mut, weiterzumachen? Es ist nicht so sehr die Angst vor dem unaussprechlichen Leid, das uns Menschen und anderen Lebewesen bevorsteht, wenn wir versagen, sondern es ist vor allem das Bild einer besseren, glücklicheren Zukunft für alle, das lockt und immer wieder aufrichtet.

Dieses Bild ist, wie bereits ausgeführt, nicht mit wissenschaftlichen Methoden zu zeichnen. Aber Visionen, die motivierend und inspirierend der Transformation zu einer klimafreundlichen Gesellschaft den Schrecken nehmen, werden dringend gebraucht; das konstatiert auch die EU. Ich will deswegen einen Versuch wagen. Schon 2019 skizzierte ich für eine gemeinsame Publikation[1] einen Abschnitt: Vision 2050. Ich befürchtete, dass mich die Kolleg:innen und Co-Autor:innen verlachen würden – aber das Gegenteil war der Fall. Mit Begeisterung schmückten sie meine Erzählung aus. Auf diese gemeinsam entstandene Vision für Österreich stütze ich mich, von ihr gehe ich aus, zitiere teilweise wörtlich, aber modifiziere und ergänze sie[2]. So wie damals basiert auch diese Vision auf einer Fülle von wissenschaftlichen Untersuchungen, diskutierten und eingeleiteten Maßnahmen, ist aber doch in freier Gestaltung zu einer Vision verdichtet worden. Insbesondere sind APCC Special Reports[3] und der UniNEtZ-Optionenbericht[4] zu nennen. Als Rückblick aus der Zukunft versuche ich zu erklären, warum sich der Kampf und das Engagement letztlich lohnen. Bereits existierende Ansatzpunkte zur Veränderung werden als Ausgangspunkte genommen.

Meine Vision ist subjektiv und nur eine von zahllosen möglichen Visionen. Die Zukunft muss ausgehandelt werden; aber dazu müssen die Vorstellungen auf den Tisch. Bringen auch Sie Ihre Vision zu Papier – gemeinsam können wir eine für alle attraktive Zukunft entwerfen und mit entsprechendem Einsatz auch erringen.

Klima bei plus 1,5°C

Das Klima bei plus 1,5°C ist nicht unser gewohntes Klima. Weltweit werden 700 Millionen Menschen unter Hitzestress leiden; manche der heißesten Städte werden zeitweise unbewohnbar. In Europa werden die maximalen Temperaturen um +3–4°C über den bisherigen liegen, die heutigen Temperaturrekorde werden Normalität. Hitzesommer wie der Ausnahmesommer 2003, der 30.000–70.000 Tote gefordert hat, werden alle zwei bis drei Jahre auftreten. In Mitteleuropa muss man mit 2,6 Dürremonaten pro Jahr rechnen, im Mittelmeerraum mit drei. Der Meeresspiegel wird um etwa vier Millimeter pro Jahr steigen. Langfristig, im Laufe von 1000 Jahren, wächst der Meeresspiegel um 30 Meter, ein nicht mehr aufzuhaltender Prozess. Die 500-jährigen Sturmfluten Norddeutschlands werden zu 100-jährigen werden, und 70–90 Prozent der Korallenriffe weltweit sind bedroht. Vier Prozent der Wirbeltier- und sechs Prozent der Insektenarten verlieren mehr als 50 Prozent ihres Verbreitungsgebiets[5].

Auch bei 1,5°C Erwärmung bleibt die Welt also nicht so, wie wir sie kennen, auch diese geringe Erwärmung hat sehr unangenehme Folgen. Mit Erreichen des angestrebten und kaum mehr einhaltbar erscheinenden Pariser Klimaziels ist also keinesfalls eine heile Welt verbunden. Die +1,5°C-Welt hat aber den unschätzbaren Vorteil, dass das Klima stabilisiert werden kann und eine Anpassung an die dann herrschenden Bedingungen möglich ist.

Und das Erreichen des Ziels bedeutet, dass sich sehr viel anderes auch verändert hat. Denn der Ausstieg aus fossilen Energien ist nicht ein rein technologisches Problem, er erfordert eine Fülle gesellschaftlicher Veränderungen, die uns alle zum Vorteil gereichen können, wenn sie klug gewählt werden.

Hoffnungsschimmer

Auf jeden meiner Vorträge folgen die Wortmeldungen, warum die schön gezeichnete Zukunft nicht zustande kommen werde: Aber China! Die Wirtschaft! Die Kosten! Die Raser! Die Unbelehrbaren! Es ist keine Kunst, Gründe zu finden, warum es NICHT gehen wird. Die Kunst ist, zu sehen, was sich schon bewegt, das zu fördern und neue Wege zu gehen, um das möglich zu machen, von dem wir wissen, dass es notwendig ist. Was also bewegt sich bereits? Hier einige Beispiele.

Dass das Bevölkerungswachstum zurückgeht, gibt Hoffnung: Hat die UN 2015 noch mit 11,2 Milliarden Menschen im Jahr 2100 gerechnet, wurde die Projektion nun auf 10,2 Milliarden gesenkt. Eine Stabilisierung oder, noch besser, ein allmähliches Schrumpfen der Weltbevölkerung würde es zweifellos erleichtern, im Einklang mit der Natur zu leben.

Auch der technologische Sektor gibt Anlass zu Hoffnung: Die Kosten erneuerbarer Energien sind dramatisch gesunken und liegen jetzt weitgehend unter denen von Kohle, Öl und nicht-konventionellem Gas. Das bedeutet, dass der freie Markt nun für den Umstieg und damit für den Klimaschutz arbeitet. Die pro Jahr neu installierten Leistungen an elektrischer Energie aus erneuerbaren Energiequellen haben jene aus fossilen bereits überholt; sie steigen, während jene fallen, obwohl Letztere in sechs- bis zehnfacher Höhe subventioniert werden. Die

Schwellen- und Entwicklungsländer investieren bereits gleich viel in Erneuerbare wie die OECD-Länder – erneuerbare Energien sind also kein Wohlstandsphänomen mehr. Jene, die Energie am dringendsten brauchen, haben erkannt, wo die Zukunft liegt – sieht man von einigen Fehlentwicklungen, z. B. Richtung Kernenergie, ab.

Die Divestment-Bewegung führt dazu, dass dem fossilen Sektor systematisch Investitionsmittel entzogen werden. Wirksamer als der Abfluss von Mitteln ist allerdings die Optik für die Firmen und die Umleitung der Mittel zu erneuerbaren Energien.

In vielen Ländern und Städten weltweit werden soziale Innovationen erprobt und viele erweisen sich als erfolgreich – so etwa die Grätzl-Oasen in Wien. Wenn der Platz da ist, und liebevoll ausgestaltet, wird er gerne angenommen – in eine Parklücke würde sich niemand mit einem Sessel setzen. Noch ist eine Zögerlichkeit beim Kopieren von Erfolgsmodellen festzustellen, aber die zunehmende Vernetztheit nicht nur der Zivilgesellschaft, sondern auch der Verwaltungen im Rahmen von europäischen oder globalen Projekten und Initiativen erleichtert den Prozess.

Im Lebensmittelbereich entwickeln sich Lokalmärkte, Food-Coops, gemeinschaftsunterstützte Landwirtschaft (CSA), Slow-Food-Bewegungen, „essbare" Städte sowie Obst- und Restebörsen; im Mobilitätsbereich Pkw- und Fahrrad-Leihsysteme, Shared-Space-Lösungen in den Ortschaften und Slow-City-Bewegungen; auf dem Energie- und Klimasektor Klimabündnis- bzw. e5-Gemeinden, Klima- und Energiemodellregionen sowie Gemeinschaftskraftwerke und übergreifend „Transition Towns". Bewegungen wie die Solidarwirtschaft oder die Gemeinwohlökonomie, die innerhalb weniger Jahre in Europa und Südamerika in Firmen und Gemeinden Fuß gefasst haben, sind soziale Innovationen, die systemverändernde, nachhaltigkeitsorientierte Ansätze verfolgen. Übereinstimmend berichten Gemeinden und Regionen, in denen solche Experimente erfolgreich durchgeführt werden, von mehr Zusammenhalt in der Bevölkerung, mehr Hilfsbereitschaft, mehr Verständnis für die lokale Wirtschaft und mehr regionale Verbundenheit.[6]

Wie immer man zu konkreten Aussagen des Influencers Rezo in seiner nahezu einstündigen Videobotschaft „Die Zerstörung der CDU"[7] stehen mag – die Tatsache, dass dieses politische Video innerhalb kürzester Zeit Millionen Mal angeschaut wurde, und dass sich spontan 90 andere Influencer zu einem Unterstützungsvideo gefunden haben[8], und auch dieses Millionen Clicks zu verzeichnen hatte, ist ein Zeichen der Hoffnung: Die junge Generation ist offenbar für politische Themen aufgeschlossener, als man denkt.

Schon jetzt sind vielfältige, noch voneinander abgekoppelte Schritte zur Umgestaltung der Gesellschaft sowie ihres Wirtschafts- und Geldsystems im Gang. Besonders zahlreich sind die Ansätze zu lokalen Währungen, Tauschzirkeln, Zeitbanken zur Wiederbelebung von Stadtteilen oder Regionen sowie zur Sicherung der Altersversorgung. Manche sind ganz lokal und klein, andere wirken überregional.[9] Immer mehr Menschen wollen ihr Geld nachhaltig anlegen – es muss nur gesichert sein, nicht wachsen, und es soll nachhaltige Projekte finanzieren, nicht Waffenproduktion, Kinderarbeit, fossile oder nuklear Energien unterstützen. Noch können wenige Banken diese Ansprüche befriedigen, aber es werden mehr.

Das vorherrschende Wirtschaftssystem mit seinem Zwang zum Wachstum wird von zahlreichen Wissenschaftler:innen in unterschiedlicher Form analysiert und kritisiert[10]. Aufbauend auf den Arbeiten von Hermann Daly ist mittlerweile eine neue Ökonomie entstanden, die „socio-ecological economics", zu deren prominentesten Vertreterinnen Kate Raworth[11], und in Österreich Sigrid Stagl[12], oder Clive Spash[13] zählen. Nico Paech hat ein besonders stringentes System geänderten Wirtschaftens entwickelt. Zwangsläufig liegt diesem auch ein anderer Begriff der Arbeit zugrunde[14]. Aber die wissenschaftlichen Vorarbeiten haben auch praktische Auswirkungen: 2023 berieten auf Einladung von EU-Parlamentariern verschiedener Parteien über 4000 Tagungsteilnehmer:innen aus Politik, Wirtschaft, Wissenschaft und Gesellschaft, wie ein Wirtschaftssystem aussehen könnte, das Mensch und Natur, allen voran Klima und biologische Vielfalt, wertschätzt, statt auf zerstörendes Wachstum des Bruttoinlandsprodukts (BIP) zu fokussieren. Die Organisator:innen stellen gezielt die Politikgestaltung in der EU und deren gesellschaftlichen Ziele infrage, denn praktisch alle EU-Strategiepapiere zielen auf BIP-Wachstum ab, obwohl damit die heutigen sozialen und ökologischen Krisen nicht gelöst werden können.

→ Dass das BIP nicht geeignet ist, Wohlergehen von Menschen oder Natur zu beschreiben, ist allgemein bekannt. Dafür wurde die Maßzahl auch nicht entwickelt; sie müsste längst durch geeignetere ersetzt werden. Ideen dazu gibt es viele. Noch wichtiger sind aber die dahinterstehenden Grundsätze einer neuen Politik, wie etwa die Schere zwischen Arm und Reich wieder zu schließen, ein Recht auf Versorgung mit Gütern und Dienstleistungen des täglichen Lebens (Energie, Wohnraum, Wasser, Lebensmittel, Gesundheit, Mobilität und Bildung) oder Genügsamkeit – es muss auch ein „Genug" geben, damit die Natur eine Chance hat.

Neben Adaptionen im Wirtschaftssystem geht es auch um Änderungen im Finanz- bzw. Geldsystem, dem in seiner derzeitigen Form inhärente Prozesse innewohnen, die der Nachhaltigkeit im Weg stehen[15], darunter etwa die systemische Verleitung zu kurzfristigem Denken, weil das Zinswesen des Geldsystems „rationale" Investoren die Zukunft diskontieren lässt, und auch das durch Zinseszinsen verursachte zwanghafte Wachstum bei gleichzeitiger Konzentration von Reichtum und Entwertung sozialen Kapitals.

→ Es ist den beharrenden, rückwärtsorientierten Kräften gelungen, die Menschen davon zu überzeugen, dass Klimaschutz das staatliche Budget ungebührlich belastet und auf der individuellen Ebene synonym mit Verzicht ist. Dabei ist das Gegenteil der Fall, und die Diskussion darüber ist im Gang.

Wie es weitergegangen sein könnte: Ein Rückblick aus dem Jahr 2050

So ganz genau kann auch jetzt noch niemand sagen, was eigentlich den Umschwung gebracht hat. Es haben wohl mehrere Faktoren zusammengewirkt.

Die Wetterextreme wurden immer drastischer; wenn die meisten Menschen auch Überschwemmungen, Waldbrände, Dürre und tropische Wirbelstürme nur aus dem Fernsehen kannten, die Hitze spürten doch alle. Und das bedrohliche Näherrücken des Kipppunktes der Atlantikzirkulation hat damals nicht nur mich erschreckt.

Die rechtlichen Bemühungen haben auch ihre Wirkung gezeigt – schließlich konnten Verwaltungs- und Verfassungsgerichtshof in Österreich sich nicht immer auf Formales beschränken, wenn ringsum – Niederlande, Deutschland, Belgien – und auf europäischer Ebene immer mehr Verfahren zugunsten des Klimaschutzes ausgingen und der Europäische Gerichtshof sich auch mit in Österreich abgewiesenen Verfahren auseinandersetzen musste.

Die Bewusstseinsbildung in der Jugend durch „Fridays for Future", die Störaktionen durch die „Letzte Generation" und die sich ausweitenden Aktionen, die immer mehr Menschen zwangen nachzudenken, haben sicher den Boden aufbereitet. Dass die Politik versuchte, diese offenkundig selbstlos agierenden Menschen aller Altersgruppen zu kriminalisieren, beschleunigte den Umschwung. In gewisser Weise haben gerade der Vertrauensverlust in die Politik und die leeren Staatskassen nach eher planlos und kurzsichtig vergebenen Unterstützungen in und nach der Corona-Krise sowie in der anschließenden Energie- und Inflationskrise und den sinnlosen Kriegen in Europa, Asien und Afrika Menschen mit klaren Werten und Haltung den Weg in die Politik geöffnet. Die Wahlergebnisse 2022 und 2023 in Graz und Salzburg waren in Österreich erste Anzeichen, auch die öffentlich ausgetragenen Diskussionen in der SPÖ deuteten schon darauf hin, dass von Politik mehr erwartet wurde, als in den letzten Jahren geboten worden war. Es hätte natürlich auch schlecht ausgehen können – es hätten auch politische Rattenfänger mit billigen Parolen und einfachen Lösungen für die schwierigen Probleme den Sieg davontragen können. Vielleicht war es gerade der eher plumpe und durchsichtige Versuch mancher Politiker, sich diesen anzunähern, der die Entscheidung für eine gemeinsame, nachhaltige Zukunft brachte. Jedenfalls machte die neue Generation von Politiker:innen durch mutige und einschneidende Reformen den Weg in eine nachhaltige Zukunft frei. Es sind Politiker:innen, die im Sinne von Extinction Rebellion endlich die Wahrheit sagen und über den Ernst der Lage informieren können, weil sie sich selbst ernsthaft informieren und auf dem Laufenden bleiben, sowohl was neue Erkenntnisse der Wissenschaft betrifft als auch hinsichtlich der zahlreichen formellen und informellen Experimente, die national und international in der Gesellschaft bereits erfolgreich oder auch ohne Erfolg durchgeführt werden – denn auch von diesen kann man lernen, sprechen sie doch reale Probleme an, die der Lösung bedürfen.

Die steigenden Preise fossiler Energien, schon im Vorfeld des Ukrainekrieges, und die Unsicherheit hinsichtlich der Verfügbarkeit von Gas während des Krieges haben die Energiewende wesentlich beschleunigt. In wenigen Jahren wurden mehr Solaranlagen und Wärmepumpen installiert als in Jahrzehnten davor. Der Aufbau der notwendigen Produktionen im Land und die Schnellsiedekurse zur raschen Bereitstellung von Fachkräften zeigten Wirkung. Mittlerweile liefern erneuerbare Energiequellen saubere, leistbare Energie für alle und machen das Land wie auch Regionen unabhängiger von Energieimporten. Die dezentralen Energieträger haben viele Strukturen aufgebrochen, insbesondere haben sie den Kommunen Unabhängigkeit und mehr Wohlstand gebracht und damit ihren Spielraum für Klimaschutz und Klimaanpassungsmaßnahmen erweitert.

Beschleunigt wurde die Transformation durch den sich stark beschleunigenden Abzug von Kapital aus fossilen Energieträgern (Divestment) und die Investition in erneuerbare Energien und zukunftsfähige Innovationen. Die Investitionen haben sich in deutlich höherem Maß in die Realwirtschaft verlagert, was nicht nur technologische Neuerungen in beachtlichem Ausmaß ermöglicht, sondern auch die Stabilität des

Finanzmarktes wesentlich erhöht hat. Zudem wurden nachhaltigkeitsfeindliche Abkommen wie die Energiecharta einschließlich der langjährigen Bindungen im internationalen Gleichschritt aufgekündigt. Das beseitigte Hemmnisse und setzte ungeheure staatliche Mittel für die Energiewende frei, die im Zuge zahlreicher und oft unverschämter Klagen bereitgehalten werden mussten, weil die Schiedsgerichte dazu neigten, den klagenden Firmen, nicht den Staaten, recht zu geben.

Da die Energiewende nicht nur in Österreich stattfand, hat sich auch die geopolitische Lage verändert: Mit dem Übergang zu dezentraler, erneuerbarer Energie schwindet die Abhängigkeit von den räumlich konzentrierten fossilen Energien und der Nahe Osten ist nicht mehr der große Unruheherd. Ohne die Einmischung externer Kräfte können die arabischen Länder am Wiederaufbau arbeiten und der eigenen Bevölkerung Sicherheit und Auskommen bieten – dass sich allmählich Frieden einstellt, kommt auch Europa zugute, wenn auch der Rückzug zahlreicher ehemaliger Migranten in ihre Heimat in gewissen Wirtschaftszweigen ein Problem darstellt.

Dass es in der Agenda 2030 der UNO hieß: *„Wir sind entschlossen, friedliche, gerechte und inklusive Gesellschaften zu fördern, die frei von Furcht und Gewalt sind. Ohne Frieden kann es keine nachhaltige* Entwicklung geben und ohne nachhaltige Entwicklung keinen Frieden"*, hatten die Unterzeichner lange nicht ernst genug genommen. Dennoch ist die Welt friedlicher geworden. Das ist teilweise auf den Übergang zu dezentralen Energieformen zurückzuführen, wesentlich auch darauf, dass das Wirtschafts- und Finanzsystem geändert wurde, aber auch darauf, dass Länder des Südens andere Werte in die globale Diskussion einbrachten.

Dass ausreichend erneuerbare Energie verfügbar ist, trotz des gesteigerten Bedarfs durch Elektrifizierung wirtschaftlicher Aktivitäten, hängt damit zusammen, dass die Energieeffizienz gesteigert und der Energiebedarf gesenkt wurde, z. B. durch bessere Wärmedämmung von Gebäuden, effizientere Mobilität und klimaschutzorientierte Raumplanung. Die Energieeffizienz zu erhöhen lohnt sich noch immer, weil die Kosten für Energie jenseits eines nachgewiesenen, standardisierten Bedarfs sowohl für den einzelnen Haushalt als auch für Handel, Industrie und Gewerbe progressiv stark ansteigen. Bei industriellen Prozessen, Mobilität und Gebäuden wird im Sinne der Sektorkopplung Energie sowohl genutzt als auch erzeugt. Das Stromnetz hat sich von einem zentralistischen, unidirektionalen zu einem dezentralen, multidirektionalen und intelligenten Stromnetz gewandelt, bei gleichzeitig erhöhter Sicherung der Verfügbarkeit. Die ursprünglich befürchtete Bedrohung durch Cyberkriminalität wird durch eine Reihe von technischen Maßnahmen und solchen im Digitalisierungsbereich sehr klein gehalten.

Abgeschlossen ist die Energiewende noch nicht, denn einerseits entwickeln sich stets neue, nachhaltigere Technologien, andererseits werden Lebensstile nachhaltiger und damit auch suffizienter (Lebensqualität vor Profit und Konsum) und energieärmer. Zudem werden die Auswirkungen mancher Änderungen in anderen Sektoren erst langsam im Energiesektor spürbar.

Die Maßnahmen im Mobilitätsbereich haben tiefgreifende Veränderungen mit sich gebracht. Hier waren die emotionalen Widerstände wohl am größten – hatten Politiker und Medien sie doch jahrelang unnötig aufgeheizt. Ein erster Schritt war mit dem Klimaticket gemacht worden, ein zweiter, als die Entscheidungshoheit für Temporeduktionen auf untere Ebenen verlagert wurde und daher lokal umgesetzt werden konnten. Auch die Einschränkung des Individualverkehrs begann auf lokaler Ebene – Begegnungszonen entstanden in fast allen größeren Orten und die Bevölkerung lernte die Entschleunigung schätzen. Mittlerweile ist der Individualverkehr zugunsten der aktiven Mobilität dramatisch eingeschränkt. Das hatte zunächst negativen Folgen für die Automobil- und Zulieferindustrie. Da vor allem die deutsche Automobilindustrie die selbst verschuldete Krise noch nicht überwunden hatte, hat sich der Sektor relativ rasch auf Mobilitätsdienstleistungen und den Ausbau der dafür notwendigen Infrastruktur umgestellt, was angesichts der jetzt wichtiger gewordenen Carsharing- und Sammeltaxi-Ansätze neue Möglichkeiten bietet. Am sinnvollen Einsatz autonom fahrender Fahrzeuge wird noch gearbeitet – eine dominierende Rolle wird ihnen aber voraussichtlich nicht zukommen, ist für viele Menschen doch auch die persönliche Betreuung, die Hilfe beim Ein- und Aussteigen wichtig. Die verbleibenden Pkw werden überwiegend nicht mehr besessen, sondern genutzt, was nicht nur eine finanzielle Entlastung darstellt, sondern den Nutzer:innen auch Verantwortung abnimmt.

Für die Bevölkerung haben sich die neuen Raumplanungs- und Mobilitätskonzepte sowie die ausgebaute Infrastruktur, besonders im ländlichen Raum, als Segen erwiesen: Aktive Mobilität, geringere Luftverunreinigung und weniger Lärm kommen der Gesundheit aller zugute. Die Straßen sind sicherer geworden, Kinder können allein zu Fuß, mit dem Roller oder Fahrrad in die Schule, den Sport- oder Musikverein kommen – die Eltern verbringen viel weniger Zeit als Chauffeure. Die vielen, schönen Plätze der Städte und Dörfer sind frei von parkenden und kreisenden, parkplatzsuchenden Autos. Sie sind zu attraktiven Kultur- und Begegnungszonen geworden; mit Bäumen, Blumen, Naschbüschen und Grünflächen dämpfen sie die sommerliche Hitze und laden zum Verweilen und Genießen ein. Der zusätzliche Begegnungsraum macht die Städte sicherer. In ihnen wurde der Lkw-Transport elektrifiziert und generell zeitlich eingeschränkt. Die für diese Umstrukturierungen notwendigen Infrastrukturmaßnahmen wurden rechtzeitig beschlossen, geplant und installiert, sodass keine Verzögerungen durch fehlende Infrastruktur entstanden sind. Nicht mehr benötigte Verkehrsflächen, vor allem Autobahnen, Schnellstraßen und Parkplätze von Einkaufszentren, wurden anderen Nutzungen zugeführt, oft auch renaturiert – im vollen Bewusstsein, dass es Jahrzehnte dauert, bis der Boden seine volle Funktionsfähigkeit wiedererlangt.

Der nationale und europäische Güterverkehr ist aufgrund einer stärker regional ausgerichteten Wirtschaft zurückgegangen und hat sich auf die Schiene verlagert. Der internationale Güteraustausch ist nicht zuletzt infolge des Übergangs zur Kreislaufwirtschaft und der Rücknahmepflicht der Händler:innen, ebenso wie durch lokalere Produktion auf Basis von 3D-Druckverfahren stark eingebrochen; verstärkt wurde diese Entwicklung durch strenge Umweltbestimmungen für Containerschiffe und Flugfracht. Auch die Neuausrichtung internationaler Handelsabkommen zwischen der EU und Drittländern hin zu nachhaltigem Warenaustausch in beidseitigem Interesse, ohne Sondergerichtsbarkeit, hat das Handelsvolumen deutlich gesenkt.

Ziemlich dramatisch und mutig war der Eingriff im Bausektor. Aufgrund der Energie- und Ressourcenintensität des Bauens war klar, dass die Nutzung von Leerständen Vorrang haben muss vor dem Bau neuer Häuser. Jetzt beziehen Architekten ihre Befriedigung aus kreativen, funktionellen Weiterentwicklungen bestehender Strukturen, nicht mehr aus der Planung exotischer Gebäude auf der grünen Wiese. Da viele Bauten klimaresilienter gemacht werden müssen und auch an neue Nutzungserfordernisse anzupassen sind, gibt es genug Arbeit. Dabei kommen vor allem Klein- und Mittelbetriebe zum Zug, was der lokalen Wirtschaft hilft. Manche für Restaurierungen erforderliche Handwerkstechniken mussten wieder neu erlernt werden – oft von Meister:innen aus weniger reichen Ländern, in denen Abreißen und neu Bauen noch nicht zur Regel geworden war. Alte Handwerksberufe leben wieder auf – nicht nur in der Baubranche, und viele finden Gefallen daran. Neue Baumethoden und biobasierte Baumaterialien erweisen sich teilweise als hilfreich. Der kulturelle Wandel, weg vom Eigenheim im Grünen und von der ererbten Familienwohnung hin zu lebensphasenangepasstem Wohnraum vollzieht sich langsam, ist aber in den Städten und vor allem bei der jüngeren Generation wegen der attraktiven Angebote bereits angekommen. Mit generationenübergreifenden Wohnungsangeboten sind aber auch Pensionist:innen zu gewinnen, die Angst vor Einsamkeit haben oder sich gerne noch gebraucht wüssten.

Kritische Infrastruktur ist mittlerweile recht gut geschützt gegen die Extremwetterereignisse, die auch bei +1,5 °C noch deutlich über den aus früheren Zeiten bekannten Ausmaßen liegen. Im Zuge der notwendigen Umbau- und Adaptationsmaßnahmen wurde zugleich auch auf die transformativen Herausforderungen in verschiedenen Dimensionen geachtet, wie etwa die gute Anbindung an öffentlichen Verkehr, die Wiederverwendbarkeit von Strukturen, die Rezyklierbarkeit von Komponenten und Gebäuden oder die Einplanung von schattigen Rastplätzen. Dennoch: Absoluten Schutz vor Unvorhergesehenem gibt es nicht. Die Menschen haben gelernt, sich auf Krisensituationen besser vorzubereiten und mit diesen besser umzugehen. Eine Mindestvorratshaltung ist in Haushalten und Gemeinden zur Selbstverständlichkeit geworden, ebenso wie regelmäßige Notfallübungen; sie zeugen von mehr Eigenverantwortung.

Von der Industrie werden Qualitätsprodukte erzeugt, die haltbar, reparierbar und rezyklierbar sind, und die man – soweit sinnvoll, wie etwa Bohrmaschine, Teppichreiniger, Auto – ausborgen kann, wie Bücher aus einer Bibliothek. Das spart Ressourcen, Ärger und Platz. Die Erzeuger nehmen die Produkte am Ende der Lebenszeit zurück und führen die Komponenten in transparenter Weise einer Kreislaufwirtschaft zu. Geplanter Verschleiß gehört der Vergangenheit an. Da man weniger Güter kaufen muss, kann man sich die höheren Preise leisten. Eine erfreuliche Nebenwirkung ist, dass die Menschen, die in der Produktion arbeiten, wieder mehr Freude an der Arbeit haben, weil sie wissen, dass sie etwas Wertvolles, nicht Wegwerfware produzieren.

Neue Möglichkeiten der Materialproduktion (biobasierte Polymere und andere Materialien, emissionsärmere Produktion) entwickeln sich laufend weiter. Die dynamischen technologischen Entwicklungen, die unter dem Namen Digitalisierung oder Industrie 4.0 zusammengefasst werden, autonome Fahrzeuge, Drohnen- und Blockchain-Technologie zur Sicherung von Daten und Transaktionen usw. wurden durch gesetzliche Regelungen auf Anwendungen orientiert, die das Einhalten der Klimaschutzziele und der ökologischen Grenzen erleichtern, ohne zusätzlichen Ressourcenverbrauch zu erzwingen. Da Wirtschaftswachstum als Ziel ökonomischen Handelns abgelöst wurde, verlor auch die Digitalisierung als geplanter Motor dieses Wachstums an Bedeutung. Ein zentraler Erfolgsfaktor ist die inzwischen tiefgreifend verankerte, stark regional ausgerichtete Kreislaufwirtschaft, bei der die Potenziale der Digitalisierung nutzbringend eingesetzt werden. Im Sinne einer gerechten Transformation gibt es politische Begleitmaßnahmen, die sicherstellen, dass Arbeitnehmer:innen aus Unternehmen, die in einer treibhausgasfreien Wirtschaft das Nachsehen haben werden, durch Re-, Neu- und Umqualifizierungsmaßnahmen neue Perspektiven geboten werden. Dies gilt insbesondere auch für die qualifizierten Arbeitskräfte der Automobilindustrie, die im Energiesektor dringend benötigt wurden. Die für die industriellen Prozesse erforderlichen Innovationen werden durch zielgerichtete Forschungsförderung beschleunigt.

Die Corona-Krise hatte die Schwächen des Gesundheitssystems deutlich zutage treten lassen. Bei näherer Betrachtung wurde deutlich, dass die Anwendung marktwirtschaftlicher Kriterien auf das Gesundheitssystem dazu geführt hatte, dass seitens des Systems – von der Pharmaindustrie über die Spitäler bis zu den Kur- und Rehabilitationszentren – kein Interesse an Vorsorge und Heilung bestand, weil fortgesetzte Krankheit wirtschaftlich am lukrativsten war. Das stand in krassem Widerspruch zu dem Bestreben der meisten im Gesundheitssystem tätigen Personen.

Das System wurde entkommerzialisiert und in Fortsetzung von Bestrebungen umgestellt, die schon vor der Corona-Krise eingesetzt hatten, u. a. der sparsamere Umgang mit Medikamentenverschreibungen und der One-Health-Ansatz, der fordert, die Gesundheit von Mensch, Tier und Umwelt eng verbunden zu denken. Bessere Gesundheitsausbildung der Bevölkerung, Anreize zur Stärkung der Gesundheit und des Immunsystems durch ausgewogene, gesunde Ernährung, genug Sport, frische Luft und ausreichend Schlaf, mehr Augenmerk auf die psychische Gesundheit, weniger Stress im Beruf sind Ziele der Gesundheitspolitik. All das führte zu mehr Eigenverantwortung der Patient:innen und einer Entlastung der Ärzt:innen, die nicht mehr als „Götter in Weiß" auftreten müssen, sondern auch Unsicherheiten zugeben dürfen, und gemeinsam mit den Betroffenen nach spezifischen, wirksamsten Therapien suchen können.

Neben potenziell dramatischen Folgen von Hitzeeinwirkung bringt der Klimawandel auch eine Verlängerung der Saison für Pollenallergien mit sich und Krankheiten, die bislang bei uns nicht aufgetreten sind. Wenn Ärzt:innen diese frühzeitig erkennen, sind sie in der Regel gut behandelbar. Die verstärkte, natürliche Vitamin-D-Produktion durch vermehrte Sonnenbestrahlung beugt hingegen zahlreichen Krankheiten vor. Und natürlich tut warmes, freundliches Wetter auch der Psyche gut. Die medizinische Ausbildung von Ärzt:innen und Pflegepersonal wurde durch Aufnahme des Themas „Klimawandel und Gesundheit" an die neuen Erfordernisse angepasst.

Die Spitäler haben rasch reagiert: Allen voran die Energie- und Haustechniker. Sie hatten schon Erstaunliches hinsichtlich Energieeinsparungen geleistet und freuten sich über Motivation, noch mehr zu tun. Mittlerweile wird insgesamt sparsamer mit Ressourcen umgegangen:

Wärmedecken, Headsets fürs Fernsehen etwa werden nicht nach einer Verwendung entsorgt, Schmerzpillen werden nur nach Bedarf, nicht vorgezählt ausgeteilt, und die Essensportionen sind nicht mehr so, dass sie hinsichtlich Zusammensetzung und Menge einen Schwerarbeiter zufriedenstellen würden. An einer besseren Balance zwischen effizientem Einsatz von Arbeitskraft und von Ressourcen sowie zwischen aus hygienischer Sicht notwendiger Großzügigkeit und aus Ressourcensicht unerlässlicher Sparsamkeit wird ständig gearbeitet.

Das erhöhte Gesundheitsbewusstsein hat zu starker Nachfrage nach biologischen Lebensmitteln geführt und die Agrarwende beschleunigt. Der typische Speiseplan hat sich an die ideale Ernährungspyramide angenähert und besteht aus mehr Gemüse, Hülsenfrüchten und Obst der Saison, lokal produziert, weniger Fleisch, aber von hoher Qualität und daher auch für die Bauern profitabel, und alles Bio, um die Aufnahme von Pestiziden, Hormonen und Antibiotika mit der Nahrung zu vermeiden. Zugleich werden der Aufwand für Kühlung, Lagerung, Transport und künstliche Reifung reduziert, Kunstdünger und damit verbundene Treibhausgasemissionen eingespart, Humus aufgebaut, die Regenwälder geschont, der Viehbestand und das Tierleid in der Massentierhaltung vermindert und Flächen für Lebensmittelproduktion frei. Die Unkenrufe, dass man sich von Lebensmittelimport abhängig mache, waren unbegründet. In Summe hat die Landwirtschaft einen wesentlichen Beitrag zur Reduktion der Treibhausgasemissionen geleistet. Gleichzeitig können Land- und Forstwirtschaft den Humusaufbau als Kompensation für die rund fünf Prozent seit dem Jahr 2040 verbliebenen Treibhausgas-Emissionen sicherstellen.

Mit dieser Entwicklung hat sich auch das Problem des „Bauernsterbens" gelöst; der ehemals stolze Bauernstand drohte verloren zu gehen, denn Söhne und Töchter wollten nicht mehr Bauern werden. Faire Priese, gepaart mit dem durch die Bioökonomie ausgeweiteten Bedarf an land- und forstwirtschaftlichen Produkten, neuen Formen solidarischer Landwirtschaft und direkter Vermarktung ermöglichen es den Bauern und Bäuerinnen jetzt wieder von der Landwirtschaft zu leben; sie sind nicht mehr Almosenempfänger, abhängig vom Wohlwollen der jeweiligen Regierung, oder Nebenerwerbslandwirte. Interessanterweise mussten die Bauern und Bäuerinnen sich erst gegen ihre Interessenvertretungen durchsetzen. Kein Wunder, dass sie vermuteten, diese stünden unter dem Einfluss der Düngemittel- und Pestizidindustrie.

Heute ist das Ziel nicht mehr, möglichst viel auf möglichst geringer Fläche zu produzieren, sondern den Boden gesund zu erhalten, damit er gesunde Nahrungsmittel liefert und viel Kohlenstoff und Wasser speichern kann, um sowohl Dürre- als auch Überschwemmungsschäden zu reduzieren und die Ertragsschwankungen in Grenzen zu halten, trotz schwieriger Klimabedingungen. Viele Menschen haben Arbeit in der Landwirtschaft gefunden, denn kleinteilige, biologische Landwirtschaft ist arbeitsintensiv, aber ein wichtiger Baustein bei der Erhaltung der Biodiversität. Natürlich sind Lebensmittel teurer geworden, aber erstens braucht man weniger, weil Speisen und Brote aus biologischem Vollkornmehl viel sättigender sind als solche aus Auszugsmehl, und zweitens werden die Mehrkosten mehr als kompensiert durch die geringeren Arztrechnungen, denn man lebt jetzt gesünder. Daran, dass die Belastung des Staates durch das Gesundheitssystem, die Krankenstände und krankheitsbedingten Frühpensionierungen gesunken ist, hat die Ernährungsumstellung ebenso Anteil wie die Mobilitätswende.

Die Entwicklungen in der Ernährung und der Landwirtschaft haben natürlich auch den Lebensmittelhandel stark verändert. Die Verkaufsflächen sind deutlich kleiner geworden, die Vielzahl von gleichartigen Produkten ist stark reduziert. Die Pflicht zur Kennzeichnung der Lebensmittel hinsichtlich ihres Treibhausgasrucksacks und anderer Umwelt- und sozialen Belastungen, sowie ihrer gesundheitsfördernden oder -gefährdenden Wirkung haben das ihre dazu beigetragen.

Die verschiedenen Bemühungen, Lebensmittel nach etwas schmecken zu lassen, was sie nicht sind, um das Fleischbedürfnis zu befriedigen, und die einst große Hoffnung, „künstliches Fleisch" in großem Stil zu vermarkten, hat man aufgegeben – sie wurden einfach nicht gebraucht und waren zu aufwändig in der Erzeugung. Außerdem haben wissenschaftliche Erkenntnisse über die Bedeutung der Mikrobiome für den Boden, vor allem aber auch für den menschlichen Körper Zweifel an der Gesundheit dieser Kunstprodukte aufkommen lassen. Lebensmittelverschwendung gibt es kaum mehr – man kauft, was man braucht, Anreize, Großpackungen zu kaufen, gibt es nicht mehr. Die Logistik zur Sammlung und Verarbeitung eventuell doch überschüssiger Lebensmittel wurde wesentlich verbessert.

Dass man Tieren früher so viel Leid angetan hat, ist heute kaum mehr vorstellbar. Nicht nur gibt es strenge Tierschutzgesetze, die auch überprüft werden, es hat sich die Kultur geändert. Immerhin hat die Wissenschaft schon vor einigen Jahrzehnten nachgewiesen, dass das Schmerz- und Leidempfinden der Tiere dem unseren sehr ähnelt, und dass viele Tiere nicht nur hoch intelligent sind, sondern auch soziale Wesen mit Gefühlen, ähnlich den unseren. Auch Pflanzen gegenüber sind wir vorsichtiger geworden.

Das hat letztlich auch dazu geführt, dass der Natur und ihren Teilsystemen subjektive Rechte in der Verfassung zugesprochen wurden. Das bedeutet, dass sie nun um ihrer selbst willen geschützt sind, nicht nur, weil sie Menschen oder Firmen nützlich sind. Viele Menschen konnten sich das vorher nicht vorstellen – wie sollte die Natur klagen? Aber auch Kinder haben Rechte, und auch sie können nicht selber klagen. Das besorgen natürlich Anwält:innen für sie. Die Verfassung sieht auch solche vor. Vor allem aber wurde sichergestellt, dass dieses neue Verständnis sich in allen Gesetzen widerspiegelt, nicht wie früher, als Nachhaltigkeit bzw. umfassend verstandener Umweltschutz zwar in der Verfassung verankert war, die einzelnen Gesetze dem aber nicht Rechnung trugen. Deswegen konnte beispielsweise auch in den 2020er-Jahren der Bau der dritten Piste am Flughafen Wien rechtlich nicht verhindert werden. Heute ist kaum mehr vorstellbar, dass eine solche überhaupt in Erwägung gezogen wurde.

Land- und Forstwirtschaft haben natürlich auch vom Auslaufen der Ölförderung profitiert – Plastik wurde zunehmend durch Produkte aus Biomasse ersetzt. Heute ist der Wandel fast vollständig vollzogen. In der Bioökonomie hat die Nachhaltigkeit einen festen Platz gewonnen und es haben sich nicht zuletzt aufgrund der Kreislaufwirtschaft und kaskadischer Nutzung Wege gefunden, die stoffliche Nutzung der

Biomasse voranzutreiben, ohne die Kohlenstoffsenken zu reduzieren. Hier steht die Entwicklung noch am Anfang – wesentliche Innovationen sind noch zu erwarten. Sie könnten auch für die Energiegewinnung als Koppelprodukt bedeutsam sein, wobei die energetische Gewinnung von Biomasse – aus Gründen der Knappheit landwirtschaftlicher Nutzflächen – nicht das primäre Ziel ist.

Hinsichtlich der Waldnutzung sind der jetzigen Lösung, die eine Entschädigung der Waldbesitzer:innen für Waldpflege beinhaltet, heftige Auseinandersetzungen zwischen einschlägigen Wissenschaftler:innen sowie Forst- und Holzindustrie vorausgegangen, die sich durch ganz Europa zogen. Während Letztere an kurzfristigen Gewinnen durch Holzentnahme für das Bauwesen, Verpackungen, Papiererzeugung und als Energiequelle festhielten, verwiesen Erstere auf den wesentlich höheren gesellschaftlichen Wert als Kohlenstoffspeicher und Hort der Biodiversität, der Vorrang haben müsse vor individuellen Gewinninteressen. Auch auf globaler Ebene konnte der Entwaldung zugunsten von Weidefläche, des Anbaus von Palmöl, oder von Soja für Tierfutter durch Ausgleichszahlungen Einhalt geboten werden. Mehr noch, es gibt groß angelegte Waldaufforstungsprogramme in den Tropen und den Subtropen. Mit der Zeit wird so eine gewaltige Kohlenstoffsenke aufgebaut, die dringend zur Reduktion der Treibhausgaskonzentrationen in der Atmosphäre gebraucht wird. Die Kosten teilen sich die Industrieländer.

Es hat sich ein Wirtschaftssystem entwickelt, das nicht mehr wachsen muss, um stabil zu sein, und Gewinnmaximierung nur ein Erfolgskriterium von mehreren ist, Resilienz und Suffizienz höher bewertet werden als reine Effizienz, und die Optimierung des Gemeinwohls höher als Einzelinteressen. Ökologische Aspekte sind integrale Bestandteile des Wirtschaftssystems, nicht nur aufgesetzte externe Kosten. Die Umstellung des Wirtschaftssystems wurde dadurch erleichtert, dass die Menschen zunehmend lokal, regional und auch sektoral alternative Lösungen umsetzten. Vor allem machte die neue Politiker:innen-Generation klar, dass man entweder freiwillig auf das Wachstum verzichten müsse oder das Wachstumsende etwas später gewaltsam eintreten werde, weil Grenzen des Wachstums überschritten und die Lebensgrundlagen zerstört sein würden. In Anlehnung an einen Vorschlag von Ulrike Herrmann wurde nach dem Modell des Übergangs von der britischen Friedens- zur Kriegswirtschaft (1939 bis 1954) nur noch so viel produziert, wie sich recyceln lässt, und nur das, was im Sinne von Jem Bendell wirklich bewahrenswert ist. Wie damals den Briten war es auch jetzt innerhalb kurzer Zeit gelungen, ohne Unternehmen zu verstaatlichen, und ohne wirtschaftlichen Zusammenbruch die Produktion und Verteilung der Waren zu steuern. Wie damals haben mutige, glaubwürdige Politiker:innen in transparenter Weise erklärt, was mit den Maßnahmen bezweckt und wie dabei für Gerechtigkeit gesorgt wird, und die Bürger:innen akzeptierten die Vorgaben. Neben dem Geldwert wurde für jedes Produkt und jede Dienstleistung auch ein Ressourcenwert festgelegt, der von einem Ressourcenguthaben zu begleichen war, das für alle gleich groß und mit der Produktion abgestimmt war. Dadurch konnten alle Bürger:innen ausreichend und gerecht versorgt werden. Die Notwendigkeit, Klimaschutz zu betreiben, beschleunigte also, was als Folge der allgemeinen Unzufriedenheit, der wachsenden Schere zwischen Arm und Reich und des allgemeinen Misstrauens in die Politik ohnehin anstand.

Die sozialen und wirtschaftlichen Rahmenbedingungen, unter denen die Menschen leben, haben sich deutlich zum Positiven geändert, denn alle Klimaschutzmaßnahmen wurden jeweils sorgfältig auf ihre sozialen Auswirkungen geprüft. Die Grundbedürfnisse aller werden kostenlos vom Staat gedeckt, ein bedingungsloses, geringfügiges Grundeinkommen für alle ebenfalls. Finanziert wird das aus Einsparungen bei entbehrlich gewordenen Sozialleistungen und höheren Steuern für höhere Einkommen und Vermögen. All das trägt dazu bei, dass Existenzängste schwinden und die Schere zwischen Arm und Reich langsam zugeht. Auch die sozial-ökologische Steuerreform hat das ihre dazu beigetragen. Als der Preis für CO_2 drastisch hinaufgesetzt und den unteren Einkommensschichten ein wesentlicher Teil der Einnahmen aus den Steuern auf fossile Brennstoffe als Klimabonus ausbezahlt wurde, begriffen auch jene Menschen, dass zwar die Klimakrise bedrohlich ist, nicht aber Klimaschutzmaßnahmen. Als diese Steuereinnahmen infolge des rasch sinkenden Einsatzes fossiler Brennstoffe zurückgingen, verschafften andere Maßnahmen wie verbesserter öffentlicher Verkehr oder Car-/Ridesharing den Haushalten Entlastungen. Erleichtert wurden staatliche Investitionen auch, weil die gleichmäßigere Vermögens- und Einkommensverteilung zum Sinken der Kosten für den Sicherheitsapparat, das Sozialsystem und das Gesundheitswesen führte.

Mit der Regionalisierung der Wirtschaft entstand auch ein staatlich sanktioniertes Biotop von zweckangepassten, teils regionalen Währungen, das den unterschiedlichen Anforderungen gerecht wird, aber doch in angemessener Weise zur Staatsfinanzierung beiträgt. Das hat die Bedeutung des internationalen Finanzsystems relativiert und Reformen erleichtert. Schon früh mussten transnational agierende Firmen dort Steuern zahlen, wo die Gewinne erwirtschaftet werden, wodurch Steueroasen an Attraktivität verloren. Die Verhandlungen um eine gänzlich neue Finanzarchitektur waren schwierig, weil die Vorstellungen weit auseinander lagen, aber letztlich wurde das System wesentlich schlanker, da Geld praktisch nur mehr als Tauschmittel, nicht mehr als Handelsware fungiert. Die Finanzwirtschaft ist wieder eng an die Realwirtschaft gekoppelt, und viele der früheren Finanzprodukte sind hinfällig geworden. Das Recht, Geld zu schöpfen, ist wieder ausschließlich bei den Zentralbanken angesiedelt, die allerdings einer strengen demokratischen Kontrolle durch den Souverän, das Volk, unterliegen. Die Mittel für staatliche Investitionen im Sinne des Klimaschutzes und der sozial-ökologischen Transformation sind damit gesichert. Eine Vielzahl lokaler, genossenschaftlich organisierter Banken nach dem Vorbild Deutschlands wickeln Kreditvergaben ab und ermöglichen so einerseits Klein- und Mittelbetrieben leichteren Zugang zu Geld, andererseits eine Mindestkontrolle der lokalen Bevölkerung über die regionalen Entwicklungsvorhaben. Innerhalb der EU läuft das System noch nicht ganz reibungsfrei – die Problematik, dass es eine gemeinsame Währung, aber keine gemeinsame Politik gibt, ist noch nicht ausgeräumt.

Das Bildungssystem wurde reformiert und grundlegende Erkenntnisse der Hirnforschung, der Psychologie und der Pädagogik der letzten Jahrzehnte fanden Eingang in die Praxis. Die Neugier und Kreativität der Kinder, Jugendlichen und Studierenden wird gefördert, ebenso ihre Fähigkeiten, Brücken zu bauen, statt Gräben auszuheben, in Zusammenhängen zu denken, Lösungen für komplexe Probleme zu finden und das Leben zu gestalten, statt sich vom Leben formen zu lassen. Fehler werden als Bausteine des Lernens angesehen, nicht als bestrafungswürdige Vergehen. Das ist befreiend für die Kinder und erhöht die Experimentierfreudigkeit. Insgesamt ermöglicht ihnen der neue Zugang, von Ressourcenausnutzern zu Potenzialentfaltern zu werden, wie es der Neurobiologe Gerald Hüther ausdrückt. Bei der Wissensvermittlung wandert der Schwerpunkt vom Verfügungs- oder Handlungswissen hin zu umfassendem, ganzheitlichem und wertbezogenem Orientierungswissen. Diese tiefgreifende Reform wurde nur möglich durch den systematischen und zugegebenermaßen kostenintensiven Aufbau von attraktiven Parallelstrukturen zu den bestehenden Schulen, in welche Lehrende wechseln konnten, wenn sie Weiterbildungskurse zur Bildung für nachhaltige Entwicklung absolviert hatten. Natürlich wurde auch die Lehrer:innenausbildung an den Pädagogischen Akademien und den Universitäten angepasst. Erstaunlich rasch trocknete das alte Schulsystem aus, denn die Vorteile des neuen Ansatzes für Lehrende und Lernende waren evident.

Die Wissenschaft fand einen Weg aus ihrer Krise, da sich ihr neues Verantwortungsbewusstsein mit dem Interesse der neuen Generation von Politiker:innen angesichts der zivilisationsbedrohenden Entwicklungen traf. Eine Zeit lang wurden Forschungsmittel praktisch ausschließlich vergeben, um wissenschaftliche Fragen zu beantworten, die für die Gesellschaft aktuell hoch relevant waren. Alle Universitäten und Forschungseinrichtungen wurden daran ausgerichtet, die Digitalisierung als beherrschendes Thema abgelöst. Die Medien berichteten ausführlich über Fragestellungen und Forschungsergebnisse, Schulen erhielten Lehrmaterialien und beteiligten sich mit einschlägigen Projekten an der Forschung. Dieser plötzliche Schwenk eines an sich trägen Systems war möglich, weil sich einerseits innerhalb der Universitäten Gruppen wie das UniNEtZ-Projekt seit einigen Jahren für Transformation des universitären Systems und verstärkter Ausrichtung an den Bedürfnissen der Gesellschaft eingesetzt hatten und andererseits der Staat sich wieder in stärkerem Maß für die Forschung zuständig fühlte, gesellschaftlich-transformative Ziele in der Wissenschaft stark förderte und den Einfluss wirtschaftlicher Einzelinteressen im Forschungsbetrieb einschränkte. Inzwischen wird wieder ein breites, offenes Forschungsspektrum bearbeitet, aber die Wissenschaft hat sich verändert und ist von sich aus weiterhin stärker auf gesellschaftliche Zukunftsfragen ausgerichtet.

In der Forschung wird jetzt kooperativ und interdisziplinär gearbeitet, von den Naturwissenschaften bis hin zur Sozioökonomie, Theologie und Kunst, und im Sinne der Transdisziplinarität werden Betroffene von der Definition der Fragestellung bis zur Interpretation der Ergebnisse einbezogen: Man hat aus Fehlern während der Corona-Krise gelernt. Rein technologieorientierte Lösungen sind kaum mehr von Interesse, wesentlich ist es, menschengerechte Lösungen zu finden. Der Status in der wissenschaftlichen Welt hängt nicht mehr, wie ehedem, nur von Publikationen in wissenschaftlichen Zeitschriften ab, sondern wesentlich auch davon, wie die Verantwortung gegenüber der Gesellschaft im Hinblick auf die Nachhaltigkeitswirkung („Nachhaltigkeitsimpact") der Forschung wahrgenommen wird. Auf Unabhängigkeit der Forschung und Transparenz in der Forschungsfinanzierung wird großer Wert gelegt. All das hat auch das Vertrauen in die Forschung gestärkt, und die Forschung ist zu einem wahren Motor für die nachhaltige Entwicklung der Gesellschaft geworden.

Bildung und Forschung beanspruchen jetzt einen höheren Anteil des staatlichen Budgets, aber diese Mittel sind gut eingesetzt, ist doch eine gebildete Gesellschaft Voraussetzung für eine funktionierende Demokratie.

Obwohl der erste offizielle Klimarat der Bürger:innen in Österreich insofern ein Misserfolg war, als die damalige Regierung die ausgearbeiteten und verabschiedeten Vorschläge nicht einmal zur Kenntnis genommen, geschweige denn umsetzt hatte, zeigte der Versuch doch, was auch schon aus früheren Erfahrungen auf regionaler und lokaler Ebene klar war: Bürger:innen, wenn sachlich gut informiert, sind in der Lage, gute und auch mutige Lösungen zu erarbeiten. Deswegen wurden alle wesentlichen Maßnahmen zur gesellschaftlichen Transformation in Teilhabe-Prozessen unter Einbeziehung der Bevölkerung erarbeitet. So konnten Interessen- und Zielkonflikte offen ausgetragen und gemeinsam nach Lösungen gesucht werden. Lokalen Besonderheiten und Wünschen, insbesondere hinsichtlich Reihenfolge und

Geschwindigkeit der Änderungen, wurde soweit möglich Rechnung getragen. Das hat sich günstig auf das Demokratieverständnis ausgewirkt und Bürger:innen übernehmen wieder deutlich mehr Verantwortung im gesellschaftlichen Prozess.

In gewisser Weise hat sich damit auch die Demokratie verändert: Die repräsentative Demokratie, vertreten durch das Parlament, wurde um Elemente direkter Demokratie erweitert, denn die Vorschläge österreichweiter, zufällig, aber repräsentativ zusammengesetzter Bürger:innenräte werden dem Parlament vorgelegt und müssen dort behandelt werden. Auch die Jugend ist jetzt besser im Parlament vertreten, da viele der zu treffenden Entscheidungen deren Leben maßgeblich bestimmen werden. Die Parteien müssen dafür Sorge tragen, dass mindestens an jeder fünften Stelle ihrer Listen eine Person steht, die jünger als 30 Jahre ist.

Neben der in Österreich schon lange hochstehenden Gesinnungsethik hat sich auch eine praktizierte Verantwortungsethik eingestellt. Die Politik ist sachorientierter und vorausschauender geworden, sie darf vorübergehende Verschlechterungen zugunsten langfristiger Verbesserungen riskieren, ohne bei Wahlen abgestraft zu werden.

Der Lebensstandard, gemessen an Zahl der Autos, Fernsehschirme, Fernreisen etc., ist zwar gesunken, aber die Lebensqualität gestiegen; die Österreicher:innen sind deutlich zufriedener. Der Transformationsprozess ist nicht abgeschlossen, doch er schreckt die Bevölkerung nicht mehr: Es herrscht Aufbruchsstimmung. In den Bürger:innenräten sind viele Ideen aufgekommen, die zum Teil noch nicht umgesetzt sind, aber durchaus Potenzial zu weiteren Verbesserungen haben, die weit über die Klimaproblematik hinausgehen – es wird spannend sein, zu beobachten, wo das noch hinführt.

Vielleicht können wir, nach all den Transformationsschritten, endlich eine stabile, gesunde Welt schaffen, in der die Ressourcen gleichmäßiger verteilt sind und in der wir im Gleichgewicht mit dem Rest der natürlichen Welt gedeihen. Dann könnten wir, nach David Attenborough, zum ersten Mal in der Geschichte der Menschheit erfahren, wie es sich anfühlt, „sicher" zu sein.

Schlusswort

Ich hatte das Glück, meine berufliche Tätigkeit in einer Phase des Umweltoptimismus zu beginnen. Das Bewusstsein für den Wert der Natur war im Übereifer des Wirtschaftswunders und dessen, was man Fortschritt nannte, verloren gegangen, doch Schritt für Schritt konnten Verbesserungen erzielt werden.

Gerade als man hoffen konnte, auch den sich deutlich abzeichnenden Klimawandel noch aufhalten zu können, wurde der Schwung der Umweltbewegungen vom Neoliberalismus erstickt. Wir kämpften nicht mehr um verbesserte Gesetzgebung, wir versuchten den Abbau des Erreichten zu verhindern. Inzwischen, von warnenden wissenschaftlichen Publikationen begleitet, nahm der Klimawandel Fahrt auf, wurde zur Klimakrise und droht zur Klimakatastrophe zu werden. Die Politik redet, aber handelt kaum: Zu wenig, zu spät. Die Jugend erwacht und fordert für sich eine sichere Zukunft ein. Auch andere Krisen setzen ein, direkte und indirekte Folgen einer Politik mangelnder Sensitivität gegenüber den Bedürfnissen und Schicksalen von Menschen und Natur. Der Neoliberalismus beginnt zu bröckeln. Aber noch ist die Entscheidung hinsichtlich der Zukunft in Schwebe, und die Klimakrise mit ihren bedrohlich naherückenden Kipppunkten spielt dabei eine zentrale Rolle.

Wohin wird sich das Schiff der Menschheit bewegen? Lassen wir uns hineinziehen in die klimabedingten Stromschnellen und Wirbel, die wir nicht kennen, von denen wir aber annehmen müssen, dass sie fürchterliches Leid für viele, wenn nicht für alle, mit sich bringen? Dürfen wir hoffen, dass es wider Erwarten doch verbindende Seitenarme gibt, in die wir uns retten könnten, wenn die Strudel, Felsen und Wasserfälle zu arg werden? Oder entschließen wir uns gleich für die ruhigeren Fahrwasser mit dem Versprechen eines besseren Lebens für alle, auch wenn der Weg dorthin nicht vorgezeichnet ist, in kurzer Zeit nie dagewesene Anstrengungen erfordert und der Erfolg keineswegs garantiert ist?

Meine persönliche Entscheidung ist getroffen: Pessimistisches Jammern können wir uns nicht mehr leisten. Pessimismus lähmt, wir aber müssen gleich und entschlossen handeln!

Doch wer entscheidet über das Schicksal der Zivilisation? Wird die Geschichte geschrieben von einzelnen Menschen, wie Cäsar, Napoleon, Gandhi, Thatcher, Sununu oder Greta Thunberg? Sind wir dazu verdammt, auf Ausnahmeerscheinungen zu warten, die unser Schicksal lenken? Oder konnten diese Menschen nur deshalb – im Guten wie im Bösen – wirksam werden, weil „die Zeit reif war"? Wer macht „die Zeit reif" für eine positive Wende? Sind das nicht wir alle? Können nicht wir alle dazu beitragen, dass die Samen der guten Kräfte auf fruchtbaren Boden fallen? Müssen nicht wir selbst den Boden aufbereiten, selber Samen legen und mutige Pflänzchen hegen und begießen?

Jetzt kommt es auf jede Einzelne und jeden Einzelnen an. Jede und jeder ist beteiligt. Wie ein:e Politiker:in nicht keine Politik machen kann, so können auch wir uns nicht vor der Verantwortung drücken. Jede unserer Entscheidungen bringt uns der einen oder der anderen Zukunft ein Stück näher. Ob wir die eine oder andere Partei wählen oder eine eigene gründen, ob wir uns an der öffentlichen Debatte beteiligen mit Leserbriefen, Demonstrationen oder durch Ankleben, ob wir am Stammtisch, in der Kantine oder in der Vorlesung schweigen, wenn falsche Mythen verstärkt oder Menschen wegen ihrer Meinung ausgegrenzt werden, ob wir in den Bus einsteigen oder uns ins Auto setzen, ob wir Standby und Lampen ausschalten oder die Wohnung unnötig warm heizen, ob wir uns vegan, vegetarisch oder mit Fleisch ernähren, ob wir Tomaten am eigenen Balkon ziehen oder im Winter Erdbeeren kaufen – jede Entscheidung zählt!

Bei ausgeglichenen Waagschalen genügt eine Feder, um das Gleichgewicht zu kippen. Auf welche Waagschale legen Sie Ihre Feder?

Anmerkungen

Kapitel 1

[1] Ripley, A. (2008). *Survive. Katastrophen – wer sie überlebt und warum* (K. Albrecht, Trans.). Frankfurt am Main: Fischer TB Verlag.

[2] Schaut ja nicht auf den verdammten Gipfel!

[3] Der „Flügelschlag des Schmetterlings" geht auf einen Vortrag von Edward N. Lorenz zurück, den er im Jahr 1972 während der Jahrestagung der American Association for the Advancement of Science hielt, in dem er allerdings der Hypothese in dieser einfachen Form eine Absage erteilte. Die Erzählung stimmt also nicht wirklich, wohl aber der damit vermittelte Grundgedanke.

[4] Als Eiserner Vorhang wurde die bis 1989 sorgfältig bewachte Grenze zwischen den demokratischen Staaten im Westen und dem sogenannten Ostblock bezeichnet

[5] Kolb, F. (1987). *Es kam ganz anders: Betrachtungen eines altgewordenen Sozialisten.* Österreichischer Bundesverlag.

[6] Kolb, F. (2014). *Leben in der Retorte. Als Österreichischer Alpinist in indischen Internierungslagern.* Graz: CLIO.

Kapitel 2

[1] Steffen, W., Broadgate, W., Deutsch, L., Gaffney, O. & Ludwig, C. (2015). *The trajectory of the Anthropocene: The Great Acceleration.* The Anthropocene Review, 2(1), 81–98. doi:10.1177/2053019614564785

[2] Carson, R. (1962). *Silent Spring.* Houghton Mifflin Company.

[3] Schwab, G. (1958). *Der Tanz mit dem Teufel. Ein abenteuerliches Interview* (16. Aufl. ed. Vol. 1). Hameln: Adolf Sponholtz Verlag.

[4] van Vuuren, D. P. & Faber, A. (2009). *Growing within Limits. A Report to the Global Assembly 2009 of the Club of Rome.* Bilthoven, NL: Netherlands Environmental Assessment Agency (PBL).

[5] Jackson, T. & Webster, R. (2016). *Limits revisitetd. A review of the limits to growth debate.* London. Zu finden auf: http://limits2growth.org.uk/wp-content/uploads/2016/04/Jackson-and-Webster-2016-Limits-Revisited.pdf [1.8.2023]

[6] Bei Temperaturinversionen steigt die Temperatur mit der Höhe, statt wie üblich abzunehmen. Solche atmosphärischen Schichtungen behindern turbulenten Luftaustausch und schränken damit die Schadstoffverdünnung stark ein.

[7] ÖAW Kommission Reinhaltung der Luft. (1975). *Schwefeldioxide in der Atmosphäre: Luftqualitätskriterien SO_2.* Zu finden auf https://www.oeaw.ac.at/fileadmin/kommissionen/klimaundluft/1975_SO2_kurz.pdf [1.8.2023]

[8] Als epidemiologische Studien werden Untersuchungen an Bevölkerungsgruppen in ihrem Umfeld bezeichnet, etwa indem man den Gesundheitszustand von Schulkindern aus einem schadstoffbelasteten Gebiet mit jenem von Kindern aus einem Reinluftgebiet vergleicht.

[9] Damals noch *World Wildlife Fund for Nature*, eine international tätige Organisation zum Schutz der Wildtiere, jetzt *World Wide Fund for Nature* mit einer erweiterten Mission: Die weltweite Naturzerstörung stoppen und eine Zukunft gestalten, in der Mensch und Natur in Einklang miteinander leben

[10] https://www.sozialpartner.at/ [01.08.2023]

[11] Rich, N. (2019). *Losing Earth.* Berlin: rowohlt.

[12] United Nations Framework Convention on Climate Change

[13] Oreskes, N. & Conway, E. N. (2009). *Merchants of Doubt: How a Handful of Scientists Obscured the Truth on Issues from Tobacco Smoke to Global Warming.* Bloomsbury.

[14] http://de.wikipedia.org/wiki/Kernenergie#Begriffsgeschichte [2008.03.11]

[15] „Abwarten und sehen, wie sich das entwickelt"

[16] Vortrag von Maren Urner bei K3-Kongress Zürich 2021

Kapitel 3

[1] Bateson, G. (1972). *Steps to an Ecology of the Mind. Collected essays in anthropolgy,psychiatry, evolution and epistemology.* The University of Chicagy Press, 565 pages, ISBN: 9780226039053

[2] https://www.ted.com/talks/michael_sandel_the_tyranny_of_merit [13.7.2023]

[3] Harari, Y. N. (2017). *Homo Deus – Eine Geschichte von Morgen.* München C.H. Beck Verlag.

[4] van der Leeuw, S. (2020). *Social Sustainability Past and Present: Undoing unintended consequences for the Earth's survival.* Cambridge University Press.

[5] Bendell, J. (2023). *Breaking Together – a freedom-loving response to collapse.* Good Works, Bristol. 576 pages, ISBN-13: 978-1-3999-5447-1

[6] Lumann, N. (1997). *Die Gesellschaft der Gesellschaft.* Frankfurt am Main: Suhrkamp.

[7] Als Populisten bezeichne ich Politiker:innen, die ihre Themenwahl und Rhetorik der Stimmung der Öffentlichkeit anpassen, ohne innere Überzeugung und Haltung, mit dem Ziel, durch Wahlen an die Macht zu kommen oder an der Macht zu bleiben.

[8] Zandonella, M. (2021) *SORA Fokusbericht Demokratie Monitor 2021* In. Demokratie Monitor 2021 (pp. 28). Wien: SORA.

[9] International Institute of Systems Analysis, Laxenburg, Österreich

[10] https://ccca.ac.at/wissenstransfer/apcc/oesterreichischer-sachstandsbericht [13.7.2023]

[11] https://ourworldindata.org/explorers/climate-change (sea level rise) [01.08.2023]

[12] ETS = EU-Emissionshandel (European Union Emission Trading System, EU ETS)

[13] Verlorene Investitionen

[14] Steininger, K. W., Bednar-Friedl, B., Knittel, N., Kirchengast, G., Nabernegg, S., Williges, K., . . . Kenner, L. (2020). *Klimapolitik in Österreich: Innovationschance Coronakrise und die Kosten des Nicht-Handelns.* Policy Brief, 2020/1, 66. doi:0.25364/23.2020.1

[15] S. Kapitel 2, *Klimawandel: erster Akt*

[16] Die Bezeichnung COP ist nicht auf die Konferenzen zur UNFCCC beschränkt; auch die jährlichen Vertragsstaatenkonferenzen zur UNO-Biodiversitätskonvention werden z. B. so bezeichnet

[17] Crompton, T. (2010). *Common Cause. A case for working with our values.* Zu finden auf http://assets.wwf.org.uk/downloads/common_cause_report.pdf [01.08.2023]

[18] Papst Franziskus. (2015). *Enzyklika „Laudato si!" Über die Sorge für das gemeinsame Haus.* In Vatikan (Ed.). Rom. https://www.dbk.de/fileadmin/redaktion/diverse_downloads/dossiers_2015/VAS_202.pdf [01.08.2023]

[19] UN (2015). *Transformation unserer Welt: die Agenda 2030 für nachhaltige Entwicklung.* Resolution der Generalversammlung, verabschiedet am 25. September 2015. (A/RES/70/1). Genf: Vereinte Nationen

[20] IPCC (2018). *Global Warming of 1.5°C. An IPCC Special Report on the impacts of global warming of 1.5°C above pre-industrial levels and related global greenhouse gas emission pathways, in the context of strengthening the global response to the threat of climate change, sustainable development, and efforts to eradicate poverty* (V. Masson-Delmotte, P. Zhai, H.-O. Pörtner, D. Roberts, J. Skea, P.R. Shukla, A. Pirani, W. Moufouma-Okia, C. Péan, R. Pidcock, S. Connors, J.B.R. Matthews, Y. Chen, X. Zhou, M.I. Gomis, E. Lonnoy, T. Maycock, M. Tignor & T. Waterfield Eds.). https://www.ipcc.ch/sr15/ [01.08.2023]

[21] https://ccpi.org/ [23.7.2023]

[22] BRICS = Brasilien, Russland, Indien, China und Südafrika

[23] McKibben, B. (2022). *How to Pay for Climate Justice When Polluters Have All the Money.* The COP27 climate conference, in Egypt, was in large part a global search for cash. Daily Comment, November 19, 2022. The NewYorker. Zu finden auf https://www.newyorker.com/news/daily-comment/how-to-pay-for-climate-justice-when-polluters-have-all-the-money [01.08.2023]

24 https://ourworldindata.org/contributed-most-global-co2 [01.08.2023]

25 Die derzeit anerkannten Verbrechen sind: Völkermord, Verbrechen gegen die Menschlichkeit, Kriegsverbrechen sowie das Verbrechen der Aggression.

26 CAN: *Defenders, Delayers, Dinosaurs. Ranking of EU political groups & national parties on climate change.* https://caneurope.org/content/uploads/2019/04/MEP_Assessment_briefing_FIN.pdf [01.08.2023]

27 https://www.youtube.com/watch?v=4Y1lZQsyuSQ [01.08.2023]

28 Österreichische Nationalbank (2022): *Österreichs Klimapolitik: Vom Vorbild zum Nachzügler in der EU* in: Spezielle Kurzanalysen – Dezember 2021: Konjuktur Aktuell. Berichte und Analysen zur wirtschaftlichen Lage. file:///C:/Users/HKK/Downloads/Konjunktur-aktuell_12_21.pdf [01.08.2023]

29 CESEE bezieht sich auf die folgenden Staaten: Albanien, Bosnien und Herzegowina, Bulgarien, Estland, Kosovo, Kroatien, Lettland, Litauen, Mazedonien, Moldawien, Montenegro, Polen, Rumänien, Russland, Serbien, Slowakische Republik, Slowenien, Tschechische Republik, Türkei, Ukraine, Ungarn und Belarus.

30 Kraftstoffexport in Fahrzeugtanks

31 https://ccca.ac.at/ueber-ccca/ccca-verein [01.08.2023]

32 Kirchengast, G., Kromp-Kolb, H., Steininger, K., Stagl, S., Kirchner, M., Ambach, C., . . . Strunk, B. (2019). *Referenzplan als Grundlage für einen wissenschaftlich fundierten und mit den Pariser Klimazielen in Einklang stehenden Nationalen Energie- und Klimaplan für Österreich (Ref-NEKP).* Publizierte Version 9.9.2019. Wien–Graz. Zu finden: https://ccca.ac.at/wissenstransfer/uninetz-sdg-13 [01.08.2023]

33 https://www.youtube.com/watch?v=DGDMqyfK8UQ [01.08.2023]

34 https://rebellion.earth/the-truth/demands/ [01.08.2023]

35 Hagedorn, G., Kalmus, P., Mann, M., Vicca, S., Van den Berge, J., van Ypersele, J.-P., . . . Hayhoe, K. (2019). *Concerns of young protesters are justified.* Science, 364(6436), 139. doi:10.1126/science.aax3807

36 https://www.nytimes.com/2014/04/18/opinion/krugman-salvation-gets-cheap.html?_r=0 zitiert nach https://www.theguardian.com/environment/climate-consensus-97-percent/2014/apr/22/preventing-global-warming-cheaper-than-adapting [01.08.2023]

37 Aussage des österreichischen Bundeskanzlers Sebastian Kurz in der ORF ZiB 1 am 14.3.2020

38 Blog von Julia Buchebner, 12.3.2020, nicht mehr verfügbar.

39 Die österreichische Teststrategie und die dadurch verursachten exorbitanten Kosten wurden auch vom Rechnungshof kritisiert.

40 https://data.undp.org/content/global-recovery-observatory/ [01.08.2023]

41 OMV ist die ehemals staatliche Österreichische Mineralöl Verarbeitungsgesellschaft ÖMV, jetzt ein internationaler, börsennotierter, integrierter Erdöl- Erdgas- und Petrochemiekonzern, der sowohl bei der Förderung als auch Verarbeitung aktiv ist.

42 https://oebag.gv.at/organisation/mission/ [11.6.2023]

43 Bruno Kreisky, Bundeskanzler Österreichs 1971–1983, war international anerkannt als Friedensvermittler, vor allem im Nahen Osten.

44 International Science Council. (2021). *Unleashing Science: Delivering Missions for Sustainability.* Zu finden auf https://council.science/publications/unleashing-science-delivering-missions-for-sustainability/ [01.08.2023]

45 Schellnhuber im Vorwort zu Spratt, D. & Dunlop, I. (2018). *What lies beneath. The understatement of existential climate risk.* Melbourne, Australia. Zu finden auf: http://climateextremes.org.au/wp-content/uploads/2018/08/What-Lies-Beneath-V3-LR-Blank5b15d.pdf [01.08.2023]

46 Schon der Begriff ist Unsinn, denn wenn schon, so müsste man von Verschwörern, nicht von Verschwörungstheoretikern sprechen.

Kapitel 4

1 Karl Polanyi: *The great transformation.* Farrar & Rinehart, New York/Toronto 1944.

2 WBGU (2011). *World in Transition. A Social Contract for Sustainability* (K. AG, Trans.). Berlin.

3 Brand, U. & Wissen, M. (2017). *Imperiale Lebensweise. Zur Ausbeutung von Mensch und Natur im Globalen Kapitalismus.* oekom.

4 Steffen, W., Richardson, K., Rockstrom, J., Cornell, S. E., Fetzer, I., Bennett, E. M., . . . Sorlin, S. (2015). *Sustainability. Planetary boundaries: guiding human development on a changing planet.* Science, 347(6223), 1259855. doi:10.1126/science.125985

5 IPAT steht für Impact = Population × Affluence × Technology, also die Wirkung auf die Umwelt errechnet sich aus Zahl der Menschen × Lebensstil × Technologie.

6 https://population.un.org/wpp/Graphs/Probabilistic/POP/TOT/900 [2.6.2023]

7 Lebow, V. (1955). *The Real Meaning of Consumer Demand.* Journal of Retailing. (eigene Übersetzung)

8 S. Anm. 3

9 IPCC (2018). *Häufig gestellte Fragen und Antworten.* In P. Z. V. Masson-Delmotte, H. O. Pörtner, D. Roberts, J. Skea, P. R. Shukla, A. Pirani, W. Moufouma-Okia, C. Péan, R. Pidcock, S. Connors, J. B. R. Matthews, Y. Chen, X. Zhou, M. I. Gomis, E. Lonnoy, T. Maycock, M. Tignor, T. Waterfield (Hrsg.), (Ed.), 1,5 °C globale Erwärmung. *Ein IPCC-Sonderbericht über die Folgen einer globalen Erwärmung um 1,5 °C gegenüber vorindustriellem Niveau und die damit verbundenen globalen Treibhausgasemissionspfade im Zusammenhang mit einer Stärkung der weltweiten Reaktion auf die Bedrohung durch den Klimawandel, nachhaltiger Entwicklung und Anstrengungen zur Beseitigung von Armut.* Bonn/Bern/Wien, Mai 2019: World Meteorological Organization, Genf, Schweiz. Deutsche Übersetzung durch Deutsche IPCC-Koordinierungsstelle, ProClim/SCNAT, Österreichisches Umweltbundesamt.

10 UN (2014). *Open Working Group proposal for sustainable development goals.* Zu finden auf https://sustainabledevelopment.un.org/content/documents/1579SDGs%20Proposal.pdf [1.8.2023]

11 von Stechow, C., Minx, J. C., Riahi, K., Jewell, J., McCollum, D. L., Callaghan, M. W., . . . Baiocch, G. (2016). *2 °C and SDGs: united they stand, divided they fall?* Environ. Res. Lett., 11 034022(034022). Zu finden auf http://iopscience.iop.org/article/10.1088/1748-9326/11/3/034022/pdf [1.8.2023]

12 Raworth, K. (2017). *Doughnut Economics: Seven Ways to Think Like a 21st-Century Economist*: Random House Business.

13 https://goodlife.leeds.ac.uk/national-snapshots/countries/#Bangladesh [01.08.2023]

14 Steininger, K. W., Bednar-Friedl, B., Knittel, N., Kirchengast, G., Nabernegg, S., Williges, K., . . . Kenner, L. (2020). *Klimapolitik in Österreich: Innovationschance Coronakrise und die Kosten des Nicht-Handelns.* Policy Brief, 2020/1, 66. doi:0.25364/23.2020.1

15 Ho, D. T. (2023). *Carbon dioxide removal is not a current climate solution — we need to change the narrative.* Nature, 616 (7955), 9. doi:10.1038/d41586-023-00953-x

16 Herrmann, U. (2022). *Das Ende des Kapitalismus. Warum Wachstum und Klimaschutz nicht vereinbar sind – und wie wir leben werden.* Köln: Kiepenheuer & Witsch.

17 Kemp, L. (2019, 2019.0219). *Are we on the road to civilisation collapse.* BBC. Zu finden auf http://www.bbc.com/future/story/20190218-are-we-on-the-road-to-civilisation-collapse

18 Diamond, J. (2005). *Collapse: How Societies Choose to Fail or Survive.* Penguin.

19 Hackstock, R. (2014). *Energiewende. Die Revolution hat schon begonnen.* Wien: Kreymayr und Scherlau GmbH & Co.

20 Schwab, G. (1958). *Der Tanz mit dem Teufel. Ein abenteuerliches Interview* (16. Aufl. ed. Vol. 1). Hameln: Adolf Sponholz Verlag.

[21] Oreskes, N. & Conway, E. N. (2014). *The Collapse of Western Civilization. A view from the future.* New York: Columbia University Press.

[22] https://www.strategy-business.com/article/8220 [01.08.2023]

[23] Wilson, E. O. (1993, May 30 1993). *Is Humanity Suicidal?* New York Times Magazine (May 30 1993), 5. Zu finden auf http://www.mysterium.com/suicidal.html [1.8.2023]

Kapitel 5

[1] IPCC = Intergovernmental Panel on Climate Change. Oft auch als Weltklimarat bezeichnet.

[2] Ripple, W. J., Wolf, C., Gregg, J. W., Levin, K., Rockström, J., Newsome, T. M., . . . Lenton, T. M. (2022). *World Scientists' Warning of a Climate Emergency* 2022. BioScience, 72(12), 1149–1155. doi:10.1093/biosci/biac083, und Ripple, W. J., Wolf, C., Newsome, T. M., Galetti, M., Alamgir, M., Crist, E., . . . Laurance, W. F. (2017). *World Scientists' Warning to Humanity:* A Second Notice. BioScience, 67(12), 1026–1028. doi:10.1093/biosci/bix125

[3] Brysse, K., Oreskes, N., O'Reilly, J. & Oppenheimer, M. (2013). *Climate change prediction: Erring on the side of least drama?* Global Environmental Change, 23(1), 327–337. doi:https://doi.org/10.1016/j.gloenvcha. 2012.10.008

[4] Oreskes, N. & Conway, E. N. (2014). *The Collapse of Western Civilization. A view from the future.* New York: Columbia University Press.

[5] Hansen, J. E. (2007). *Scientific reticence and sea level rise.* Environmental Research Letters, 2 (2), 024002. doi:10.1088/1748-9326/2/2/024002

[6] S. Anm.3

[7] Bendell, J. (2018). *Deep Adaptation: A Map for Navigating Climate Tragedy.* IFLAS Occasional Paper 2 (2), 36. Zu finden auf www.iflas.info

[8] Spratt, D. & Dunlop, I. (2018). *What lies beneath. The understatement of existential climate risk* http://www.climatecodered.org/p/what-lies-beneath.html [1.8.2023]

[9] Jim Hansen ist einer der führenden Klimawissenschaftler der USA. Der Ausspruch steht auf dem Klappendeckel seines Buches „*Storms of my Grandchildren*" (2009) als Kommentar von Chuck Kutscher.

[10] Horn, E. (2020). *Zukunft als Katastrophe.* Fischer TB.

[11] Gowing, M. and Langdon, C. (2016) *Thinking the Unthinkable,* zitiert nachSpratt & Dunlop, s. Anm. 8

[12] https://www.unifr.ch/universitas/de/ausgaben/2021-2022/la-verite/ist-die-wahrheit-allen-menschen-zumutbar.html [1.8.2023]

[13] https://www.pik-potsdam.de/en/news/latest-news/netflix-documentary-201cbreaking-boundaries201d-with-pik-director-johan-rockstrom-and-sir-david-attenborough-special-preview-at-biden-climate-summit [1.8.2023]

[14] https://vimeo.com/791405607 [1.8.2023]

[15] Original: *We will face the collapse of everything that gives us our security. Food production, access to fresh water, habitable ambient temperature and ocean food chains. And if the natural world can no longer support the most basic of our needs, them much of the rest of civilisation will rapidly break down.* https://www.globalcitizen.org/en/content/shocking-facts-david-attenborough-netflix-film/

[16] Friedman, T. L. (2008). *Hot, flat and crowded. Why the world needs a green revolution – and how we can renew our global future.* Allen Lane.

[17] Wagner, G. & Weitzman, M. L. (2016). *Klimaschock. Die extremen wirtschaftlichen Konsequenzen des Klimawandels.* Wien: uberreuter.

[18] *... there are things we know we know. We also know there are known unknowns; that is to say we know there are some things we do not know. But there are also unknown unknowns – the ones we don't know we don't know.* „ [...] *es gibt Dinge, von denen wir wissen, dass wir sie wissen. Wir wissen auch, dass es bekanntes Unbekanntes gibt; das heißt, wir wissen, dass es einige Dinge gibt, die wir nicht wissen. Aber es gibt auch unbekanntes Unbekanntes – es gibt Dinge, von denen wir nicht wissen, dass wir sie nicht wissen.*" – Donald Rumsfeld: Pressekonferenz vom 12. Februar 2002 (CNN video: https://www.youtube.com/watch?v=REWeBzGuzCc) [18.5.2023]

[19] Grantham, J. (2018, August 2018). *The race of our lives revisited.* GMO White Paper. https://www.gmo.com/globalassets/articles/white-paper/2018/jg_morningstar_race-of-our-lives_8-18.pdf [1.8.2023]

[20] S. Anm. 8

[21] Wallace-Wells, D. (2019). *The uninhabitable Earth.* allen lane.

[22] Unihabitable earth = Unbewohnbare Erde

[23] Renn, O. (2014). *Risikoparadoxon: Warum wir uns oft vor dem Falschen fürchten.* Fischer TB.

[24] S. Anm. 7

[25] Bendell, J. (2023). *Breaking Together – a freedom-loving response to collapse.* Good Works, Bristol. 576 pages, ISBN-13: 978-1-3999-5447-1

[26] Gifford, R. (2011). *The Dragons of Inaction. Psychological Barriers That Limit Climate Change Mitigation and Adaptation.* American Psychologist, 66(4), 290–302. doi:10.1037/a0023566

[27] Foer, J. S. (2019). *Wir sind das Klima! Wie wir unseren Planeten schon beim Frühstück retten können.* Kiepenheuer & Witsch.

[28] In der Praxis befürworten auch diese Kreise immer wieder staatliche Eingriffe – etwa wenn es darum geht, Banken zu retten. Ideologie und gelebte Praxis klaffen hier weit auseinander, ohne dass die Ideologie infrage gestellt wird.

[29] Oreskes, N. & Conway, E. N. (2009). *Merchants of Doubt: How a Handful of Scientists Obscured the Truth on Issues from Tobacco Smoke to Global Warming.* Bloomsbury.

[30] Klein, N. (2014). *This changes everything. Capitalism vs. the Climate.* NY: Simon and Schuster

[31] Klenert, D. & Mattauch, L. (2019). *Carbon Pricing for Inclusive Prosperity: The Role of Public Support".* zu finden auf https://econfip.org/policy-brief/carbon-pricing-for-inclusive-prosperity-the-role-of-public-support/# [1.8.2023]

[32] Brand, U. & Wissen, M. (2017). *Imperiale Lebensweise. Zur Ausbeutung von Mensch und Natur im Globalen Kaptalismus.* Oekom Verlag.

[33] https://www.sueddeutsche.de/sport/formel-1-nico-huelkenberg-haas-interview-motorsport-bahrain-1.5761357?reduced=true [1.08.2023] und https://www.msn.com/de-de/sport/motorsport/formel-1-gr%C3%B6%C3%9Fen-schlagen-alarm-man-muss-gef%C3%BChlt-angst-haben-verhaftet-zu-werden-ar-AA18eNsp [1.08.2023]: „*... ähnliche Überlegungen wie der aktive Profi Hülkenberg stellt Ex-Formel-1-Fahrer und heutige Sky-Experte Timo Glock an. Im Interview mit web.de sagt der ehemalige Toyota-Pilot: ‚Keiner möchte sich mehr mit dem Motorsport schmücken. Sponsoren und Partner lassen sich kaum noch gewinnen. Heutzutage muss man gefühlt Angst haben, verhaftet zu werden, wenn man irgendwo auf einer Rennstrecke durch die Gegend fährt.'*"

[34] Lamb, W. F., Mattioli, G., Levi, S., Roberts, J. T., Capstick, S., Creutzig, F., . . . Steinberger, J. K. (2020). *Discourses of climate delay.* Global Sustainability, 3, e17. doi:10.1017/sus.2020.13

[35] https://www.statistik.at/statistiken/bevoelkerung-und-soziales/gesundheit/gesundheitsverhalten/uebergewicht-und-adipositas [29.5.2023]

[36] https://www.spiegel.de/wirtschaft/privatjets-zahl-der-fluege-steigt-stark-an-a-d7a0b1ff-58bf-4642-91ff-53261e4e3056 [20.5.2023] und https://orf.at/stories/3302791/ [20.5.2023]

[37] Reisen, die mit dem Zug in weniger als 2,5 Stunden zurückgelegt werden können, dürfen nicht mit dem Flugzeug durchgeführt werden. Außerdem muss es den Reisenden möglich sein, mindestens acht Stunden am Zielort zu verbringen. Siehe: https://de.euronews.com/green/2023/06/01/verbot-von-kurzstreckenflugen-welche-europaischen-lander-konnten-dem-beispiel-frankreichs-[1.08.2023]

[38] Chancel, L. (2022). *Global carbon inequality over 1990–2019.* Nature Sustainability, 5(11), 931–938. doi:10.1038/s41893-022-00955-z

[39] Otto, I. M., Kim, K. M., Dubrovsky, N. & Lucht, W. (2019). *Shift the focus from the super-poor to the super-rich.* Nature Climate Change, 9(2), 82–84. doi:10.1038/s41558-019-0402-3

[40] Oxfam International & Institut for European Environmenta Policy (2020). *Carbon inequality in 2030. Per capita consumption emissions and the 1.5°C goal.* Oxfam GB

[41] Kromp-Kolb, H. (2022). *Nachhaltigkeit und die Rolle der Finanzwirtschaft.* In H. Kromp-Kolb, G. Lehecka, K. Lenhard, S. Nemeskal & G. Redlinger (Eds.), *Praxishandbuch Sustainable Finance. Die Berücksichtigung von Nachhaltigkeit in Anlagenberatung und Risikomanagement. Impulse und Rahmenbedingungen für eine grüne Transformation der Finanzwirtschaft.* (pp. 1–24): finanzverlag, Kitzler Verlag.

[42] Tölgyes, J. (2023). *Reichstes Zehntel verursacht Drittel der Emissionen.* https://www.momentum-institut.at/grafik/reichstes-zehntel-verursacht-drittel-der-emissionen [1.8.2023]

[43] https://wid.world/income-comparator/AT/ [20.5.2023]

[44] https://www.welt.de/geschichte/article183581324/Wie-viele-Tote-Die-blutige-Bilanz-des-Ersten-Weltkriegs.html [20.5.2023]

[45] https://www.fool.com/taxes/2020/09/25/why-does-billionaire-warren-buffett-pay-a-lower-ta/ [20.5.2023]

[46] Es widerstrebt mir, diese Medien „sozial" zu nennen, aber da dies der gängige Begriff ist, verwende ich ihn.

[47] Star Power von R. Garry Shirts

[48] Giridharadas, A. (2019). *Winners Take All: The Elite Charade of Changing the World.* Vintage.

[49] https://www.amazon.de/Winners-Take-All-Charade-Changing/dp/110197267X [1.6.2023]

[50] Lessig, L. (2013). Foreword: 'Institutional Corruption' Defined (July 14, 2013). Journal of Law, Medicine and Ethics, 41(3). Zu finden auf https://ssrn.com/abstract=2295067 [1.8.2023]

[51] 51 https://www.brandeins.de/magazine/brand-einswirtschaftsmagazin/2023/neue-werte/edzard-reuter-es-gibt-keinenanderen-weg-als-strengere-regeln?utm_source=pocket-newtab-globalde-DE [1.6.2023]

[52] S. Anm. 38

[53] https://sustainablepulse.com/2021/12/23/rip-arpad-pusztai-a-courageous-scientist-who-outed-the-dangers-of-gmos/ (Video, Einblendung ab Minute 15) [04.07.2023]

[54] Varoufakis, Y. (2017). *Die ganze Geschichte. Meine Auseinandersetzung mit Europas Establishment* Kunstmann, A.

[55] Crouch, C. (2008). *Postdemokratie.* Frankfurt am Main: Suhrkamp Verlag.

[56] Arbeiterkammer (2020). *Vermögensverteilung. Für die Vielen, nicht die Wenigen.* Wien. Zu finden unter: https://www.arbeiterkammer.at/interessenvertretung/wirtschaft/verteilungsgerechtigkeit/Vermoegensverteilung.pdf [04.07.2023]

Kapitel 6

[1] „Too little, too late" – „zu wenig, zu langsam" wird im Bericht des Club of Rome „*Earth for all*" das Szenarium des „Weiter wie bisher" benannt.

[2] Das im wissenschaftlichen Kontext übliche Wort „positiv" darf nicht als wertend verstanden werden.

[3] Ripple, W. J., Wolf, C., Lenton, T. M., Gregg, J. W., Natali, S. M., Duffy, P. B., . . . Schellnhuber, H. J. (2023). *Many risky feedback loops amplify the need for climate action.* One Earth, 6(2), 86–91. doi:10.1016/j.oneear.2023.01.004

[4] In der älteren Literatur auch als „abrupter Klimawandel" bezeichnet

[5] Lenton, T. M., Rockström, J., Gaffney, O., Rahmstorf, S., Richardson, K., Steffen, W. & Schellnhuber, H. J. (2019). *Climate tipping points – too risky to bet against.* Nature, 575 (28 November 2019), 592.

[6] Anderson, K. (2012). *Climate change going beyond dangerous – Brutal numbers and tenuous hope.* 16 Development Dialogue September 2012 | What Next Volume III | Climate, Development and Equity, 25. Zu finden auf http://www.grandkidzfuture.com/occasional-pieces/ewExternalFiles/Anderson%20Going%20beyond%202012.pdf

[7] https://www.facebook.com/worldeconomicforum/videos/how-16-tipping-points-could-push-our-entire-planet-into-crisis/3031781437120301/ [18.05.2023]

[8] S. Anm. 5

[9] Richard Alley, zitiert in http://nymag.com/intelligencer/2017/07/climate-change-earth-too-hot-for-humans-annotated.html, [3.7.2023]

[10] Rahmstorf, S. (2022). *Klima und Wetter bei 3 Grad mehr. Eine Erde, wie wir sie nicht kennen (wollen).* In K. Wiegandt (Ed.), *3 Grad mehr.* (pp. 13–30): oekom.

[11] Leemans, R. & Eickhout, B. (2004). *Another reason for concern: regional and global impacts on ecosystems for different levels of climate change.* Global Environmental Change, 14(3), 219–228. doi:https://doi.org/10.1016/j.gloenvcha.2004.04.009 und Warren, F. J. & Lemmen, D. S. (2014). *Canada in a Changing Climate: Sector Perspectives on Impacts and Adaptation.* In (pp. 286). Ottawa, ON: Government of Canada.

[12] Mora, C., Dousset, B., Caldwell, I. R., Powell, F. E., Geronimo, R. C., Bielecki, Coral R., . . . Trauernicht, C. (2017). *Global risk of deadly heat.* nature climate change, 7, 501. doi:10.1038/nclimate3322 und https://www.nature.com/articles/nclimate3322#supplementary-information

[13] Feuchtthermometertemperatur beschreibt die kombinierte Wirkung von Hitze und Feuchtigkeit, um den Menschen ein Maß an die Hand zu geben, gefährliche Bedingungen zu vermeiden.

[14] Martínez-Solanas, È., Quijal-Zamorano, M., Achebak, H., Petrova, D., Robine, J. M., Herrmann, F. R., . . . Ballester, J. (2021). *Projections of temperature-attributable mortality in Europe: a time series analysis of 147 contiguous regions in 16 countries.* Lancet Planet Health, 5(7), e446–e454. doi:10.1016/s2542-5196(21)00150-9 und Gasparrini, A., Guo, Y., Hashizume, M., Lavigne, E., Zanobetti, A., Schwartz, J., . . . Armstrong, B. (2015). *Mortality risk attributable to high and low ambient temperature: a multicountry observational study.* The Lancet, 386(9991), 369–375. doi:10.1016/S0140-6736(14)62114-0

[15] Gasparrini, A., Guo, Y., Sera, F., Vicedo-Cabrera, A. M., Huber, V., Tong, S., . . . Armstrong, B. (2017). *Projections of temperature-related excess mortality under climate change scenarios.* Lancet Planet Health, 1(9), e360–e367. doi:10.1016/S2542-5196(17)30156-0

[16] S. Anm. 5

[17] S. Anm. 10

[18] S. Anm.10

[19] Gleick, P. H. (2014). *Water, drought, climate change, and conflict in Syria.* Weather, Climate, and Society, 6(3), 331–340. doi:10.1175/wcas-d-13-00059.1

[20] S. Anm. 6

[21] Wallace-Wells, D. (2019). *The uninhabitable Earth.* allen lane

[22] S. Anm. 6

[23] IPCC (2013). *Climate Change 2013: The Physical Science Basis.* Contribution of Working Group I to the Fifth Assessment Report of the Intergovernmental Panel on Climate Change. Cambridge, UK and New York, NY: Cambridge University Press.

[24] Hansen, J., Sato, M., Hearty, P., Ruedy, R., Kelley, M., Masson-Delmotte, V., . . . Lo, K.-W. (2016). *Ice melt, sea level rise and superstorms: evidence from paleoclimate data, climate modeling, and modern observations that 2 °C global warming could be dangerous.* Atmos. Chem. Phys., 16 (6), 3761–3812. doi:10.5194/acp-16-3761-2016

[25] Sweet, W. V., Hamlington, B. D., Kopp, R. E., Weaver, C. P., Barnard, P. L., Bekaert, D., . . . Zuzak, C. (2022). *Global and Regional Sea Level Rise Scenarios for the United States: Up-dated Mean Projections and Extreme Water Level Probabilities Along U.S. Coastlines.* Silver Spring, MD: National Oceanic and Atmospheric Administration, National Ocean Service

[26] S Anm 21.

[27] https://gulfnews.com/amp/world/americas/in-atlantic-ocean-subtle-shifts-hint-at-dramatic-dangers-1.77809426 [29.5.2023]

[28] Ditlevsen, P. & Ditlevsen, S. (2023). *Warning of a forthcoming collapse of the Atlantic meridional overturning circulation.* Nature Communications, 14 (1), 4254. doi:10.1038/s41467-023-39810-w

221

[29] https://duckduckgo.com/?t=ffab&q=societal+tipping+point&iax=videos&ia=videos&iai=https%3A%2F%2Fwww.youtube.com%2Fwatch%3Fv%3DXl-Xd-z2qkw [29.05.2023]

[30] https://www.awi.de/im-fokus/ozeanversauerung/fakten-zur-ozeanversauerung.html [29.5.2023]

[31] Turetsky, M. R., Abbott, B. W., Jones, M. C., Anthony, K. W., Olefeldt, D., Schuur, E. A. G., . . . McGuire, A. D. (2020). *Carbon release through abrupt permafrost thaw.* Nature geoscience, 13(2), 138–143. doi:10.1038/s41561-019-0526-0

[32] Bogoyavlensky, V., Bogoyavlensky, I., Nikonov, R., Kargina, T., Chuvilin, E., Bukhanov, B. & Umnikov, A. (2021). *New Catastrophic Gas Blowout and Giant Crater on the Yamal Peninsula in 2020: Results of the Expedition and Data Processing Geosciences* 11(71), 21. doi: https://doi.org/10.3390/geosciences11020071

[33] S. z. B. https://duckduckgo.com/?t=ffab&q=harald+lesch+methan+c14&iax=videos&ia=videos&iai=https%3A%2F%2Fwww.youtube.com%2Fwatch%3Fv%3DDFjSflLcOMg [1.8.2023]

[34] S. Anm. 23

[35] Bendell, J. (2023). *Breaking Together – a freedom-loving response to collapse.* Good Works, Bristol. 576 pages, ISBN-13: 978-1-3999-5447-1

[36] S. Anm. 26

[37] S. Anm. 26

[38] Burke, M., Hsiang, S. M. & Miguel, E. (2015). *Global non-linear effect of temperature on economic production.* Nature, 527(7577), 235–239. doi:10.1038/nature15725 und https://www.nature.com/articles/nature15725#supplementary-information

[39] Jackson, T. & Webster, R. (2016). *Limits revisited. A review of the limits to growth debate.* London. Zu finden auf http://limits2growth.org.uk/wp-content/uploads/2016/04/Jackson-and-Webster-2016-Limits-Revisited.pdf [1.8.2023]

[40] S. Anm. 38

[41] Gaub, F. (2019). *Global Trends to 2030. Challenges and Coices for Europe* (ES-03-19-227-EN ed.). zu finden auf: https://www.iss.europa.eu/content/global-trends-2030-%E2%80%93-challenges-and-choices-europe [1.8.2023]

[42] https://www.welt.de/wissenschaft/article157472700/Sonne-weckt-toedliche-Bakterien-im-Permafrost.html [1.8.2023]

[43] Schwartz, P. & Randall, D. (2003). *An Abrupt Climate Change Scenario and Its Implications for United States National Security.* Washington. Zu finden auf http://stephenschneider.stanford.edu/Publications/PDF_Papers/SchwartzRandall 2004.pdf oder http://purl.access.gpo.gov/GPO/LPS69716 [1.8.2023]

[44] Welzer, H. (2008). *Klimakriege. Wofür im 21. Jahrhundert getötet wird.* (3. Aufl. ed.). Frankfurt am Main S. Fischer Verlag

[45] https://www.sueddeutsche.de/kultur/naturgewalt-mensch-wer-vom-klimawandel-spricht-darf-vom-kapitalismus-nicht-schweigen-1.4001415 [4.3.2023]

[46] https://thebulletin.org/doomsday-clock/current-time/ [4.3.2023]

[47] Sayers, D. (1984): *Aufruhr in Oxford.* Rororo

[48] Hampson, J. (1974). *Photochemical war on the atmosphere.* Nature, 250, 189–191 und Crutzen, P. J. & Birks, J. W. (1982). *The Atmosphere after a Nuclear War: Twilight at Noon.* Ambio, 11(2/3), 114–125. Zu finden auf http://www.jstor.org/stable/4312777 [1.8.2023]

[49] Im Kleinen hatte man Ähnliches schon früher beobachtet: Im Februar 1945 beim Brand von Dresden nach dem Abwurf von Brandbomben durch die Alliierten und 1991, als die Ölfelder von Kuweit von den zurückweichenden Truppen des Iraks in Brand gesteckt worden waren.

[50] Xia, L., Robock, A., Scherrer, K., Harrison, C. S., Bodirsky, B. L., Weindl, I., . . . Heneghan, R. (2022). *Global food insecurity and famine from reduced crop, marine fishery and livestock production due to climate disruption from nuclear war soot injection.* Nature Food, 3(8), 586–596. doi:10.1038/s43016-022-00573-0

[51] Ingram, P. (2023). *Public awareness of nuclear winter and implications for escalation control.* Report on an opinion poll. Zu finden auf https://www.cser.ac.uk/media/uploads/files/Poll-final.pdf [1.8.2023]

[52] Bendell, J. (2020). *Deep Adaptation: A Map for Navigating Climate Tragedy.* Revised second edition. IFLAS Occasional Paper 2(2), 36. Zu finden unter https://www.lifeworth.com/deepadaptation.pdf [1.8.2023]

[53] Da genaues Wissen nicht verfügbar ist, erscheint das Wort „glauben" hier angebracht.

Kapitel 7

[1] Kirchengast, G.; Kromp-Kolb, H., Steininger, K., Stagl, S., Kirchner, M., Ambach, C., . . . Strunk, B. (2019). *Referenzplan als Grundlage für einen wissenschaftlich fundierten und mit den Pariser Klimazielen in Einklang stehenden Nationalen Energie- und Klimaplan für Österreich (Ref-NEKP).* Publizierte Version 9.9.2019. Wien–Graz. Zu finden auf https://ccca.ac.at/wissenstransfer/uninetz-sdg-13 [1.8.2023]

[2] Die Zitate werden nicht explizit gekennzeichnet – es würde den Lesefluss zu sehr stören.

[3] APCC (2018) *Österreichischer Special Report Gesundheit, Demographie und Klimawandel* (ASR18). (W. Haas, H. Mooshammer, R. Muttarak & O. Koland Eds.). Vienna: Verlag der ÖAW, Wien, Österreich und APCC (2020) *Klimawandel und Tourismus* (U. Pröbstl Ed.). Springer Wien, und APCC (2023) *APCC Special Report Strukturen für ein klimafreundliches Leben* (APCC SR Klimafreundliches Leben). (APCC Ed.). Berlin/Heidelberg: Springer Spektrum alle zu finden unter https://ccca.ac.at/wissenstransfer/apcc/special-reports [1.8.2023]

[4] UniNEtZ. (2021a) *UniNEtZ-Optionenbericht. Maßnahmenübersicht* (Vol. 3). Wien: Allianz nachhaltige Universitäten in Österreich und UniNEtZ (2021b) *UniNEtZ-Optionenbericht. Von den Optionen zur Transformation* (Vol. 2). alle zu finden unter https://www.uninetz.at/optionenbericht. [1.8.2023]

[5] IPCC (2018) *Global Warming of 1.5°C. An IPCC Special Report on the impacts of global warming of 1.5°C above pre-industrial levels and related global greenhouse gas emission pathways, in the context of strengthening the global response to the threat of climate change, sustainable development, and efforts to eradicate poverty* (V. Masson-Delmotte, P. Zhai, H.-O. Pörtner, D. Roberts, J. Skea, P.R. Shukla, A. Pirani, W. Moufouma-Okia, C. Péan, R. Pidcock, S. Connors, J.B.R. Matthews, Y. Chen, X. Zhou, M.I. Gomis, E. Lonnoy, T. Maycock, M. Tignor & T. Waterfield Eds.).

[6] Kromp-Kolb, H. & Formayer, H. (2018). *2 Grad. Warum wir uns für die Rettung der Welt erwärmen sollten.* Molden.

[7] https://www.youtube.com/watch?v=4Y1lZQsyuSQ [1.8.2023]

[8] https://www.youtube.com/watch?v=Xpg84NjCr9c [1.8.2023]

[9] S. Anm. 6

[10] Vgl. z. B. Jackson, T. (2009). *Prosperity without Growth?* Sustainable Development Commission, London. Zu finden auf: http://www.sd-commission.org.uk/data/files/publications/prosperity_without_growth_report.pdf [1.8.2023] Eisenstein, C. (2011). *Sacred Economics. Moneys, Gifts & Society in the Age of Transition.* Berkely, California. Evolver Editions., Jackson, R. (2012). *Occupy World Street. A global Roadmp for Radical Economic and Political Reform.* White River Junction, Vermont: Cheslea Green Publishing, Dietz, R. & O'Neill, D. (2013). *Enough is Enough.* routledge. Varoufakis, Y. (2015). *Time for change. Wie ich meiner Tochter die Wirtschaft erkläre.* Hanser Verlag.

[11] Raworth, K. (2017). *Doughnut Economics: Seven Ways to Think Like a 21st-Century Economist.* Random House Business.

[12] Common, M. & Stagl, S. (2005). *Ecological economics: an introduction.* Cambridge Press.

[13] Spash, C. L. (2017). *Handbook of Ecological Economics: Nature and Society.* (C. L. Spash Ed.). Abingdon and New York: Routledge.

[14] Paech, N. (2012). *Befreiung vom Überfluss. Auf dem Weg in die Postwachstumsökonomie.* München: oekom.

[15] Lietaer, B., Arnsperger, C., Goerner, S & Brunnhuber, S. (2012). *Money and Sustainability. The Missing Link.* Zu finden auf https://www.researchgate.net/publication/271215493_Money_and_Sustainability/download [1.8.2023]

Die Autorin

Die Klimaforscherin Helga Kromp-Kolb feierte im Herbst 2023 ihren 75. Geburtstag. Die Professorin am Institut für Meteorologie und am Zentrum für Globalen Wandel und Nachhaltigkeit der Universität für Bodenkultur engagiert sich seit bald 50 Jahren für unsere Umwelt und gegen den Klimawandel. Sie erhält für ihre Arbeit Preise und Auszeichnungen, 2005 wird sie zur „Wissenschaftlerin des Jahres" gekürt. Helga Kromp-Kolb steht für Expertise und Glaubwürdigkeit: „Der Klimawandel ist die Herausforderung unserer Zeit – es ist wichtig, dass das von möglichst vielen verstanden wird."

Impressum

Liebe Leserin, lieber Leser, haben Sie sich von Helga Kromp-Kolb inspirieren lassen oder möchten Sie ihr Buch weiterempfehlen, dann freuen wir uns über Austausch und Anregung unter leserstimme@styriabooks.at

Bücher, Inspirationen, Geschenkideen und gute Geschichten aus der Verlagsgruppe Styria gibt es in jeder Buchhandlung und im Online-Shop: www.styriabooks.at

© 2023 by Molden Verlag
in der Verlagsgruppe Styria GmbH & Co KG
Wien – Graz
Alle Rechte vorbehalten.
ISBN 978-3-222-15111-8

Projektleitung: Ulli Steinwender
Covergestaltung und Layout: BUERO BLANK – branding & design
Korrektorat: Arnold Klaffenböck
Papier: 100% Recyclingpapier (Nautilus Recycling superwhite 120g)
Klimaneutraler Druck bei Finidr
Printed in the EU

7 6 5 4 3 2 1